CAD/CAM/CAE 工程应用丛书

AutoCAD 2016 中文版机械设计
基础与实战

第 6 版

博创设计坊　组编

钟日铭等　编著

机械工业出版社

本书介绍了应用 AutoCAD 2016 中文版进行机械设计的绘图方法、设计思想和使用技巧。全书共分 11 章，包括 AutoCAD 2016 基础知识、绘制二维基本图形、编辑图形、尺寸标注基础、实用辅助工具/功能、工程制图的准备工作与设置、典型机械零件设计、装配图设计、绘制零件的轴测图、三维设计基础和机械零件的三维建模实例等。本书所配光盘包含实例的源文件及有参考价值的操作视频，便于读者学习。

本书结构清晰、实用性强，是从事机械设计、工程制图等工作的专业技术人员的理想参考书，同时也是 AutoCAD 初学者入门和提高的学习宝典。本书也可作为各类教育、培训机构的专业 CAD 教材。

图书在版编目（CIP）数据

AutoCAD 2016 中文版机械设计基础与实战 / 钟日铭等编著；博创设计坊组编. —6 版. —北京：机械工业出版社，2015.8
（CAD/CAM/CAE 工程应用丛书）
ISBN 978-7-111-51229-5

Ⅰ.①A… Ⅱ.①钟… ②博… Ⅲ.①机械设计－计算机辅助设计－AutoCAD 软件－教材 Ⅳ.①TH122

中国版本图书馆 CIP 数据核字（2015）第 195531 号

机械工业出版社（北京市百万庄大街 22 号 邮政编码 100037）
策划编辑：张淑谦 责任编辑：张淑谦
责任校对：张艳霞 责任印制：乔 宇

保定市中画美凯印刷有限公司印刷

2015 年 9 月第 6 版·第 1 次印刷
184mm×260mm·21.5 印张·530 千字
0001－3000 册
标准书号：ISBN 978-7-111-51229-5
　　　　　ISBN 978-7-89405-840-9（光盘）
定价：59.80 元（含 1DVD）

凡购本书，如有缺页、倒页、脱页，由本社发行部调换
电话服务 网络服务
服务咨询热线：（010）88361066 机工官网：www.cmpbook.com
读者购书热线：（010）68322694 机工官博：weibo.com/cmp1952
　　　　　　　（010）88379203 教育服务网：www.cmpedu.com
封面无防伪标均为盗版 金 书 网：www.golden-book.com

出 版 说 明

随着信息技术在各领域的迅速渗透，CAD/CAM/CAE 技术已经得到广泛的应用，从根本上改变了传统的设计、生产、组织模式，对推动现有企业的技术改造、带动整个产业结构的变革、发展新兴技术、促进经济增长都具有十分重要的意义。

CAD 在机械制造行业的应用最早，使用也最为广泛。目前其最主要的应用涉及机械、电子、建筑等工程领域。世界各大航空、航天及汽车等制造业巨头不但广泛采用 CAD/CAM/CAE 技术进行产品设计，而且投入大量的人力、物力及资金进行 CAD/CAM/CAE 软件的开发，以保持自己技术上的领先地位和国际市场上的优势。CAD 在工程中的应用，不但可以提高设计质量，缩短工程周期，还可以节省大量建设投资。

各行各业的工程技术人员也逐步认识到 CAD/CAM/CAE 技术在现代工程中的重要性，掌握其中的一种或几种软件的使用方法和技巧，已成为他们在竞争日益激烈的市场经济形势下生存和发展的必备技能之一。然而，仅仅知道简单的软件操作方法是远远不够的，只有将计算机技术和工程实际结合起来，才能真正达到通过现代技术手段提高工程效益的目的。

基于这一考虑，机械工业出版社特别推出了这套主要面向相关行业工程技术人员的"CAD/CAM/CAE 工程应用丛书"。本丛书涉及 AutoCAD、Pro/ENGINEER、Creo、UG、SolidWorks、Mastercam、ANSYS 等软件在机械设计、性能分析、制造技术方面的应用，以及 AutoCAD 和天正建筑 CAD 软件在建筑和室内配景图、建筑施工图、室内装潢图、水暖、空调布线图、电路布线图以及建筑总图等方面的应用。

本套丛书立足于基本概念和操作，配以大量具有代表性的实例，并融入了作者丰富的实践经验，使得本丛书内容具有专业性强、操作性强、指导性强的特点，是一套真正具有实用价值的书籍。

机械工业出版社

前　言

计算机的广泛应用促进了计算机图形学的发展，而以计算机绘图为基础的计算机辅助设计技术的发展，更是推动了各个领域的设计革命。AutoCAD 是一款专门用于计算机辅助绘图设计的软件，它广泛地应用在机械设计、建筑设计、电气设计、服装设计、影视制作等领域。

本书是在颇受读者好评的《AutoCAD 2014 中文版机械设计基础与实战（第 5 版）》一书的基础上改编而成的。修正了原书中一些笔误，同时根据大部分院校的教学建议并按照一些新的制图标准更正了一些图例，另外针对 AutoCAD 2016 新版本的主要功能进行了深入剖析。全书针对 AutoCAD 2016 中文版在机械设计中的应用，结合作者多年的设计经验，将机械制图理论与现代 CAD 技术相融合，深入浅出地讲解了 AutoCAD 2016 中文版的软件功能、绘图方法、设计思路和使用技巧。

本书分为绘图基础、机械设计应用和机械零件三维建模 3 个部分，共 11 章。书中包含了大量的示例和精心编制的思考练习题，让读者在实例中轻轻松松地学习，并在学习完一章内容后能够及时复习和检查，从而巩固所学知识。

第 1~5 章介绍绘图基础，包括 AutoCAD 2016 基础知识、绘制二维图形、编辑图形、标注尺寸等内容。在介绍这些绘图基础知识的同时，讲解了机械制图的规范和特点，突出了软件功能与机械制图理论的结合应用。

第 6~9 章介绍机械设计应用，以机械设计的应用过程为主线，内容包括工程制图的准备工作与设置、典型机械零件设计、绘制装配图和轴测图。

第 10、11 章介绍机械零件三维建模，首先介绍三维设计基础，然后通过具体的机械零件三维设计实例来全面、深入地讲解三维设计的思路、方法和技巧。

本书配套光盘包含了实例的源文件以及大量有参考价值的操作视频文件。

本书主要由钟日铭编著，参与编写的还有肖秋连、钟观龙、庞祖英、钟日梅、钟春雄、刘晓云、陈忠钰、周兴超、陈日仙、黄观秀、钟寿瑞、沈婷、钟周寿、曾婷婷、邹思文、肖钦、赵玉华、钟春桃、黄后标、劳国红、肖宝玉、肖世鹏、黄瑞珍、肖秋引。

本书如有疏漏、错误之处，恳请广大设计同仁、教育界人士及读者批评、指正。若有问题，可以发送电子邮件至 sunsheep79@163.com，我们会尽快给予解决。另外，也可以通过用于技术支持的 QQ（617126205）、微信（微信号为 bochuang_design）与我们联系并进行技术答疑与交流。

天道酬勤，熟能生巧，以此与读者共勉。

钟日铭

目 录

第1章　AutoCAD 2016 基础知识

AutoCAD 是一款主流的计算机辅助绘图设计软件，它已经广泛应用在机械设计、建筑设计、电气设计、服装设计、工业设计、家具设计和影视制作等领域。

本章将先介绍计算机绘图的概念，接着介绍 AutoCAD 2016 的工作空间及其界面、系统绘图环境的设置方法、AutoCAD 2016 的操作基础等。

1.1　计算机辅助绘图简介

计算机的广泛应用，促进了计算机图形学的发展，而以计算机绘图为基础的计算机辅助设计（Computer Aided Design，简称 CAD）技术的发展，更是推动了各个领域的设计革命。在最近的几十年里，机械设计经历了从手工绘图到计算机辅助绘图的巨大变化。CAD 技术的应用大大降低了设计人员的劳动强度，提高了设计效率和设计质量；同时，CAD 改变了传统的设计方法，使设计水平达到了一个新的高度，使三维造型设计、仿真设计、集成化设计、有限元分析等工作变得更加容易。

CAD 技术的基本原理是把组成空间物体的几何要素（点、线、面、体）通过解析几何、数学分析等方法，用数据的形式来描述，使它变成计算机可以接受的信息，也就是建立数字模型，然后把数字模型通过计算机的图形处理生成图像，将其显示在屏幕或者绘制在图纸上。

AutoCAD 自 20 世纪 80 年代初成功推出以来，至今已经发展成为功能强大、性能稳定、兼容性好的一款主流 CAD 系统，它具有的基本功能包括优秀的二维绘图设计功能、三维建模功能、二次开发功能以及数据交换功能等。

在机械设计中，AutoCAD 是进行工程图绘制的一个很好的软件平台。AutoCAD 2016 在机械设计尤其是机械制图上的应用特点，主要体现在以下几个方面。

（1）建立图层，方便控制图形的线条特性等。

（2）可以很方便地绘制直线、圆、圆弧等基本图形对象。

（3）可以对基本图形进行镜像、复制、偏移、缩放、删除等各种编辑操作，以形成复杂图形。

（4）可以将常用零件和标准件分别建立元件库，当需要绘制这些图形时，可以直接插入，而不必重复绘制。

（5）可以方便地根据已有零件图，通过适当的编辑处理而完成装配图。

（6）可以方便地通过装配图拆分出零件图。

（7）可以设置绘图环境，使机械图形的线条宽度、文字样式、标注样式等满足国家机械制图标准。

（8）可以为图形建立参数化约束。

1.2 熟悉 AutoCAD 2016 的工作空间及其界面

AutoCAD 2016 提供了实用的工作空间（所述的工作空间是经过分组和组织的菜单、工具栏、选项板等的集合），使用户可以在自定义的、面向任务的绘图环境中工作。使用工作空间时，只会显示与任务相关的菜单、工具栏和选项板等。此外，工作空间还可以自动显示功能区，即带有执行特定任务的控制面板的特殊选项板。

AutoCAD 2016 提供的工作空间有"草图与注释""三维基础"和"三维建模"，如图 1-1 所示，用户可以轻松地利用"快速访问"工具栏中的"工作空间"下拉列表框、状态栏中的"切换工作空间"列表框来切换工作空间，当然也可以创建或修改工作空间，还可以将当前工作空间另存为其他名称的工作空间。

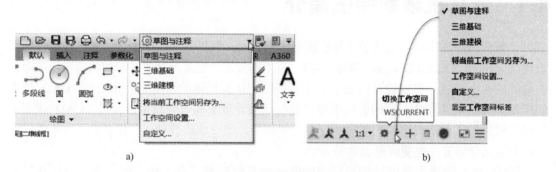

a) b)

图 1-1 切换工作空间的工具命令

a) "快速访问"工具栏 b) 状态栏中的"切换工作空间"列表框

若在"快速访问"工具栏的"工作空间"下拉列表框中选择"工作空间设置"选项，或者从状态栏的"切换工作空间"列表框中选择"工作空间设置"命令，则系统弹出如图 1-2 所示的"工作空间设置"对话框。利用该对话框，可以设置"我的工作空间"类型、定制工作空间的菜单显示及顺序、设置切换工作空间时是否自动保存对工作空间所做的更改。

- "我的工作空间"下拉列表框：显示工作空间列表，从中可以选择当前工作空间以指定给"我的工作空间"工具栏按钮。
- "菜单显示及顺序"选项组：控制要显示在"工作空间"工具栏和菜单中的工作空间名称、工作空间名称的显示顺序，以及是否在工作空间名称之间添加分隔线。
- "切换工作空间时"选项组：用来设置在切换工作空间时，是否自动保存对工作空间所做的修改。

图 1-2 "工作空间设置"对话框

AutoCAD 2016 提供的"草图与注释"工作空间，包含与二维草图和注释相关的功能区、应用程序菜单、"快速访问"工具栏、标题栏、绘图区域（图形窗口）、状态栏和浮动命令窗口等，如图 1-3 所示。此时，使用功能区的"视图"选项卡，可以设置一些界面显示元素。例如，在功能区"视图"选项卡的"界面"面板中选中"文件选项卡"按钮以设置在当前界面的图形窗口上方显示文件选项卡，如图 1-4 所示。另外，在创建三维模型时，可以使用"三维建模"工作空间，"三维建模"工作空间仅包含与三维相关的工具栏、菜单和选项板，而三维建模不需要的界面项会被隐藏，使得用户的工作屏幕区域最大化。与"三维建模"工作空间或"三维基础"工作空间相关的内容将在后面的章节中详细介绍。

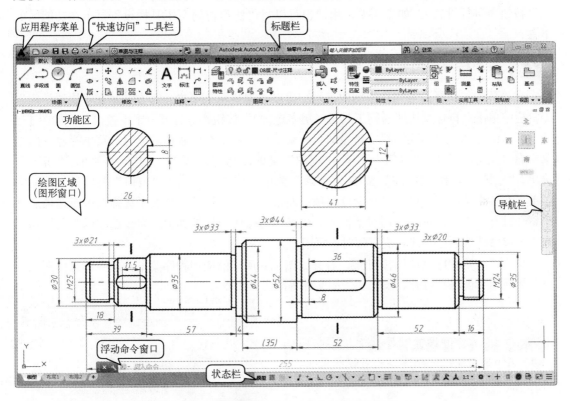

图 1-3　"草图与注释"工作空间的工作界面

图 1-4　显示或隐藏文件选项卡示例

1.2.1 标题栏与"快速访问"工具栏

标题栏位于 AutoCAD 2016 工作界面的最上方，用来显示当前软件名称及其版本。当新建或打开模型文件时，在标题栏中还显示出该文件的名称。

在标题栏右侧部位有 3 个实用按钮，分别为"最小化"按钮⚊、"最大化"按钮▢和"关闭"按钮✕，其中最大化界面后，"最大化"按钮▢变为"恢复窗口大小"按钮▣。

默认时"快速访问"工具栏嵌入标题栏中，它显示和收集了常用工具。当然用户可以向"快速访问"工具栏添加更多的工具（通过"快速访问"工具栏中的"自定义快速访问工具栏"按钮▾进行设置）。如果需要，用户也可以将"快速访问"工具栏设置显示在功能区的下方。

1.2.2 菜单栏与应用程序菜单

在"草图与注释"等工作空间中，用户可以设置显示菜单栏。其方法是在"快速访问"工具栏中单击"自定义快速访问工具栏（更多选项）"按钮▾，打开一个下拉菜单，如图 1-5 所示，从中选择"显示菜单栏"命令即可。菜单栏将显示在标题栏的下方，菜单栏包含的主菜单有"文件"菜单、"编辑"菜单、"视图"菜单、"插入"菜单、"格式"菜单、"工具"菜单、"绘图"菜单、"标注"菜单、"修改"菜单、"参数"菜单、"窗口"菜单和"帮助"菜单。在各主菜单中，如果某个命令选项后面带有"…"符号，则表示选择该命令选项后系统将会打开一个对话框，利用对话框来完成具体的操作；如果其中的命令选项以灰色显示，则表示该命令选项在当前状况下暂时不可用。

单击"应用程序菜单"按钮▲，打开如图 1-6 所示的应用程序菜单，从中可以搜索命令以及访问用于创建、打开、发布和关闭文件等的工具命令。

图 1-5　利用"快速访问"工具栏设置显示菜单栏　　　图 1-6　应用程序菜单

1.2.3 功能区

功能区按逻辑分组来组织工具,它提供一个简洁紧凑的选项板,其中包括创建或修改图形所需的所有工具。在初始默认情况下,功能区被水平固定在绘图区域的顶部。

功能区由一系列选项卡组成,每个选项卡又包含若干个同一大类的面板,每个面板包含同组的可用工具和控件,如图1-7所示。

图1-7 功能区的组成图例

功能区的有些面板标题中带有"箭头"符号▼,单击该"箭头"符号▼可以展开一个滑出式面板以显示其他工具和控件,如图1-8所示。在默认情况下,当用户单击其他面板时,滑出式面板将自动关闭。要使面板保持展开状态,则单击滑出式面板左下角的图钉图标。

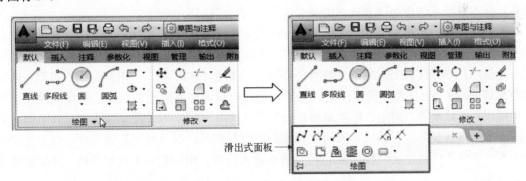

图1-8 示例:打开滑出式面板

一些功能区面板还提供了对与该面板相关的对话框的访问。要显示相关的对话框,则单击面板右下角处的箭头图标,可以将该箭头图标称为"对话框启动器"按钮,如图1-9所示。

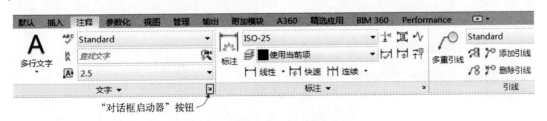

图1-9 使用"对话框启动器"按钮

在功能区选项卡行的右侧,通过单击"较大的三角箭头"按钮可以在"最小化为面板按钮""最小化为面板标题""最小化为选项卡"和"完整"功能区状态之间进行切换。也可以在功能区选项卡行的右侧单击较小的箭头按钮▾来选择一种最小化功能状态。

1.2.4 状态栏

状态栏位于工作界面的底部,用来显示光标坐标值以及显示和控制捕捉、推断约束、栅格、正交、极轴追踪、对象捕捉、对象捕捉追踪、动态 UCS、动态输入、线宽、透明度、快捷特性、模型的状态等,如图 1-10 所示。对于大部分工具按钮,如果按钮高亮显示时,表示打开该按钮的功能;反之,则表示关闭该按钮的功能。用户可以在状态栏的最右侧单击"自定义"按钮☰以打开"自定义"菜单列表,然后选择所选的选项以更改状态栏中显示的项目,即自定义要显示在状态栏中的项目。

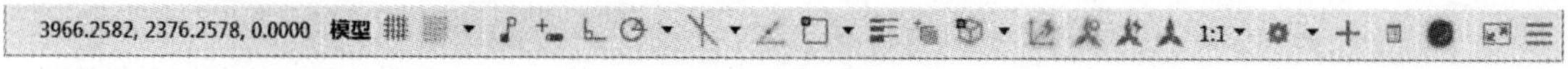

3966.2582, 2376.2578, 0.0000　**模型** ⊞ · 1:1 · ☼ · ✛ ▢ ● ▣ ☰

图 1-10　状态栏

1.2.5 命令行窗口

命令行窗口,也称命令窗口,它包含当前命令行和命令历史列表。当前命令行用来显示 AutoCAD 等待输入的提示信息或提示选项,并接受用户键入的命令或参数值,而命令历史列表则保留着自系统启动以来操作的命令历史纪录,可供用户查询。

在 AutoCAD 2016 中,命令窗口可以是固定的,也可以是浮动的。对于某些操作系统和 Windows 主题,命令窗口在默认情况下可能是固定的。固定命令窗口与应用程序图形窗口等宽,它显示在图形区域上方或下方的固定位置上,如图 1-11a 所示;用户可以通过双击固定命令窗口的▨▨▨处以使命令窗口浮动。另外,用户可以通过将浮动命令窗口拖动到绘图区域的顶部或底部边来将其固定。浮动命令窗口如图 1-11b 所示。对于浮动命令窗口,可以将其在屏幕上的任何位置进行移动,并可以调整其宽度和高度,以及增加其透明度。如果在浮动命令窗口中单击"自定义"按钮🔧,可以进行输入设置、定制提示历史记录行以及定义命令行的透明度等。

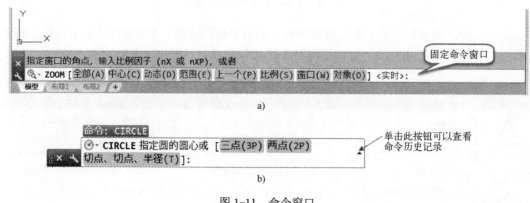

a)

b)

图 1-11　命令窗口

a) 固定命令窗口　b) 浮动命令窗口

在进行制图工作的过程中，应该多注意当前命令行的提示，按照提示输入命令或者输入文本参数值等，这有助于精确制图。

采用命令行进行输入操作时，如果对当前输入命令的操作不满意，可以按键盘上的〈Esc〉键来取消该操作，然后重新输入。

在使用固定命令窗口时，按〈F2〉功能键可以快速调出单独的"AutoCAD 文本窗口"，如图 1-12 所示。在该单独的"AutoCAD 文本窗口"中，同样可以进行输入命令或参数的操作，而对于历史记录的查询和编辑（注意"AutoCAD 文本窗口"的"编辑"菜单中的相关命令）则更方便了。当使用浮动命令窗口时，要打开单独的"AutoCAD 文本窗口"，则需要按〈Ctrl+F2〉功能键。

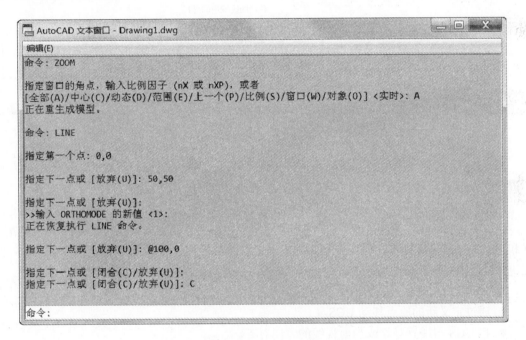

图 1-12　单独的"AutoCAD 文本窗口"

1.2.6　绘图区域

绘图区域是主要的工作区域，图形绘制与编辑的大部分工作都将在该区域中进行。在绘图区域中，有 5 个工具元素需要重视，包括鼠标光标、坐标系图标、ViewCube 工具、视口控件和导航栏，如图 1-13 所示。其中导航栏是一种用户界面元素，用户可以从中访问通用导航工具和特定于产品的导航工具，包括"平移""缩放"工具和动态观察工具等。

鼠标光标的作用不言而喻，图形的绘制和编辑操作很多都要依赖鼠标光标来执行；移动鼠标光标，则在状态栏中显示的坐标值也随之相应地变化。

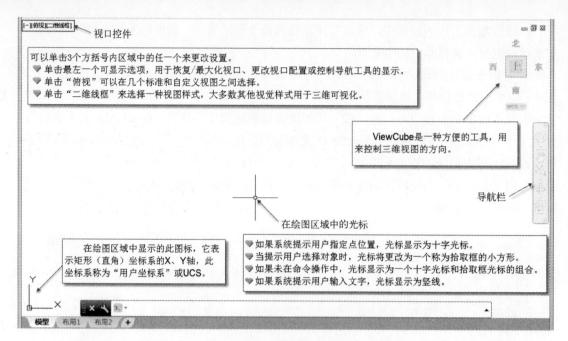

图 1-13　绘图区域

AutoCAD 提供了两种主要坐标系：一种为可移动的用户坐标系（UCS），另一个则为固定位置的世界坐标系（WCS）。在 WCS 中，X 轴是水平的，Y 轴是垂直的，Z 轴垂直于 XY 平面。原点是图形左下角 X 轴和 Y 轴的交点（0，0）。在二维制图中，使用 WCS 就足够了，也可以依据 WCS 来定义 UCS。在实际应用中，为了方便坐标输入、栅格显示、栅格捕捉和正交模式等设置操作，偶尔会巧妙地重新定位和旋转用户坐标系。例如，移动 UCS 可以更加容易地处理图形的特定部分，旋转 UCS 可以帮助用户在三维或旋转视图中指定点。

重新定位用户坐标系的方式主要包括以下几种。
- 通过定义新的原点移动 UCS。
- 将 UCS 与现有对象或当前视线的方向对齐。
- 绕当前 UCS 的任意轴旋转当前 UCS。
- 恢复保存的 UCS。

在命令窗口中输入"UCS"命令，依据提示选择选项，可以设置用户坐标系。另外，用户也可以在菜单栏的"工具"→"新建 UCS"级联菜单中选择所需的命令来新建用户坐标系。

坐标系图标在不同的场合有着不同的表示形态，注意图标所指示的坐标轴方向，尤其在三维绘图中，更要把握各轴的方向。

在 AutoCAD 2016 中，绘图区域可以分成若干个图形窗格。设置多个图形窗格（视口）的工具命令如图 1-14a 所示，而"VPORTS"命令用于在模型空间或布局（图纸空间）中创建多个视口。当在命令窗口中键入"VPORTS"命令并按〈Enter〉键时，打开如图 1-14b 所示的"视口"对话框，利用该"视口"对话框可以创建适合二维或三维多图形窗格的视口。如果在功能区"视图"选项卡的"模型视口"面板中单击"恢复"按钮，则可以在单视口和上次的多视口配置之间进行切换。

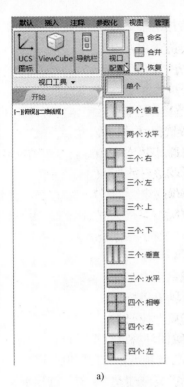

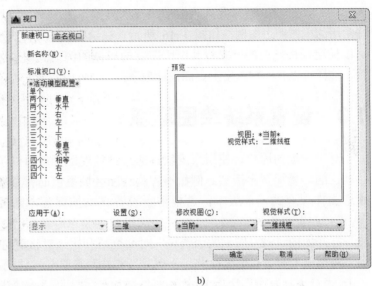

a)　　　　　　　　　　　　　　　b)

图 1-14　视口配置命令及"视口"对话框

a) 设置多个图形窗口的命令　b)"视口"对话框

1.2.7　选项板（面板）

AutoCAD 提供了多种实用的选项板（面板），用户可以从如图 1-15 所示的"工具"→"选项板"级联菜单中选择所需要的命令，从而打开相应的选项板。用户也可以从"草图与注释"工作空间功能区的"视图"选项卡的"选项板"面板中单击所需的选项板命令来打开或关闭相应的选项板。

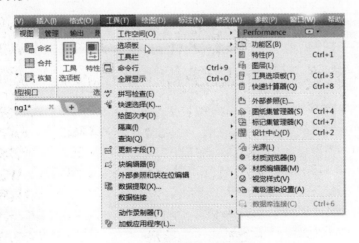

图 1-15　"选项板"级联菜单

在这里，主要介绍工具选项板。工具选项板是一个十分有用的辅助设计工具，它为用户提供了最常用的各类图形块和填充图案等内容。若界面没有工具选项板，此时若要打开工具选项板，则可以在"工具"→"选项板"级联菜单中选择"工具选项板"命令，或者按〈Ctrl+3〉快捷键。在工具选项板中选择"机械"选项卡，便列出了一些常用的机械图形图例，如图 1-16 所示。在绘制机械图样的过程中，可以使用鼠标拖曳的方式将其中所需要的机械图例拖到图形区域中放置，这样可以在一定程度上提高设计效率。

图 1-16 工具选项板

1.3 设置系统绘图环境

对于一般的用户，使用系统默认的绘图环境配置就可以了。如果对默认的环境配置不满意，例如不喜欢绘图区域黑色的背景颜色，不满意文件保存的当前版本，希望重新设置自动捕捉等，则可以单击"应用程序菜单"按钮 并从打开的应用程序菜单中单击"选项"按钮，打开如图 1-17 所示的"选项"对话框，利用该对话框对绘图环境进行重新设置。"选项"对话框上有 11 个选项卡，分别为"文件"选项卡、"显示"选项卡、"打开和保存"选项卡、"打印和发布"选项卡、"系统"选项卡、"用户系统配置"选项卡、"绘图"选项卡、"三维建模"选项卡、"选择集"选项卡、"配置"选项卡和"联机"选项卡。下面主要介绍其中 4 个方面的设置：显示设置、打开与保存设置、绘图选项设置和选择集设置。

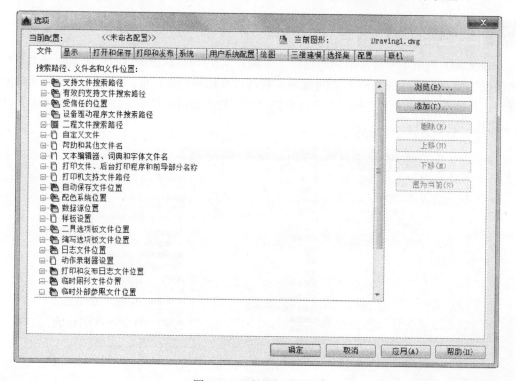

图 1-17 "选项"对话框

1.3.1 显示设置

在"选项"对话框中切换到"显示"选项卡，如图 1-18 所示，可以控制配色方案、滚动条、工具提示、文件选项卡等项目的显示状态，可以设置绘图区域的背景颜色和命令窗口中的字体样式、控制显示在图纸空间布局中的各元素、控制绘制对象的显示精度效果、调整与 AutoCAD 2016 显示性能相关的各项设置、定制绘图区十字光标的大小，以及控制相关淡入度。

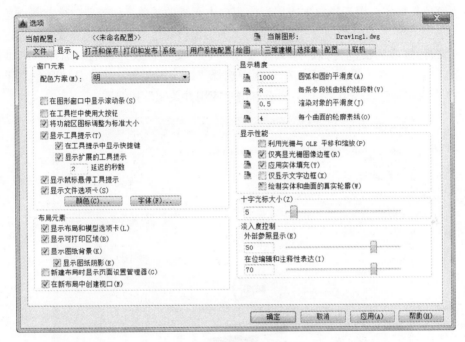

图 1-18 显示设置

1. "窗口元素"选项组

该选项组用来控制绘图环境特有的显示设置，包括设置配色方案，控制 AutoCAD 图形窗口滚动条、工具提示、功能区图标大小、文件选项卡等项目的显示状态，以及设置绘图区域的背景颜色和命令窗口中的字体样式等。

- "配色方案"下拉列表框：选择"暗"或"明"，以深色或亮色控制界面元素（例如状态栏、标题栏、功能区、选项板和应用程序菜单边框）的颜色设置。
- "图形窗口中显示滚动条"复选框：指定是否在图形窗口（绘图区域）的右侧和底部显示滚动条。
- "在工具栏中使用大按钮"复选框：选中此复选框，则工具栏中的按钮尺寸变大，即以 32×32 像素的更大格式显示按钮图标，而默认显示尺寸为 16×16 像素。
- "将功能区图标大小调整为标准大小"复选框：当它们不符合标准图标的大小时，用于将小图标缩放为 16×16 像素，将大图标缩放为 32×32 像素。
- "显示工具提示"复选框：此复选框用于控制工具提示在功能区、工具栏和其他用户界面元素中的显示。

- "在工具提示中显示快捷键"复选框：选中此复选框，则在工具提示中显示快捷键。
- "显示扩展的工具提示"复选框：用于控制扩展工具提示的显示。
- "延迟的秒数"文本框：用于设置显示基本工具提示与显示扩展工具提示之间的延迟时间。
- "显示鼠标悬停工具提示"复选框：用于控制当光标悬停在对象上时鼠标悬停工具提示的显示。
- "显示文件选项卡"复选框：设置是否显示位于绘图区域顶部的"文件"选项卡。
- "颜色"按钮：用于指定主应用程序窗口中元素的颜色。倘若要改变背景颜色，可以单击该按钮，弹出如图 1-19 所示的"图形窗口颜色"对话框。以要将绘图区域的背景颜色修改为白色为例，那么需要在"上下文"背景列表框中选择"二维模型空间"选项，在"界面元素"列表框中选择"统一背景"选项，从"颜色"下拉列表中将当前颜色修改为"白"，然后单击"应用并关闭"按钮。

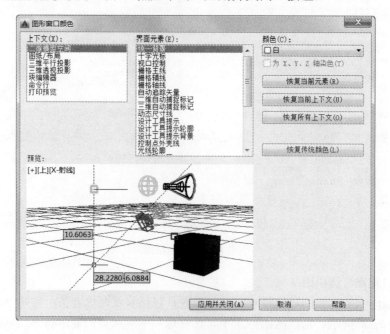

图 1-19 "图形窗口颜色"对话框

- "字体"按钮：倘若要修改命令窗口（命令行窗口）中的字体样式，可以单击该按钮。单击该按钮，则系统弹出如图 1-20 所示的"命令行窗口字体"对话框，从中设置字体、字形和字号。

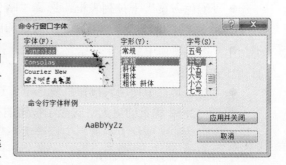

2．"布局元素"选项组

该选项组用来控制现有布局和新布局的选项。所谓的布局是一个图纸空间环境，用户可以在其中设置图形并进行打印。

图 1-20 "命令行窗口字体"对话框

- "显示布局和模型选项卡"复选框：设置是否在绘图区域的底部显示"布局"和"模型"选项卡。清除该复选框，则状态栏上的按钮将替换这些选项卡。
- "显示可打印区域"复选框：设置是否显示布局中的可打印区域，所述的可打印区域是指虚线所围起来的区域，其大小由所选的输出设备决定。
- "显示图纸背景"复选框：该复选框用来设置是否显示图纸背景，即设置显示布局中指定的图纸尺寸的表示，图纸尺寸和打印比例确定图纸背景的尺寸。
- "显示图纸阴影"复选框：设置是否在布局中的图纸背景周围显示阴影。如果未选中"显示图纸背景"复选框，则该复选框不可用。
- "新建布局时显示页面设置管理器"复选框：若选中该复选框时，则在首次选择布局选项卡时，将显示页面设置管理器以设置与图纸和打印设置相关的选项。
- "在新布局中创建视口"复选框：设置在创建新布局时自动创建单个视口。

3．"十字光标大小"选项组

在该选项组中，可以在左边的文本框中输入参数值（按屏幕大小的百分比）来设置十字光标的大小，也可以拖动右边的滑块来调整十字光标的大小。

4．"显示精度"选项组

该选项组用来控制绘制对象的显示质量。如果设置较高的值提高显示质量，则性能将受到显著影响。

- 圆弧和圆的平滑度：控制圆、圆弧和椭圆的平滑度。该值越高，则生成的对象越平滑，重生成、平移和缩放对象所需的时间也就越多。用户可以在绘图时将该选项设置为较低的值（如 96 或 100），而在渲染时增加该选项的值，从而提高性能。其有效取值为 1 到 20000 的整数，默认值为 1000。
- 每条多段线曲线的线段数：设置每条多段线曲线生成的线段数目。数值越高，对性能的影响越大。用户可以将此选项设置为较小的值（如 4）来优化绘图性能。该值的有效范围为–32768 至 32767 的整数，但不能为 0，其默认设置为 8。
- 渲染对象的平滑度：调整着色和渲染对象以及删除了隐藏线的对象的平滑度，其有效值的范围从 0.01 到 10，其默认设置为 0.5。
- 每个曲面的轮廓素线：设置对象上每个曲面的轮廓素线数目，即指定显示在三维实体的曲面上的等高线数量。数目越多，显示性能越差，渲染时间也越长。有效取值范围为 0 到 2047 的整数，其默认值为 4。

5．"显示性能"选项组

该选项组用来调整与显示相关的各种设置，可设置的选项有"利用光栅和 OLE 平移和缩放""仅亮显光栅图像边框""应用实体填充""仅显示文字边框"和"绘制实体和曲面的真实轮廓"。

6．"淡入度控制"选项组

该选项组用于控制 DWG 外部参照和 AutoCAD 参照编辑的淡入度的值。

1.3.2 打开与保存设置

在"打开和保存"选项卡中可以设置文件保存、文件打开、文件安全措施、外部参照和 ObjectARX 应用程序等，如图 1-21 所示。

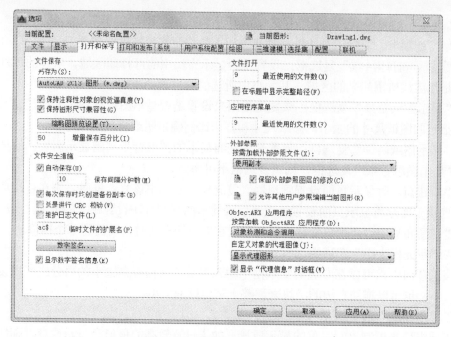

图 1-21 "打开和保存"选项卡

1. "文件保存"选项组

用户可以在"另存为"下拉列表框中选择文件保存的有效格式、版本。注意："AutoCAD 2013 图形（*.dwg）"是 AutoCAD 2016 版使用的默认图形文件格式。

用户可以在该选项组设置图形文件中潜在浪费空间的百分比。完全保存，将会消除浪费的空间；增量保存较快，但会增加图形的大小。如果将"增量保存百分比"设置为 0，则每次保存都是完全保存。要优化性能，可将此值设置为 50。如果硬盘空间不足，可将此值设置为 25，但是如果将此值设置为 20 或者更小，那么某些命令的执行速度将明显变慢。还可以控制保存图形时是否保存其视觉逼真度，以及控制保持图形大小的兼容性。

如果单击"缩略图预览设置"按钮，将弹出如图 1-22 所示的"缩略图预览设置"对话框。利用该对话框可控制保存图形时是否更新缩略图预览。

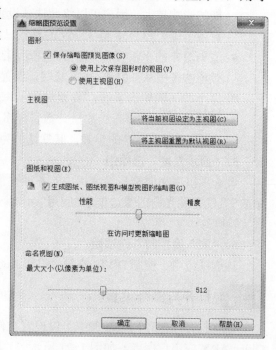

2. "文件安全措施"选项组

该选项组主要用来帮助避免数据丢失以及检测错误。

● "自动保存"复选框：当选中该复选框时，系统以指定的时间间隔自动保存图形。用户可以在该复选框下方的文本框中输入自动保存图形文件的时间间隔分

图 1-22 "缩略图预览设置"对话框

钟数，例如输入"2"，表示保存间隔为2min。

- "每次保存时均创建备份副本"复选框：当选中该复选框时，指定在保存图形时创建图形的备份副本。创建的备份副本和图形位于相同的位置，对于大型图形较为适用。
- "总是进行 CRC 校验"复选框：当选中该复选框时，指定每次将对象读入图形时执行循环冗余校验（CRC）。CRC 是一种错误检查机制。如果图形被损坏，且怀疑存在硬件问题或软件错误，则可以选中该复选框。
- "维护日志文件"复选框：当选中该复选框时，将文本窗口的内容写入日志文件。要指定日志文件的位置和名称，则使用"选项"对话框中的"文件"选项卡。
- "临时文件的扩展名"文本框：在该文本框中，指定临时保存文件的唯一扩展名，默认的扩展名为.ac$。
- "数字签名"按钮：在保存图形时，提供用于将数字签名添加到图形的选项。所谓的数字签名是添加到某些文件的加密信息块，用于标识创建者并在应用数字签名后指示文件是否被更改。带有数字签名的图形文件具有这些优点：为图形接收者提供关于图形创建者的可靠信息，为图形所有者提供关于对图形进行数字签名后该图形是否被修改的可靠信息。如果要将数字签名附着到文件，必须具有证书颁发机构颁发的数字证书，或者可使用某个应用程序来创建自签名证书。例如，单击此按钮，弹出如图 1-23 所示的"数字签名-数字 ID 不可用"对话框，单击"获取"按钮，通过相关方式获取数字证书（如使用 Internet 搜索引擎查找受信任的证书发行机构的网站，并按照说明操作），在新"数字签名"对话框中将显示有效的数字证书（也称数字 ID）在当前系统上是否可用，对于可用的数字证书，可以设置保存图形后附着数字签名。

图 1-23 "数字签名"对话框（1）与（2）

- "显示数字签名信息"复选框：当选中该复选框时，则打开带有有效数字签名的文件时显示数字签名信息。

3. "文件打开"选项组

该选项组用来控制与最近使用过的文件及打开的文件相关的设置。

- "最近使用的文件数"文本框：该框用来控制"文件"菜单中所列出的最近使用过的文件的数目，以便快速访问。可输入的有效值范围为 0~9 的整数。

● "在标题中显示完整路径"复选框：当选中该复选框时，则最大化图形后，在图形的标题栏或应用程序窗口的标题栏中显示活动图形的完整路径。

4. "应用程序菜单"选项组

在该选项组中设置最近使用的文件数，用于控制应用程序菜单的"最近使用的文档"快捷菜单中所列出的最近使用过的文件数，有效值为 0~50。

5. "外部参照"选项组

该选项组主要用来控制与编辑那些与加载外部参照有关的设置。

"按需加载外部参照文件"的选项有"使用副本""启用"和"禁用"3 项。按需加载只加载重生成当前图形所需的部分参照图形，因此提高了性能。当选择"使用副本"选项时，系统打开按需加载，但仅使用参照图形的副本，而其他用户可以编辑原始图形；当选择"禁用"时，系统关闭按需加载；当选择"启用"选项时，系统打开按需加载来提高性能。在处理包含空间索引或图层索引的剪裁外部参照时，选择"启用"设置可加速加载过程，但如果选择此选项，则当文件被参照时，其他用户不能编辑该文件。

此外，允许其他用户参照编辑当前图形，并保留外部参照图层的修改。

6. "ObjectARX 应用程序"选项组

该选项组是用来控制 AutoCAD 实时扩展应用程序及代理图形的有关设置。用户可以确定是否以及何时按需加载 ObjectARX 应用程序，可以控制图形中自定义对象的显示方式等。

1.3.3 绘图选项设置

在"选项"对话框中单击"绘图"标签，进入"绘图"选项卡，如图 1-24 所示。

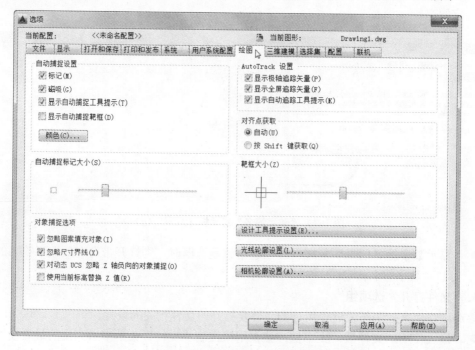

图 1-24 "选项"对话框中的"绘图"选项卡

1．"自动捕捉设置"选项组

该选项组用来控制对象捕捉时显示的形象化辅助工具（称作自动捕捉）的相关设置。

- "标记"复选框：控制自动捕捉标记的显示，该标记是当十字光标移到捕捉点上时显示的几何符号。
- "磁吸"复选框：打开或关闭自动捕捉磁吸，磁吸是指十字光标自动移动并锁定到最近的捕捉点上。
- "显示自动捕捉工具提示"复选框：控制自动捕捉工具提示的显示，工具提示是一个标签，它用来描述捕捉到的对象部分。
- "显示自动捕捉靶框"复选框：控制自动捕捉靶框的显示，所述靶框是捕捉对象时出现在十字光标内部的方框。
- "颜色"按钮：在"自动捕捉设置"选项组中单击"颜色"按钮，打开如图 1-25 所示的"图形窗口颜色"对话框，此时"界面元素"列表中相应的"二维自动捕捉标记"选项处于选中状态，可以从"颜色"下拉列表框中指定自动捕捉标记的颜色。

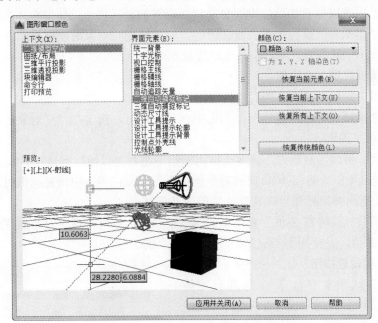

图 1-25　"图形窗口颜色"对话框

2．"AutoTrack 设置"选项组

该选项组主要控制与自动追踪方式有关的设置，此设置在极轴追踪或对象捕捉追踪打开时可用。

- "显示极轴追踪矢量"复选框：设置是否显示极轴追踪的矢量数据。当打开极轴追踪时，将沿指定角度显示一个矢量。使用极轴追踪，可以沿角度绘制直线；极轴角是 90° 的约数，如 45°、30° 和 15°。
- "显示全屏追踪矢量"复选框：控制追踪矢量的显示。追踪矢量是辅助用户按照特定的角度或与其他对象特定关系绘制对象的线。如果选择此选项，对齐矢量将显示为无限长的直线。

- "显示自动追踪工具提示"复选框：控制自动追踪工具提示和正交工具提示的显示。工具提示是一个标签，它显示追踪坐标。

3. "自动捕捉标记大小"选项组

在该选项组中可以设置自动捕捉标记的显示尺寸，通过拖动滑块来定义自动捕捉标记的大小。

4. "对齐点获取"选项组

利用该选项组可以定义在图形中显示对齐矢量的方法，有两个单选按钮："自动"单选按钮和"按 Shift 键获取"单选按钮。

- "自动"：选择该单选按钮后，当靶框移到对象捕捉上时，自动显示追踪矢量。
- "按 Shift 键获取"：选择该单选按钮后，当按〈Shift〉键并将靶框移到对象捕捉上时，将显示追踪矢量。

5. "靶框大小"选项组

该选项组是用来以像素为单位设置自动捕捉靶框的显示尺寸。如果在"自动捕捉设置"选项组中选中"显示自动捕捉靶框"复选框时，则当捕捉到对象时靶框显示在十字光标的中心。取值范围为 1～50 像素，通过滑块来定义靶框的大小。

6. "对象捕捉选项"选项组

在该选项组中，可以指定下列对象捕捉的选项。

- "忽略图案填充对象"复选框：当选中该复选框时，指定在打开对象捕捉时，对象捕捉忽略填充图案。
- "忽略尺寸界线"复选框：该复选框用于指定是否可以捕捉到尺寸界线。
- "对动态 UCS 忽略 Z 轴负向的对象捕捉"复选框：当选中该复选框时，指定使用动态 UCS 期间对象捕捉忽略具有负 Z 值的几何体。
- "使用当前标高替换 Z 值"复选框：当选中该复选框时，指定对象捕捉忽略对象捕捉位置的 Z 值，并使用为当前 UCS 设置的标高的 Z 值。

7. 三个外观设置按钮

在"绘图"选项卡中有 3 个外观设置按钮，分别为"设计工具提示设置"按钮、"光线轮廓设置"按钮和"相机轮廓设置"按钮。

在"绘图"选项卡中单击"设计工具提示设置"按钮，打开如图 1-26 所示的"工具提示外观"对话框。利用该对话框可以定制绘图工具提示的外观，定制的内容包括颜色、大小和透明度等。

在"绘图"选项卡中单击"光线轮廓设置"按钮，打开如图 1-27 所示的"光线轮廓外观"对话框，从中指定光线轮廓的外观。

在"绘图"选项卡中单击"相机轮廓设置"按钮，打开如图 1-28 所示的"相机轮廓外

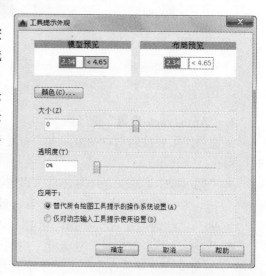

图 1-26 "工具提示外观"对话框

观"对话框,从中设置相机轮廓的外观。

图1-27 "光线轮廓外观"对话框

图1-28 "相机轮廓外观"对话框

1.3.4 选择集设置

在"选项"对话框中单击"选择集"标签,从而进入"选择集"选项卡,如图 1-29 所示。

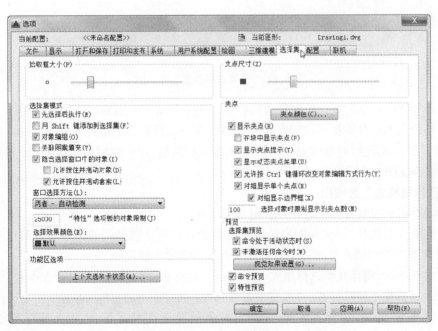

图1-29 "选择集"选项卡

1. "拾取框大小"选项组

该选项组用来控制拾取框的显示尺寸(以像素为单位)。拾取框是在编辑命令中出现的对象选择工具。

2. "预览"选项组

该选项组用来设置当拾取框光标滚动过对象时亮显对象，以及设置选择预览的外观（视觉效果）。

- "命令处于活动状态时"复选框：选中该复选框，仅当某个命令处于活动状态并显示"选择对象"提示时，才会显示选择预览。
- "未激活任何命令时"复选框：选中该复选框，即使未激活任何命令，也可显示选择预览。
- "视觉效果设置"按钮：单击该按钮，则打开如图 1-30 所示的"视觉效果设置"对话框，从中对选择预览的外观（视觉效果）进行设置。

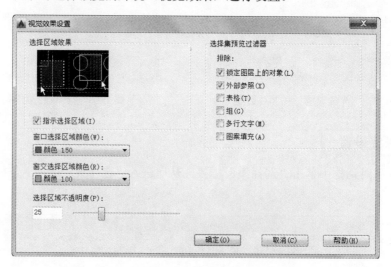

图 1-30 "视觉效果设置"对话框

- "命令预览"复选框：控制是否可以预览激活的命令的结果。
- "特性预览"复选框：控制在将鼠标悬停在控制特性的下拉列表和库上时，是否可以预览对当前选定对象的更改。特性预览仅在功能区和"特性"选项板中显示，在其他选项板中不可用。

3. "选择集模式"选项组

该选项组用来控制与对象选择方法相关的设置。

- "先选择后执行"：允许在启动命令之前选择对象，被调用的命令对先前选定的对象产生影响。但要注意哪些编辑命令和查询命令适用该流程。
- "用〈Shift〉键添加到选择集"：按〈Shift〉键并选择对象时，可以向选择集中添加对象或从选择集中删除对象。要快速清除选择集，可在图形的空白区域建立一个选择窗口。
- "对象编组"：选择编组中的一个对象就等于选择了编组中的所有对象。使用"GROUP"命令，可以创建和命名一组选择对象。
- "关联图案填充"：确定选择关联填充时将选定哪些对象。如果选择该选项，那么选择关联填充时也选定边界对象。
- "隐含选择窗口中的对象"：在对象外选择了一点时，初始化选择窗口中的图形。从左向右绘制选择窗口就将选择完全处于窗口边界内的对象；从右向左绘制选择窗口就将选择处于窗口边界内和与边界相交的对象。

- "允许按住并拖动对象"：控制窗口选择方法。如果未选中此复选框，则可以用定点设备（如鼠标）单击两个单独的点来绘制选择窗口。
- "窗口选择方法"：在该下拉列表框中选择"两者-自动检测""两次单击"或"按住并拖动"选项来定义窗口选择方法。
- "'特性'选项板的对象限制"：在此文本框中设定可以使用"特性"和"快捷特性"选项板一次更改的对象数的限制值。
- "选择颜色效果"下拉列表框：列出应用于选择效果的可用颜色设置。

4. "夹点尺寸"选项组

"夹点尺寸"选项组用来控制夹点的显示尺寸（以像素为单位），拖动滑块可以调整夹点的大小。

5. "夹点"选项组

"夹点"选项组用来控制与夹点相关的设置。注意在对象被选中后，其上将显示夹点，即一些小方块。

- "夹点颜色"：在"夹点"选项组中单击"夹点颜色"按钮，系统弹出如图 1-31 所示的"夹点颜色"对话框，从中可以设置未选中夹点颜色、悬停夹点颜色、选中夹点颜色和夹点轮廓颜色。

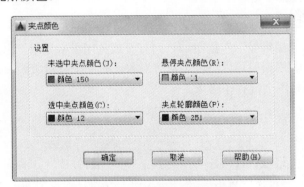

图 1-31 "夹点颜色"对话框

- "显示夹点"：此复选框控制夹点在选定对象上的显示。在图形中显示夹点会明显降低性能，清除此复选框可以优化性能。
- "在块中显示夹点"： 此复选框控制块中夹点的显示。
- "显示夹点提示"：当光标悬停在支持夹点提示的自定义对象的夹点上时，显示夹点的特定提示。此选项对标准对象的夹点无效。
- "显示动态夹点菜单"： 此复选框控制在将鼠标悬停在多功能夹点上时动态菜单的显示。
- "允许按 Ctrl 键循环改变对象编辑方式行为"：该复选框控制是否允许按〈Ctrl〉键循环改变对象编辑方式行为。
- "对组显示单个夹点"：选中此复选框时，将显示对象组的单个夹点。
- "对组显示边界框"：选中此复选框时，将围绕编组对象的范围显示边界框。
- "选择对象时限制显示的夹点数"：在此文本框中指定一个数值，其有效值的范围为 1~32767，默认值为 100。选择集包括的对象多于指定数值时，不显示夹点。

6."功能区选项"选项组

"功能区选项"选项组提供一个"上下文选项卡状态"按钮，单击该按钮，系统弹出如图 1-32 所示的"功能区上下文选项卡状态选项"对话框，从中可以为功能区上下文选项卡的显示设置对象选择设置。

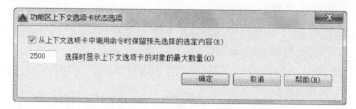

图 1-32 "功能区上下文选项卡状态选项"对话框

1.4 AutoCAD 2016 操作基础

在学习绘制具体的二维或三维图形之前，需要先了解 AutoCAD 2016 的一些操作基础，如捕捉和栅格、对象捕捉、绝对坐标系和相对坐标系的使用、视图缩放、视图平移、重画和重新生成等。

1.4.1 捕捉和栅格

在状态栏中单击"栅格显示"按钮▦，可打开或关闭栅格显示。启用栅格显示模式的图例如图 1-33 所示。利用栅格可以方便地对齐对象，有助于将对象距离形象化。栅格的间距是可以调整的，而栅格不会被打印出来。

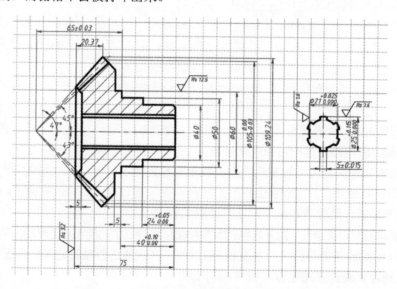

图 1-33 启动栅格显示模式

捕捉是选择定位的一种方式，它常与栅格结合使用。在状态栏上可以启用捕捉模式和栅格模式。在状态栏中单击"捕捉模式"按钮▦启动捕捉模式后，执行某些操作时十字光标的移动受到一定的限制，即只能按照事先定义的间距移动。捕捉模式中的捕捉与对象捕捉并不一样，对象捕捉需要预设捕捉的特殊对象。这是两种不同的捕捉模式。

选择菜单"工具"→"绘图设置"命令，打开如图 1-34 所示的"草图设置"对话框。在"捕捉和栅格"选项卡上，可以设置是否在默认情况下启用捕捉模式和启用栅格显示模式，以及修改栅格参数和捕捉参数等。

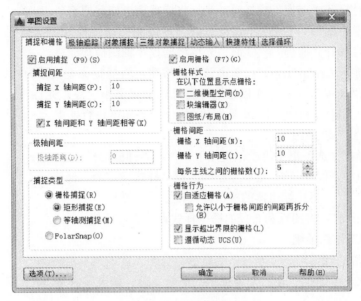

图 1-34　设置栅格和捕捉参数

1. "启用捕捉"复选框与"启用栅格"复选框

- "启用捕捉"复选框：利用该复选框，可打开或关闭捕捉模式；也可以通过单击状态栏上的"捕捉模式"按钮，或按〈F9〉键，或使用"SNAPMODE"系统变量来打开或关闭捕捉模式。
- "启用栅格"复选框：利用该复选框，可打开或关闭栅格显示模式；也可以通过单击状态栏上的"栅格显示"按钮，或按〈F7〉键，或使用"GRIDMODE"系统变量来打开或关闭栅格显示模式。

2. "捕捉间距"选项组

"捕捉间距"选项组用来控制捕捉位置处的不可见矩形栅格，以限制光标仅在指定的 X 和 Y 间隔内移动。

- "捕捉 X 轴间距"：指定 X 方向的捕捉间距，间距值必须为正实数。
- "捕捉 Y 轴间距"：指定 Y 方向的捕捉间距，间距值必须为正实数。
- "X 轴间距和 Y 轴间距相等"：为捕捉间距和栅格间距强制使用同一 X 轴和 Y 轴间距值。注意：捕捉间距可以与栅格间距不同。

3. "极轴间距"选项组

选定"捕捉类型"选项组中的"极轴捕捉（PolarSnap）"时，在"极轴间距"选项组的"极轴距离"文本框中可设置捕捉增量距离。如果该值（极轴距离）为 0，则极轴捕捉距离采用"捕捉 X 轴间距"的值。如果两个追踪功能都未启用，则"极轴距离"设置无效。

4. "捕捉类型"选项组

"捕捉类型"选项组用来设置捕捉样式和捕捉类型。

- "栅格捕捉"：当选中"栅格捕捉"单选按钮时，可以根据设计需要选择"矩形捕捉"单选按钮或"等轴测捕捉"单选按钮。
- "矩形捕捉"：将捕捉样式设置为标准"矩形"捕捉模式。当捕捉类型设置为"栅格"并且打开"捕捉"模式时，光标将捕捉矩形捕捉栅格。
- "等轴测捕捉"：将捕捉样式设置为"等轴测"捕捉模式。当捕捉类型设置为"栅格"并且打开"捕捉"模式时，光标将捕捉等轴测捕捉栅格。
- "极轴捕捉（PolarSnap）"：单击该单选按钮，将捕捉类型设置为"极轴捕捉"。如果打开了"捕捉"模式并在极轴追踪打开的情况下指定点，光标将沿在"极轴追踪"选项卡上相对于极轴追踪起点设置的极轴对齐角度进行捕捉。

5. "栅格样式"选项组

在"栅格样式"选项组中可以设置如下一种或多种栅格样式。

- "二维模型空间"：将二维模型空间的栅格样式设定为点栅格。
- "块编辑器"：将块编辑器的栅格样式设定为点栅格。
- "图纸/布局"：将图纸和布局的栅格样式设定为点栅格。

6. "栅格间距"选项组

"栅格间距"选项组用来控制栅格的显示，有助于直观显示距离。

- "栅格 X 轴间距"：指定 X 方向上的栅格间距。如果该值为 0，则栅格采用"捕捉 X 轴间距"的数值集。
- "栅格 Y 轴间距"：指定 Y 方向上的栅格间距。如果该值为 0，则栅格采用"捕捉 Y 轴间距"的数值集。
- "每条主线之间的栅格数"：指定主栅格线相对于次栅格线的频率。

7. "栅格行为"选项组

- "自适应栅格"：缩小时，限制栅格密度。
- "允许以小于栅格间距的间距再拆分"：放大时，生成更多间距更小的栅格线；主栅格线的频率决定了这些栅格线的频率。
- "显示超出界限的栅格"：显示超出"LIMITS"命令指定区域的栅格。
- "遵循动态 UCS"：更改栅格平面以跟随动态 UCS 的 XY 平面。

1.4.2 对象捕捉与对象捕捉追踪

对象捕捉就是在对象上的精确位置指定捕捉点，捕捉点包括线段端点、线段中点、圆心、节点等。对象捕捉模式是最常使用的一种模式，可以在状态栏上单击选中"对象捕捉"按钮 （其快捷键为〈F3〉键）来启动对象捕捉模式，而要使用对象捕捉追踪，则必须打开一个或多个对象捕捉。使用对象捕捉追踪在命令中指定点时，光标可以沿基于其他对象捕捉点的对齐路径进行追踪。在状态栏上单击"对象捕捉追踪"按钮 （其快捷键为〈F11〉）可以启用或关闭对象捕捉追踪模式。

要对对象捕捉和对象捕捉追踪的模式进行设置，可以在状态栏中单击"对象捕捉"按钮 旁的"三角箭头"按钮 ，接着选择"对象捕捉设置"命令，打开"草图设置"对话框且自动切换至"对象捕捉"选项卡，如图 1-35 所示，从中设定相关复选框。如果单击"选项"按钮，则会打开"选项"对话框，在"绘图"选项卡中设置与对象捕捉相关的选项、参数。

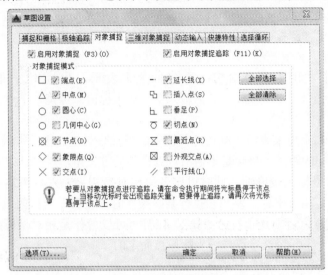

图 1-35　设置对象捕捉和追踪的参数

常见对象捕捉模式如图 1-36 所示。在绘图的过程中，要根据实际情况选择对象捕捉的模式，但是并不一定要选择全部模式，如果选择的对象捕捉模式多了，也会给绘图带来麻烦，例如，在捕捉点比较密集的地方，可能一下子难以捕捉到需要的点。

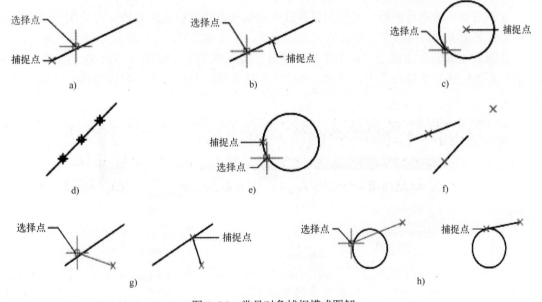

图 1-36　常见对象捕捉模式图解

a) 端点　b) 中点　c) 圆心　d) 节点　e) 象限点　f) 交点　g) 垂足　h）切点

1.4.3　绝对坐标与相对坐标的使用

在 1.2.6 节中简单地介绍了可移动的用户坐标系（UCS）和固定位置的世界坐标系

（WCS），在这一小节里介绍在非动态输入模式下输入点坐标的两种方式，一种是使用绝对坐标输入，另一种则是使用相对坐标输入。

点的绝对坐标是指点相对于一个固定的坐标原点的位置。绝对坐标有笛卡儿坐标、极坐标、球面坐标和柱面（圆柱）坐标等方式，其中前两种较为常见。

1. 笛卡儿坐标

笛卡儿坐标依次用点的 X、Y、Z 坐标值来表示，坐标值之间用逗号隔开，即"X,Y,Z"。在二维制图时，Z 值为 0，只需输入 X、Y 坐标值即可确定一点。

2. 极坐标

极坐标用极径和极角来表示二维点，其输入的表示方法是：极径<极角。其中，极径是指当前点到极点之间的距离，极角是指当前点到极点的方位角，逆时针方向为正。

有时计算绝对坐标比较麻烦，此时可以使用相对坐标来输入。事实上，在绘图的过程中，常使用的坐标是相对坐标。要想在执行某些操作时，在命令窗口的命令行中输入相对坐标，需要在相对坐标值之前加上符号"@"，该符号可以看作是相对坐标的标志，代表着输入的参数值是相对于上一个选定点作为坐标原点而定的。

相对笛卡儿坐标的格式为

@x,y

相对极坐标的格式为

@极径<极角

1.4.4 视图缩放

视图的缩放对查看图形、捕捉对象和准确绘制图形等有很大的帮助。在绘图的过程中，常需要将当前视图适当放大、局部放大或者缩小，对象缩放后，其实际尺寸保持不变。

使图形缩放的命令位于"视图"→"缩放"级联菜单中，如图 1-37a 所示。也可以在导航栏的"缩放"下拉列表中选择相应的缩放选项来进行图形的指定缩放操作，如图 1-37b 所示。

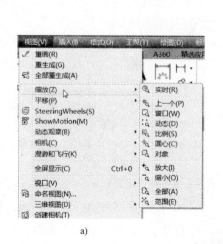

a)　　　　　　　　　　b)

图 1-37　缩放命令及工具按钮

a) 缩放命令　b) 导航栏中的缩放选项

另外，也可以在命令窗口中输入"ZOOM"命令或简写的"Z"命令，如图1-38所示，然后选择命令提示行中的提示选项。例如，要在绘图区域内显示全部图形，则继续在命令窗口中输入"A"并按〈Enter〉键（等同于使用鼠标直接在命令窗口的一系列提示选项中选择"全部（A）"选项）。

图1-38 输入"ZOOM"命令

在默认情况下，向前滚动鼠标中键滚轮，可实时放大视图；而向后滚动鼠标中键滚轮，则可实时缩小视图。

1.4.5 视图平移

视图平移在实际应用中也较为实用，它指在不改变图形显示大小的情况下，通过移动图形来观察当前视图中的不同部分。

视图平移的菜单命令如图1-39所示。

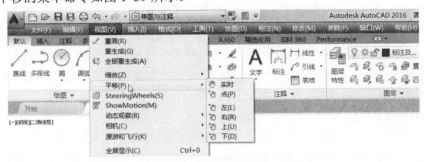

图1-39 视图平移命令

当在"平移"级联菜单中选择"实时"命令时，在绘图区域中出现一个小手的标志，通过按住鼠标左键进行拖动可实现视图的平移。释放鼠标左键后，按〈Esc〉键或〈Enter〉键退出，或者单击鼠标右键并接着在弹出的快捷菜单中选择"退出"选项，来结束视图的平移状态。若要沿屏幕方向平移视图，还可以在导航栏中单击"平移"按钮。

当在"平移"级联菜单中选择"点"命令时，可通过输入两点来平移视图，这两点之间的距离和方向便定义了视图平移的距离和方向。

1.4.6 重画和重生成

执行菜单栏"视图"→"重画"命令，或者在命令窗口中输入"REDRAW"命令，可以刷新当前视图，消除残留的修改痕迹。如果在命令窗口中输入"REDRAWALL"，则可以刷新所有视口。

执行菜单栏"视图"→"重生成"命令，不仅能够刷新图形显示，而且还可以更新图形数据库中所有图形对象的屏幕坐标，从而准确地显示图形数据，使图形显示更加圆滑。若要重生成图形，也可以在命令窗口的命令行中输入"REGEN"命令；而选择菜单栏"视图"→"全部重生成"命令，或者在命令窗口中输入"REGENALL"，则可以重新生成图形并刷新所有视口。

1.4.7 动态输入

AutoCAD 提供一种实用的动态输入模式，在该模式下，可以快捷地输入参数值和选择相关命令或参数，而不必手动进入命令窗口中进行输入等操作。动态输入模式就是在光标附近提供一个命令界面，可以使用户专注于绘图区域。启用动态输入模式时，将在光标附近显示提示信息，该信息会随着光标移动而动态更新。当某条命令为活动时，光标附近的命令界面将为用户提供输入参数和选择选项的位置。

动态输入不会取代命令窗口，动态输入的优点在于可让用户的注意力保持在光标附近。

在使用动态输入模式进行复杂图形的设计时，可以关闭命令窗口（按〈Ctrl+9〉组合键可以关闭或打开命令窗口），从而在屏幕中获得较大的绘图区域。在使用固定命令窗口时，按〈F2〉键可根据需要显示和隐藏"AutoCAD 文本窗口"；而在使用浮动命令窗口时，〈Ctrl+F2〉组合键可根据需要显示和隐藏"AutoCAD 文本窗口"。利用"AutoCAD 文本窗口"可查看提示和错误消息。

单击状态栏上的"动态输入"按钮 ⁺▬ 可以打开或关闭动态输入模式，另外按〈F12〉键也可以打开或关闭动态输入模式。动态输入模式具有 3 个组件：指针输入、标注输入和动态提示。在状态栏上右击"动态输入"按钮 ⁺▬，然后在出现的快捷菜单上选择"动态输入设置"选项，打开"草图设置"对话框中的"动态输入"选项卡，如图 1-40 所示，在该选项卡中控制启用动态输入模式时每个组件所显示的内容，包括控制指针输入、标注输入、动态提示以及绘图工具提示外观。

1. 指针输入

当启用指针输入且有命令在执行时，在十字光标附近的工具提示中显示出十字光标的位置坐标，此时可以直接在工具提示中输入坐标值，而不用在命令窗口的命令行中输入。

第二个点和后续点默认采用相对极坐标显示，注意不需要输入"@"符号。如果想使用绝对坐标，则使用"#"符号作为前缀。例如，要将对象移至原点，可使用绝对坐标，即在提示输入第二个点时，输入：#0, 0。

在"指针输入"选项组中单击"设置"按钮，打开如图 1-41 所示的"指针输入设置"对话框，在该对话框中可以修改坐标的默认格式，以及控制指针输入工具提示何时显示。

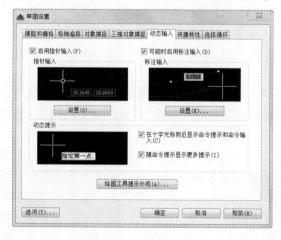

图 1-40 动态输入设置

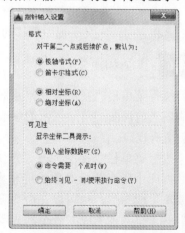

图 1-41 指针输入设置

2．标注输入

启用标注输入，当命令提示输入第二点时，在工具提示中将显示距离和角度值，在工具提示中的数值将随着光标移动而改变。标注输入可用于 ARC、CIRCLE、ELLIPSE、LINE和 PLINE 等图形的创建中。使用标注输入时，在输入字段中输入值并按〈Tab〉键后，该字段将显示一个锁定图标，并且激活下一个要设置的字段，如图 1-42 所示。

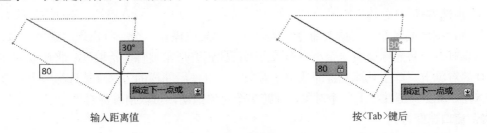

输入距离值   按〈Tab〉键后

图 1-42　标注输入

在"标注输入"选项组中单击"设置"按钮，打开如图 1-43 所示的"标注输入的设置"对话框。利用该对话框，可以进行标注输入的设置。

3．动态提示

启用动态提示时，提示显示在光标附近。用户可以在工具提示（而不是在命令行）中输入响应，并可以巧用键盘上的方向键，如按〈↓〉键可以查看和选择选项，而按〈↑〉键可以显示最近的输入。

此外，可以定制绘图工具提示的外观，方法是在"草图设置"对话框的"动态输入"选项卡上单击"绘图工具提示外观"按钮，打开如图 1-44 所示的"工具提示外观"对话框。利用"工具提示外观"对话框，可以指定模型空间中工具提示的颜色和指定布局中工具提示的颜色，并可以设置工具提示的大小、透明度等。

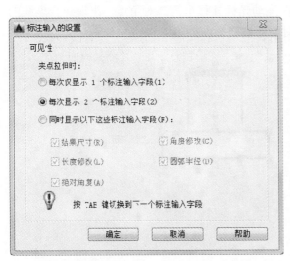

图 1-43　"标注输入的设置"对话框

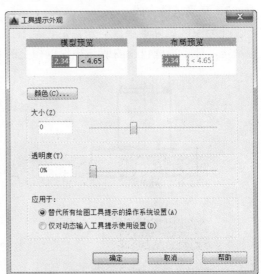

图 1-44　"工具提示外观"对话框

1.4.8 对象选择

绘制图形或者编辑图形时，系统常会提示选择对象，在这里，对象是指已经存在的图形。对象被选中时，该对象图形以特定效果来表示。

常用的对象选择方式有点选方式、窗口选择方式、交叉选择方式和套索选择方式等。

1. 点选方式

当执行图形编辑命令（修改命令）或进行其他某些操作，命令行出现"选择对象："的提示信息时，十字光标变成一个小小的正方形，此正方形常被称为拾取框。将拾取框移动到要选择的对象上，单击鼠标左键即选中了对象，可以使用同样的方法连续选择多个对象。而通过按住〈Shift〉键并单击单个对象，或跨多个对象拖动，可取消选择对象。

2. 窗口选择方式

在绘图区域确定第一对角点后，从左向右拖动光标并移至第二对角点，出现一个实线的矩形框，完全位于矩形框中的对象即被选择，如图1-45所示。

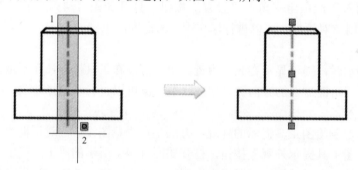

图1-45 窗口选择

3. 交叉选择方式

在绘图区域确定第一对角点后，从右向左拖动光标并移至第二对角点，出现一个虚线的矩形框，被矩形框包围的或与矩形框相交的对象即被选择，如图1-46所示。

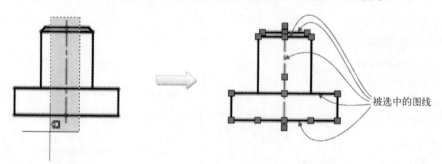

被选中的图线

图1-46 交叉选择

4. 套索选择方式

要创建套索选择，则需要单击、拖动并释放鼠标按钮。使用套索选择时，可以按空格键在"窗口""窗交（交叉选择）"和"栏选"对象选择模式之间切换。

1.5 本章小结

AutoCAD 是一款功能强大的计算机辅助绘图设计软件，在机械设计行业拥有数以万计的用户。本章首先简述了计算机绘图的基本概念，突出了 CAD 所带来的技术革命，同时介绍了 AutoCAD 2016 在机械设计尤其是机械制图中的应用特点。

接着介绍 AutoCAD 2016 的工作空间及其界面。AutoCAD 2016 的经典界面主要由标题栏、菜单栏、工具栏、绘图区域、状态栏和命令窗口等几部分组成。

最后介绍系统绘图环境的设置方法和 AutoCAD 2016 的一些操作基础。执行菜单栏"工具"→"选项"命令，在打开的"选项"对话框中可以对绘图环境进行重新设置。重点介绍了 4 个主要方面的设置：显示设置、打开与保存设置、绘图选项设置和选择集设置，其他方面的设置方法也类似。而 AutoCAD 2016 的操作基础涉及的内容包括：捕捉和栅格、对象捕捉与对象捕捉追踪、绝对坐标与相对坐标的使用、视图缩放、视图平移、重画和重生成、动态输入和对象选择等。

了解本章所述的基础知识是系统学习和应用 AutoCAD 2016 的前提，将有助于读者更好地深入学习 AutoCAD 2016 的其他知识。

1.6 思考与练习

1. AutoCAD 在机械设计中的应用特点主要有哪些？

2. 在 AutoCAD 2016 中，如何将绘图区域的背景颜色设置为白色？

3. AutoCAD 2016 的导航栏都提供了哪些工具命令？

4. 如何设置系统的绘图环境？

5. 绝对坐标与相对坐标在使用上有哪些不同之处？

6. 如何启用动态输入模式？启用动态输入模式有哪些好处？

7. 在 AutoCAD 中，选择对象的方法主要有哪几种？各有什么特点？

8. 请熟悉在 AutoCAD 2016 中，按〈F1〉、〈F2〉、〈F3〉、〈F5〉、〈F7〉、〈F8〉、〈F11〉、〈F12〉等键可以分别执行哪些操作？

第 2 章　绘制二维基本图形

二维基本图形包括线、正多边形、矩形、圆、椭圆、弧、点、二维多段线、样条曲线、圆环、多线、填充图案和面域等。本章重点介绍二维基本图形的创建方法和步骤。

2.1　"绘图"面板

在 AutoCAD 2016 中，以"草图与注释"工作空间为例，在功能区的"默认"选项卡中提供了如图 2-1 所示的"绘图"面板，利用"绘图"面板中的工具按钮可以绘制出各种二维基本图形，如直线、矩形、点、圆、多边形和面域等。

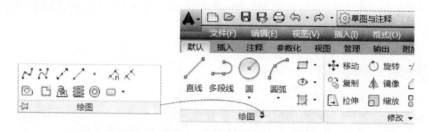

图 2-1　"绘图"面板

另外，还有以下几种绘制基本二维图形的常见方式：

● 通过"绘图"菜单上的相关命令。

● 在命令窗口中输入创建命令。

● 使用右键快捷菜单。

在这里以"草图与注释"工作空间的界面为主要操作界面，使用功能区"默认"选项卡的"绘图"面板中的工具按钮绘制二维图形，其他几种方式在此不再一一详述（当然，在某些场合下偶尔也会使用其他方式）。需要注意的是，在实际设计中，只有灵活使用适合自己的创建方式，才会大大地提高图形的绘制速度及效率。

2.2　绘制基本线

这里所述的基本线包括直线、构造线和射线。其中，构造线和射线主要用来作为绘图的辅助线。

2.2.1　直线

绘制单一直线段的具体步骤如下。

（1）在"绘图"面板中单击"直线"工具按钮／。

（2）在绘图区域选定直线段的起始点，如图 2-2a 所示。

（3）选定第二点作为直线段的终点，如图 2-2b 所示。

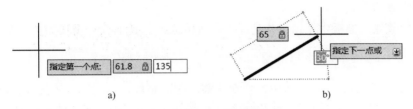

图 2-2　绘制直线（动态输入模式）

a) 指定直线起始点　b) 指定直线终点

（4）按〈Enter〉键确定并退出直线段的绘制状态。

如果要绘制连续的直线段，那么在完成上述步骤 3 选定第 2 点后，继续在绘图区域选择下一点，例如移动十字光标至指定位置，如图 2-3 所示，单击确认选择。当然也可以输入精确的数值来定义下一点位置。

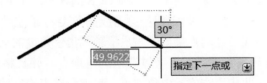

图 2-3　选择第 3 点

此时如果想创建由直线段首尾相连的闭合图形（以在动态输入模式下为例），那么可以输入"C"（如图 2-4a 所示），或者按〈↓〉键直到从选项列表中选择"闭合"选项（见图 2-4b），然后按〈Enter〉键，最后完成的闭合图形如图 2-4c 所示。

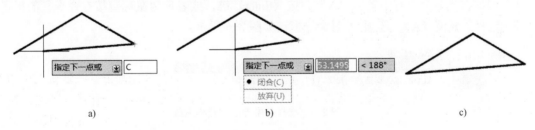

图 2-4　形成闭合图形（在动态输入模式下）

a) 输入"C"　b) 选择"闭合"选项　c) 完成绘制闭合图形

技巧：如果在状态栏启动正交模式，则很方便绘制水平或垂直的直线。正交模式也可以通过按〈F8〉键来启动或者关闭。

2.2.2　构造线

构造线是一种特殊的向两个方向无限延伸的直线，在绘图时多作为辅助线，构造线可以放置在二维或三维空间中的任何地方。

AutoCAD 2016 提供了多种创建构造线的方法。

默认的创建方法是两点法，即用无限长直线所通过的两个点定义构造线的位置，其中指定的第一个点是构造线概念上的中点，该概念上的中点被称为构造线的根。指定两点创建构造线的具体步骤如下。

（1）在“绘图”面板中单击“构造线”工具按钮，此时命令窗口如图 2-5 所示。

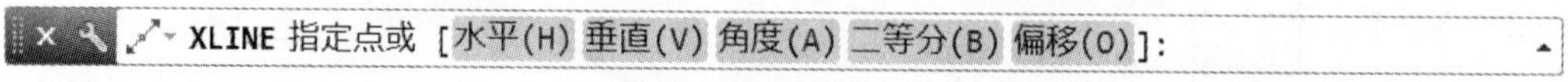

XLINE 指定点或 [水平(H) 垂直(V) 角度(A) 二等分(B) 偏移(O)]:

图 2-5　创建构造线提示信息

（2）在图形区域指定一点作为构造线的根。

（3）指定第 2 点，从而定义一条构造线。

（4）根据需要继续指定其他构造线，注意所有后续构造线都经过第一个指定点。

（5）按〈Enter〉键结束命令。

创建构造线的其他方法如下。

- “水平”：创建一条经过指定点并且与当前 UCS 的 X 轴平行的构造线。
- “垂直”：创建一条经过指定点并且与当前 UCS 的 Y 轴平行的构造线。
- “角度”：选择一条参考线，指定偏离参考线的角度和通过点来创建构造线；或者通过指定角度和构造线必经的点来创建与水平轴成指定角度的构造线。
- “二等分”：创建一条参考线，它经过选定的角顶点，并且将由角顶点、起点和端点定义的夹角平分。此构造线位于由角顶点、起点和端点确定的平面中。
- “偏移”：创建平行于指定基线的构造线，通常需要指定偏移距离，选择基线，然后指明构造线位于基线的哪一侧。也可创建从一条直线偏移并通过指定点的构造线。

如果想要采用上述“水平”“垂直”“角度”“二等分”“偏移”方法中的一种来创建构造线，则需要在执行创建构造线命令之后，在如图 2-5 所示的当前命令行中选择其中的一种方法，例如在当前命令行中输入“A”并按〈Enter〉键，或者使用鼠标直接在命令行的提示选项中选择“角度（A）”选项，此时命令窗口如图 2-6 所示。

命令: _xline
指定点或 [水平(H)/垂直(V)/角度(A)/二等分(B)/偏移(O)]: A
XLINE 输入构造线的角度 (0) 或 [参照(R)]:

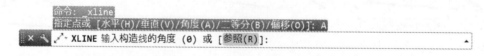

图 2-6　选择角度方法创建构造线

接着在当前命令行中输入角度值，如输入角度值为 45，按〈Enter〉键。移动十字光标，选择一点来作为构造线的通过点，如图 2-7 所示，图中水平的图元为直线段，倾斜的图元为构造线，然后按〈Enter〉键结束。

指定通过点
端点
Y
X
命令: _xline
指定点或 [水平(H)/垂直(V)/角度(A)/二等分(B)/偏移(O)]: A
输入构造线的角度 (0) 或 [参照(R)]: 45
XLINE 指定通过点:

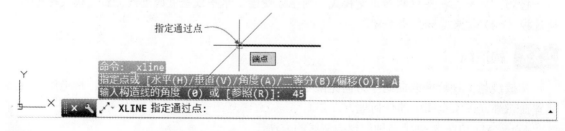

图 2-7　创建角度构造线

2.2.3 射线

射线是由一点向一个方向无限延伸的直线，这是射线与构造线的主要区别。另外，使用射线代替构造线将有助于降低视觉混乱。

绘制射线的一般步骤如下：

（1）在“绘图”面板中单击“射线”按钮。

（2）设定射线的起点。

（3）指定射线要经过的第 2 点。

（4）根据需要可继续指定经过点创建同一起点的其他射线。

（5）按〈Enter〉键结束命令。

绘制射线的示例如图 2-8 所示。

射线的起点
射线的经过点
射线的起点
射线的同一起点
a)
b)
c)

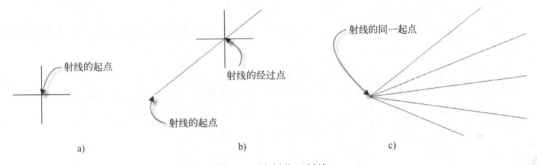

图 2-8　绘制若干射线

a) 指定射线的起点　b) 指定射线的经过点　c) 继续指定经过点来绘制多条射线

2.3　绘制多边形

多边形是指由若干条线段（至少 3 条线段）构成的封闭图形。由 3 条线段构成的封闭图形是三角形，由 4 条线段构成的封闭图形是四边形（含矩形），由 5 条线段构成的封闭图形是五边形……这些多边形可以是规则的，也可以是非规则的。AutoCAD 2016 系统提供了专门用来创建矩形和其他规则多边形的命令工具，这些规则多边形可以是等边三角形、正方形、正五边形、正六边形等，可以设置的边数范围为 3～1024 条。

2.3.1 矩形

矩形的绘制可通过定义对角线的两个端点来完成。在绘制矩形多段线的过程中，可以指定长度、宽度、面积和旋转参数，还可以设置矩形角点类型（圆角、倒角或直角）。

绘制普通矩形的步骤如下：

（1）单击“矩形”工具按钮，此时命令窗口如图 2-9 所示。

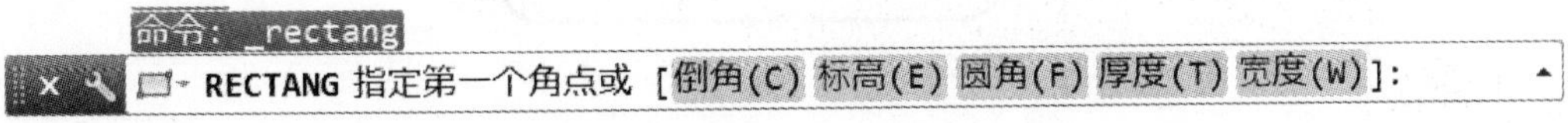

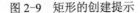

命令: _rectang
RECTANG 指定第一个角点或 [倒角(C) 标高(E) 圆角(F) 厚度(T) 宽度(W)]:

图 2-9　矩形的创建提示

（2）指定矩形的第一个角点。

（3）指定矩形的第二个角点。

矩形的其他参数选项有"倒角（C）""标高（E）""圆角（F）""厚度（T）"和"宽度（W）"，它们的功能如下。

● 倒角（C）：设定矩形的倒角距离，即需要指定矩形的第一个倒角距离和第二个倒角距离。

● 标高（E）：确定矩形在三维空间内的某面高度，即指定矩形的标高。

● 圆角（F）：需要指定矩形顶点处的圆角半径。

● 厚度（T）：该选项一般用于三维绘图，指定矩形的厚度。

● 宽度（W）：为要绘制的矩形指定多段线的宽度。

例如，要绘制一个长为85、宽为48、圆角半径为8的矩形，其操作步骤如下。

（1）在"绘图"面板中单击"矩形"工具按钮 ▭。

（2）在命令窗口中输入"F"，按〈Enter〉键，或者使用鼠标在命令窗口的当前提示选项中单击"圆角（F）"选项。

（3）在命令窗口中输入矩形的圆角半径为"8"，按〈Enter〉键。

（4）指定第一点，如在命令窗口中输入第一点的坐标为"10,10"，按〈Enter〉键。

（5）在命令窗口中输入"D"并按〈Enter〉键，即选择"尺寸（D）"选项。

（6）在命令窗口中输入矩形长度为"85"，按〈Enter〉键。

（7）在命令窗口中输入矩形宽度为"48"，按〈Enter〉键。

（8）指定另一个角点，可以在绘图区域中移动十字光标到要创建矩形的象限区域单击来定义角点。

为了让初学者更好地理解上述步骤，现将整个创建过程的命令历史记录提供出来。

命令：_rectang

指定第一个角点或 [倒角(C)/标高(E)/圆角(F)/厚度(T)/宽度(W)]: F↙

指定矩形的圆角半径 <0.0000>: 8↙

指定第一个角点或 [倒角(C)/标高(E)/圆角(F)/厚度(T)/宽度(W)]: 10,10↙

指定另一个角点或 [面积(A)/尺寸(D)/旋转(R)]: D↙

指定矩形的长度 <10.0000>: 85↙

指定矩形的宽度 <10.0000>: 48↙

指定另一个角点或 [面积(A)/尺寸(D)/旋转(R)]: //使用光标在"10,10"点右上区域单击确定另一角点

完成的矩形如图 2-10 所示。

图 2-10　绘制具有圆角的矩形

2.3.2 正多边形

正多边形的创建方法主要有 3 种，如图 2-11 所示。

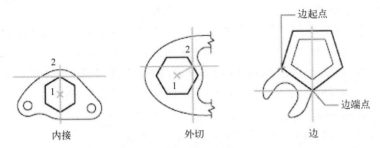

图 2-11　创建正多边形的 3 种方法

1．绘制内接正多边形

以绘制正六边形为例，说明绘制内接正多边形的步骤（采用动态输入模式），具体操作如下。

（1）在"绘图"面板中单击"正多边形"工具按钮 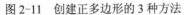。

（2）输入边数为"6"，如图 2-12a 所示。

说明：也可以在命令窗口的当前命令行中输入边数。

（3）指定正多边形的中心。

（4）选择"内接于圆"选项，如图 2-12b 所示，也可以在命令窗口中输入"I"以选择"内接于圆（I）"选项。

（5）指定圆的半径，如图 2-12c 所示。

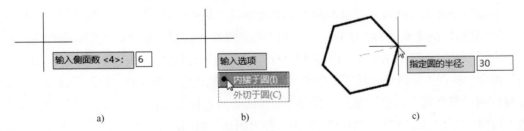

图 2-12　采用内接方法创建正多边形

a) 输入边数　b) 选择"内接于圆"选项　c) 指定圆的半径

完成的正六边形如图 2-13 所示。

2．绘制外切正多边形

绘制外切正多边形的步骤如下。

（1）在"绘图"面板中单击"正多边形"工具按钮 。

（2）输入边数。

（3）指定正多边形的中心。

（4）选择"外切于圆"选项，也可以在当前命令行中输入"C"并按〈Enter〉键。

（5）指定圆的半径值。

3．通过指定一条边绘制正多边形

通过指定一条边绘制正多边形的步骤如下。

（1）在"绘图"面板中单击"正多边形"工具按钮⬠。

（2）输入边数。

（3）在命令窗口的"指定正多边形的中心点或 [边(E)]："提示选项中选择"边（E）"选项，或者在动态输入模式下按〈↓〉方向键两次来选择"边（E）"选项，如图2-14所示。

图2-13　正六边形　　　　　　图2-14　选择采用边的方法

（4）指定正多边形一条线段的起点（第一个端点）。

（5）指定正多边形该条线段的终点（另一个端点），从而完成正多边形的绘制工作。

2.4　绘制圆

在命令窗口的"键入命令"提示下输入"CIRCLE"并按〈Enter〉键，命令行出现以下提示内容。

指定圆的圆心或 [三点(3P)/两点(2P)/切点、切点、半径(T)]：

从命令提示中看到可以采用多种方式来绘制圆，如"三点""两点"和"切点、切点、半径"。另外，在菜单栏的"绘图"→"圆"级联菜单中提供了更全的绘制圆的命令，包括"圆心、半径""圆心、直径""两点""三点""相切、相切、半径"和"相切、相切、相切"命令。而在"草图与注释"工作空间功能区的"默认"选项卡的"绘图"面板中则提供绘制圆的按钮包括"圆心，半径"按钮◯、"圆心，直径"按钮◯、"两点"按钮◯、"三点"按钮◯、"相切，相切，半径"按钮◯和"相切，相切，相切"按钮◯。至于在实际设计中采用哪种方式，则要根据具体设计情况而定。

2.4.1　"圆心、半径"法和"圆心、直径"法

"圆心、半径"和"圆心、直径"这两种方法是较为常用的绘制圆的方式，前者是通过指定圆心和半径来绘制圆，后者则是通过指定圆心和直径来绘制圆。

如果从"绘图"面板中单击"圆心，半径"按钮◯，那么在指定圆的圆心后，系统提示指定圆的半径或直径，默认时要求输入的是半径值，如图2-15所示，确定输入圆的半径便可完成绘制一个圆。

采用"圆心、直径"法和采用"圆心、半径"法绘制圆的步骤类似。从"绘图"面

板中单击"圆心，直径"按钮，接着指定圆的圆心，再指定圆的直径即可，如图 2-16 所示。

图 2-15　指定圆的半径　　　　　　　　　　图 2-16　输入圆的直径

操作技巧：在 AutoCAD 2016 中，在动态输入模式下巧用键盘的方向键可以适当提高设计效率。在依附十字光标的工具提示中，如果显示有"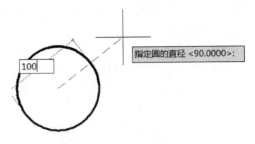"符号，一般可以使用键盘上的〈↓〉向下方向键来翻开同级的命令和选项。例如，在单击"圆心，半径"按钮并指定圆的圆心位置后，按键盘上的〈↓〉向下方向键还可以切换选择"直径"选项以更改为采用"圆心、直径"法来绘制一个圆。

2.4.2　两点

利用直径上的两个端点确定圆，执行的步骤如下。

（1）在"绘图"面板中单击"圆：两点"按钮。

（2）指定圆直径的第一个端点。

（3）指定圆直径的第二个端点。

用户可以打开本书光盘配套的"两点法绘制圆.dwg"文件进行练习，操作图解如图 2-17 所示，即在"绘图"面板中单击"圆：两点"按钮，接着分别选择端点 A 和端点 B 来绘制一个圆。

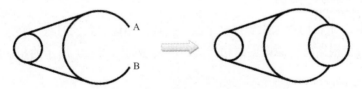

图 2-17　基于直径上的两个端点创建圆

2.4.3　三点

用户也可以基于圆周上的 3 个点绘制一个圆，利用三点确定一个圆的操作步骤如下。

（1）在"绘图"面板中单击"圆：三点"按钮。

（2）指定圆上的第 1 个点。

（3）指定圆上的第 2 个点。

（4）指定圆上的第3个点。

用户可以打开本书光盘配套的"三点法绘制圆.dwg"文件进行练习，操作图解如图 2-18 所示，即在"绘图"面板中单击"圆：三点"按钮，接着分别选择端点 A、B、C，即可完成绘制一个圆。

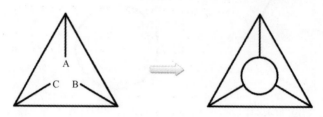

图 2-18　基于圆周上的三点创建圆

2.4.4　相切、相切、半径

在"绘图"面板中单击"圆：相切，相切，半径"按钮，可以通过指定两个切点和一个半径值来确定一个圆，如图 2-19 所示。

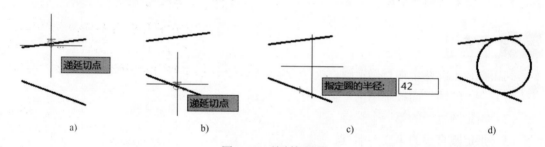

图 2-19　绘制相切圆

a) 选择相切对象 1　b) 选择相切对象 2　c) 输入半径值　d) 绘制的相切圆

2.4.5　相切、相切、相切

用户可以由 3 个相切对象来确定一个圆。在选择相切对象的时候，必须考虑相切对象的选择位置，系统会根据就近原则创建相切圆。以创建如图 2-20 所示的相切圆为例，其操作步骤如下。

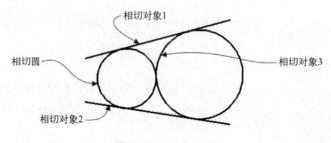

图 2-20　3 相切方式

（1）在"绘图"面板中单击"圆：相切，相切，相切"按钮○。
（2）选择相切对象 1，如图 2-21a 所示。
（3）选择相切对象 2，如图 2-21b 所示。
（4）选择相切对象 3，如图 2-21c 所示。

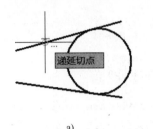 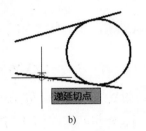 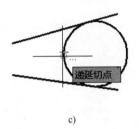

图 2-21　选择相切对象

a）选择相切对象 1　b）选择相切对象 2　c）选择相切对象 3

2.5　绘制圆弧

在 AutoCAD 2016 中，绘制圆弧的方式同样灵活多样。默认情况下，以逆时针方向绘制圆弧，如果按住〈Ctrl〉键的同时拖动则可以以顺时针方向绘制圆弧。

2.5.1　三点绘制圆弧

用户可以通过指定三点绘制圆弧。在"绘图"面板中单击"圆弧：三点"按钮，然后分别指定 3 个合适的点便可绘制一条圆弧。典型的示例如图 2-22 所示。在该实例中，单击"圆弧：三点"按钮后，依次选择端点 A、B 和 C，其中端点 B 作为圆弧中间上的一点。

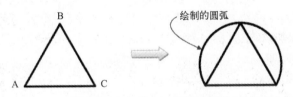

图 2-22　三点绘制圆弧

2.5.2　绘制圆弧的其他方法

除了上述介绍的使用三点绘制圆弧的方法之外，AutoCAD 2016 还提供了至少另外 3 组共 9 种圆弧的绘制方法，这些绘制方法的命令位于"绘图"→"圆弧"的级联菜单中，如图 2-23a 所示。绘制圆弧的相应工具按钮，也可以从"草图与注释"工作空间功能区的"默认"选项卡的"绘图"面板中找到，如图 2-23b 所示。

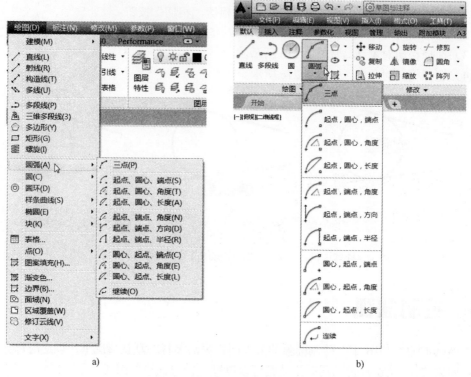

图 2-23 绘制圆弧的工具命令

a) 绘制圆弧的菜单命令 b) 绘制圆弧的工具按钮

在这里，关闭动态输入模式，并以执行"圆心、起点、角度"和"继续"命令为例绘制圆弧。

（1）在"绘图"面板中单击"圆弧：圆心，起点，角度"按钮 ，接着根据命令行提示进行以下操作。

命令: _arc

指定圆弧的起点或 [圆心(C)]: _c

指定圆弧的圆心: 200,200↙

指定圆弧的起点: 500,300↙

指定圆弧的端点(按住 Ctrl 键以切换方向)或 [角度(A)/弦长(L)]: _a

指定夹角(按住 Ctrl 键以切换方向): 70↙

绘制的第一段圆弧如图 2-24 所示。

（2）在"绘图"面板中单击"圆弧：继续"按钮 ，接着根据命令行提示进行操作。

命令: _arc

指定圆弧的起点或 [圆心(C)]:   //默认上一段圆弧的终点作为新圆弧的起点

指定圆弧的端点(按住 Ctrl 键以切换方向): @150<135↙

绘制完成的第 2 段圆弧如图 2-25 所示，它相切于上一次绘制的图线（圆弧）。

　　图 2-24　绘制圆弧

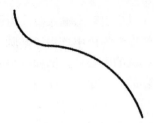
　　图 2-25　绘制第 2 段圆弧

2.6　绘制椭圆及椭圆弧

　　椭圆的中心到圆周上的距离是可变化的。椭圆由定义其长度和宽度的两条轴决定，其中较长的轴称为长轴，较短的轴称为短轴。在数学描述中，常用长半轴和短半轴两个参数来描述椭圆定义。

　　椭圆弧是椭圆中的一部分图形。

2.6.1　绘制椭圆

　　绘制椭圆主要有两种典型方法，一是使用"轴、端点"法绘制椭圆，二是使用"中心"法来绘制椭圆。

1. 使用"轴、端点"法绘制椭圆

　　使用"轴、端点"法绘制椭圆实际上相当于指定 3 个点来定义椭圆，前两个点确定第一条轴的位置和长度，第 3 个点确定椭圆的圆心与第二条轴的端点之间的距离（实际操作时通常为输入另一条半轴长度）。注意，用户可通过绕第一条轴旋转圆来创建椭圆。

　　使用"轴、端点"法绘制椭圆的步骤如下。

　　（1）在"绘图"面板中单击"椭圆：轴、端点"按钮。

　　（2）指定椭圆第一条轴的第 1 个端点，如图 2-26a 所示。

　　（3）指定椭圆第一条轴的第 2 个端点，如图 2-26b 所示。

　　（4）指定另一条半轴长度（即轴半径），如图 2-26c 所示。

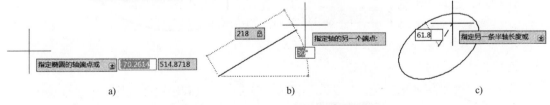

図 2-26　使用"轴、端点"法绘制椭圆

a) 指定椭圆的轴端点　b) 指定轴的另一个端点　c) 指定另一条半轴长度

2. 使用"中心"法绘制椭圆

　　使用"中心"法绘制椭圆是指使用中心点、第一个轴的端点和第二个轴的长度来创建椭圆，可通过单击所需距离范围的某个位置或输入长度值来指定距离。使用"中心"法绘制椭

圆的步骤如下（以启用动态输入模式为例）。

（1）在"绘图"面板中单击"椭圆：圆心"按钮 ⊙。

（2）指定椭圆的中心点。例如，输入椭圆的中心点坐标为"0,0"，如图 2-27a 所示。

（3）指定轴的一个端点，如图 2-27b 所示。

（4）指定另一条半轴长度，如图 2-27c 所示。

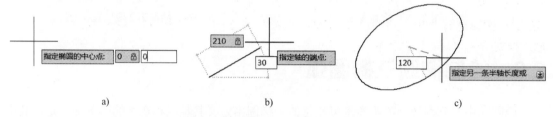

图 2-27 使用"中心"法绘制椭圆

a) 输入椭圆的中心点 b) 指定轴的端点 c) 指定另一条半轴长度

完成的椭圆如图 2-28 所示。

2.6.2 绘制椭圆弧

通常使用起点和端点角度绘制椭圆弧，绘制的步骤如下。

（1）在"绘图"面板中单击"椭圆弧"按钮 ⊙。

（2）指定第一条轴的端点 1 和端点 2，如图 2-29a 所示。

（3）指定第二条轴的半径，如图 2-29b 所示。

（4）指定起点角度，在如图 2-29c 所示的位置处单击。

（5）指定端点角度，在如图 2-29d 所示的位置处单击。

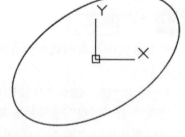

图 2-28 完成的椭圆

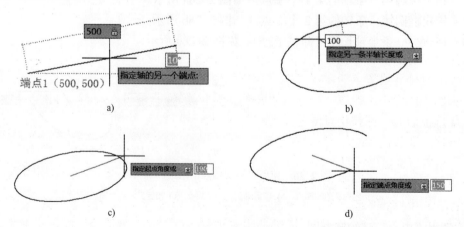

图 2-29 绘制椭圆弧

a) 指定两个端点 b) 指定另一条半轴长度 c) 指定起点角度 d) 指定端点角度

此时，椭圆弧从起点到端点按逆时针方向绘制，效果如图 2-30 所示。

用户也可以按照如下的典型步骤来绘制椭圆弧。

（1）在"绘图"面板中单击"椭圆弧"按钮，命令窗口出现"指定椭圆弧的轴端点或 [中心点(C)]:"的提示信息和选项。

（2）在命令窗口当前命令行中输入"C"并按〈Enter〉键以选择"中心点（C）"选项，或者在动态输入模式下利用〈↓〉方向键，选择"中心点"选项。

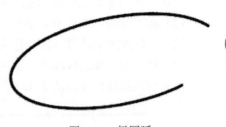

图 2-30　椭圆弧

（3）指定椭圆弧的中心点。

（4）指定轴的一个端点。

（5）指定另一条轴半径。

（6）指定起点角度。

（7）指定端点角度（终点角度）。

2.7　绘制点

绘制多点的方法和步骤很简单，只需在"绘图"面板中单击"点"工具按钮，接着在绘图区域指定坐标位置便可创建一个点，可以继续创建其他点。如果只是创建单个点，可以在菜单栏中选择"绘图"→"点"→"单点"命令，接着指定点位置即可。

用户可以根据设计需要，设置点的显示样式（简称点样式）。设置点样式的步骤如下。

（1）从菜单栏中选择"格式"→"点样式"命令，或者在命令行中输入"PTYPE"并按〈Enter〉键，打开如图 2-31 所示的"点样式"对话框。

（2）该对话框提供了 20 种点样式选项，用户可以根据需要选择其中一种点样式。

（3）需要时，可以指定点的大小，设置方式有两种。选择"相对于屏幕设置大小"单选按钮时，则按照屏幕尺寸的百分比设置点的显示大小，当执行显示缩放时，显示的点的大小不改变；当选择"按绝对单位设置大小"单选按钮时，即按绝对单位设置点的大小，执行显示缩放时，显示的点的大小随之改变。

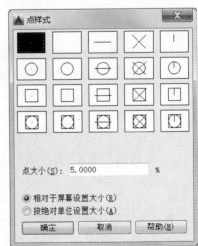

图 2-31　设置点样式

（4）单击"确定"按钮。

用户可以在指定对象上创建定数等分点或者定距等分点，创建这两种点的命令分别为"定数等分"命令和"定距等分"命令，它们位于"绘图"→"点"的级联菜单中。在"绘图"面板中也提供了相应的"定数等分"按钮和"定距等分"按钮。"定数等分"命令用于根据指定线段数目来创建沿对象的长度或周长等间隔排列的点对象或块，通常创建的点对象数或块数比指定的线段数少 1 个。"定距等分"命令用于沿着对象的长度或周长按测定间距创建点对象或块，结果点或块始终位于选定对象上，其方向由 UCS 的 XY 平面决定。

下面以在一条直线上创建定数等分点为例，说明其创建步骤。

（1）在"绘图"面板中单击"定数等分"按钮。

（2）在绘图区域选择该直线作为要定数等分的对象，按〈Enter〉键。

（3）输入要分成的线段数目，例如输入"8"，按〈Enter〉键。

创建的定数等分点如图 2-32 所示。

图 2-32　定数等分点

2.8　绘制二维多段线

二维多段线由直线和弧线组成，它是 AutoCAD 2016 中的一个单独对象，作为单个平面对象创建的相互连接的线段序列。

在"绘图"面板中单击"多段线"按钮，然后在绘图区域指定第一点，在命令窗口中出现如图 2-33 所示的提示，可以指定下一点作为线的端点，或者选择"圆弧""半宽""长度""放弃"和"宽度"等选项中的一个来定义多段线。

```
指定起点：
当前线宽为 0.0000
× PLINE 指定下一个点或 [圆弧(A) 半宽(H) 长度(L) 放弃(U) 宽度(W)]:
```

图 2-33　定义多段线

定义多段线命令中的各个选项的作用如下。

● "圆弧" / "直线"：绘制二维多段线中的圆弧段/直线段。

● "半宽"：用于指定多段线的半宽值，即指定从宽多段线线段的中心到其一边的宽度。

● "长度"：定义下一段多段线的长度，即在与上一线段相同的角度方向上绘制指定长度的直线段，如果上一线段是圆弧，那么将绘制与该圆弧段相切的新直线段。

● "放弃"：删除最近一次添加到多段线上的直线段。

● "宽度"：设置多段线的宽度，即指定下一个线段的起点宽度和端点宽度。

下面以一个简单的图形为例，说明在动态输入模式下如何绘制二维多段线，案例具体的操作步骤如下（注意按〈F12〉键可以开启或禁用动态输入模式）。

（1）在"绘图"面板中单击"多段线"按钮。

（2）指定起点坐标为"100,100"。

（3）指定下一点，如图 2-34 所示，即通过设定距离为 300、角度为 0° 来定义下一点。

（4）在动态输入工具界面下，按键盘上的〈↓〉方向键直到选择"圆弧（A）"选项，如图 2-35 所示，按〈Enter〉键确认。

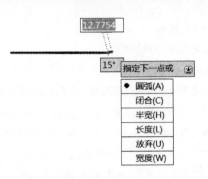

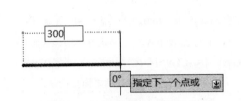

图 2-34　指定直线的另一端点　　　　　图 2-35　选择"圆弧（A）"选项

（5）指定圆弧的一个端点，如图 2-36 所示。

（6）指定圆弧的另一端点，如图 2-37 所示。

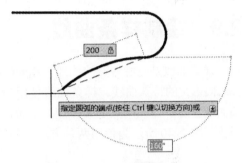

图 2-36　指定圆弧的一个端点　　　　　图 2-37　指定圆弧的另一端点

（7）通过按〈↓〉方向键直到选择"闭合（CL）"选项，如图 2-38 所示，按〈Enter〉键确认。

完成的多段线如图 2-39 所示。

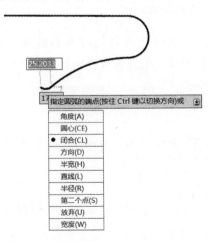

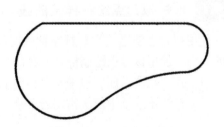

图 2-38　选择"闭合（CL）"选项　　　　　图 2-39　完成绘制的多段线

下面介绍在"绘图"面板中单击"多段线"按钮 后，在命令窗口中进行操作来完成上述多段线的绘制（在关闭输入模式的情况下进行）。

命令: _pline

指定起点: 100,100✓   //输入起点绝对坐标为（100,100）

当前线宽为 0.0000

指定下一个点或 [圆弧(A)/半宽(H)/长度(L)/放弃(U)/宽度(W)]: @300<0✓   //输入相对坐标

指定下一点或 [圆弧(A)/闭合(C)/半宽(H)/长度(L)/放弃(U)/宽度(W)]: A✓   //选择"圆弧（A）"

指定圆弧的端点(按住 Ctrl 键以切换方向)或 [角度(A)/圆心(CE)/闭合(CL)/方向(D)/半宽(H)/直线(L)/半径(R)/第二个点(S)/放弃(U)/宽度(W)]: @100<-90✓   //以相对坐标输入方式确定圆弧的端点

指定圆弧的端点(按住 Ctrl 键以切换方向)或 [角度(A)/圆心(CE)/闭合(CL)/方向(D)/半宽(H)/直线(L)/半径(R)/第二个点(S)/放弃(U)/宽度(W)]: @200<-160✓   //以相对坐标输入方式确定圆弧的端点

指定圆弧的端点(按住 Ctrl 键以切换方向)或 [角度(A)/圆心(CE)/闭合(CL)/方向(D)/半宽(H)/直线(L)/半径(R)/第二个点(S)/放弃(U)/宽度(W)]: CL✓   //选择"闭合（CL）"选项

2.9 绘制样条曲线

样条曲线是一种特殊的曲线，AutoCAD 使用的样条曲线是一种称为非均匀有理 B 样条（NURBS）的特殊曲线。样条曲线使用拟合点或控制点进行定义。默认情况下，拟合点与样条曲线重合，而控制点定义控制框，所述的控制框提供了一种便捷的方法来设置样条曲线的形状。图 2-40 所示为使用两种方法绘制的样条曲线。

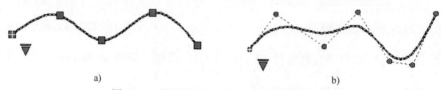

图 2-40 使用两种方法绘制的样条曲线示例

a) 使用拟合点绘制样条曲线   b)使用控制点绘制样条曲线

在机械制图中，零件图或者装配图中的局部剖视图的边界常用样条曲线来表示。AutoCAD 中可以通过指定拟合点或控制点来创建样条曲线，另外也可以将样条曲线起点和端点重合而形成封闭的图形。

2.9.1 使用拟合点绘制样条曲线

使用拟合点创建 3 阶 B 样条曲线时，生成的曲线通过指定的点，并受曲线中数学节点间距的影响。使用拟合点绘制样条曲线的步骤如下。

（1）在"绘图"面板中单击"样条曲线拟合"按钮 。

（2）在绘图区域中依次指定若干点，如图 2-41 所示的点 1、点 2、点 3、点 4 和点 5。

图 2-41 指定若干点

（3）按〈Enter〉键结束绘制命令。

创建上述拟合点样条曲线的命令历史记录及说明如下。

命令：_SPLINE   //单击"样条曲线拟合"按钮

当前设置：方式=拟合   节点=弦

指定第一个点或 [方式(M)/节点(K)/对象(O)]: _M

输入样条曲线创建方式 [拟合(F)/控制点(CV)] <拟合>: _FIT

当前设置：方式=拟合   节点=弦

指定第一个点或 [方式(M)/节点(K)/对象(O)]:   //指定点 1

输入下一个点或 [起点切向(T)/公差(L)]:   //指定点 2

输入下一个点或 [端点相切(T)/公差(L)/放弃(U)]:   //指定点 3

输入下一个点或 [端点相切(T)/公差(L)/放弃(U)/闭合(C)]:   //指定点 4

输入下一个点或 [端点相切(T)/公差(L)/放弃(U)/闭合(C)]:   //指定点 5

输入下一个点或 [端点相切(T)/公差(L)/放弃(U)/闭合(C)]: ↙

在通过指定拟合点创建样条曲线的过程中，用户可根据设计要求来使用如下选项。

● 节点：指定节点参数化，它是一种计算方法，用来确定样条曲线中连续拟合点之间的零部件曲线如何过渡。选择"节点"选项后，命令行出现"输入节点参数化 [弦(C)/平方根(S)/统一(U)] <弦>:"的提示信息，其中，"弦(C)"选项用于均匀隔开连接每个零部件曲线的节点，使每个关联的拟合点对之间的距离成正比；"平方根(S)"选项用于均匀隔开连接每个零部件曲线的节点，使每个关联的拟合点对之间的距离的平方根成正比，此方法通常会产生更柔和的曲线；"统一(U)"选项用于均匀隔开每个零部件曲线的节点，使其相等，而不管拟合点的间距如何。

● 起点切向：指定在样条曲线起点的相切条件。

● 端点相切：指定在样条曲线终点的相切条件。

● 公差：指定样条曲线可以偏离指定拟合点的距离。公差值 0（零）要求生成的样条曲线直接通过拟合点。

2.9.2 使用控制点绘制样条曲线

使用此方法创建 1 阶（线性）、2 阶（二次）、3 阶（三次）直到最高为 10 阶的样条曲线。如果要创建与三维 NURBS 曲面配合使用的几何图形，此方法为首选方法。通过移动控制点可以调整样条曲线的形状，它通常可获得比移动拟合点更好的效果。

使用控制点绘制样条曲线的方法步骤和使用拟合点绘制样条曲线的方法步骤类似，下面以一个简单范例进行介绍。

（1）在"绘图"面板中单击"样条曲线控制点"按钮 。

（2）在命令行提示下进行如下操作。

命令：_SPLINE

当前设置：方式=控制点   阶数=2

指定第一个点或 [方式(M)/阶数(D)/对象(O)]: _M

输入样条曲线创建方式 [拟合(F)/控制点(CV)] <CV>: _CV

当前设置：方式=控制点   阶数=2

指定第一个点或 [方式(M)/阶数(D)/对象(O)]: D✓　　　　//选择"阶数"选项

输入样条曲线阶数 <2>: 3✓　　　　//设置样条曲线阶数为3

当前设置: 方式=控制点　　阶数=3

指定第一个点或 [方式(M)/阶数(D)/对象(O)]:　　　　//指定第 1 点

输入下一个点:　　　　//指定第 2 点

输入下一个点或 [放弃(U)]:　　　　//指定第 3 点

输入下一个点或 [闭合(C)/放弃(U)]:　　　　//指定第 4 点

输入下一个点或 [闭合(C)/放弃(U)]: ✓

绘制的样条曲线如图 2-42 所示。

　　操作技巧：如果在命令行中输入"SPLINE"并按〈Enter〉键，那么在命令行"指定第一个点或 [方式(M)/阶数(D)/对象(O)]:"提示下，可以通过输入"M"并按〈Enter〉键来选择"方式(M)"选项，或者使用鼠标在命令行中单击"方式(M)"选项，然后在命令行"输入样条曲线创建方式 [拟合(F)/控制点(CV)]:"提示下选择样条曲线的创建方式是"拟合"或"控制点"。

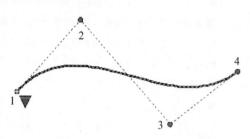

图 2-42　使用控制点绘制的样条曲线

2.10　绘制圆环

　　在 AutoCAD 中绘制圆环的步骤如下。

　　（1）在"绘图"面板中单击"圆环"按钮◎。

　　（2）指定圆环的内径，例如，在命令窗口中输入圆环的内径为"100"。

　　（3）指定圆环的外径，例如，在命令窗口中输入圆环的外径为"120"。

　　（4）指定圆环的中心点位置，如输入坐标为"200,100"。

此时绘制的单个圆环如图 2-43 所示。

　　（5）可以继续指定其他同样大小的圆环的中心点位置，按〈Enter〉键结束绘制。

2.11　绘制多线

图 2-43　绘制圆环

　　在 AutoCAD 2016 中，多线由多条平行线组成，这些平行线称为多线元素。多线的特性包括：元素的总数和每个元素的位置、每个元素与多线中间的偏移距离、每个元素的颜色和线型、每个顶点出现的称为 JOINTS 的直线的可见性、使用的端点封口类型、多线的背景填充颜色等。

　　在绘制多线之前，可以修改或指定多线样式。

　　在菜单栏中选择"格式"→"多线样式"命令，打开如图 2-44 所示的"多线样式"对话框。利用该"多线样式"对话框，可以新建一个多线样式，或者修改当前多线样式，也可以从多线库中加载已经定义的多线样式，还可以将当前的多线样式保存为一个多线文件（*.MLN），并可对选定的用户多线样式进行重新命名。如果单击"置为当前"按钮，则可以将选定的多线样式设定当前多线样式。

图 2-44 "多线样式"对话框

初始默认的当前多线样式为"STANDARD"，如果要修改当前多线样式，可以单击"修改"按钮，打开如图 2-45 所示的"修改多线样式"对话框。在该对话框中，可以分别设置多线的封口、多线的填充颜色、多线元素的特性（如偏移、颜色、线型等）及说明信息等。

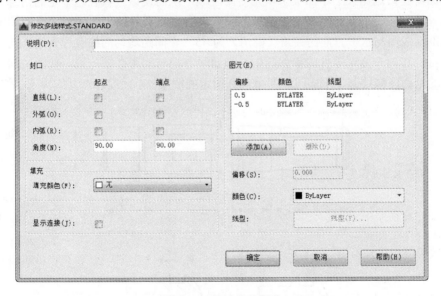

图 2-45 修改多线样式

图 2-46 列出了常见的几种多线封口。

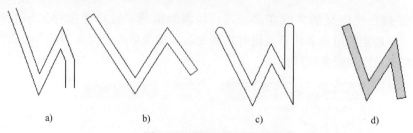

图 2-46　常见的几种多线封口

a) 无封口　b) 直线封口　c) 圆弧封口　d) 直线封口并具有填充颜色

绘制多线的一般步骤如下。

（1）在菜单栏中选择"格式"→"多线样式"命令，定义需要的当前多线样式。

（2）在菜单栏中选择"绘图"→"多线"命令，或者在命令窗口中输入"MLINE"并按〈Enter〉键，此时出现如图 2-47 所示的提示信息和选项。

图 2-47　创建多线的提示信息和选项

（3）在指定多线起点之前，可以选择"对正（J）""比例（S）"或"样式（ST）"选项进行相关设置。

（4）按指定方式绘制多线，如依次选择几点来完成多线的绘制。

2.12　填充图案

填充图案是指选用某一个图案来填充封闭区域，从而使该区域表达一定的信息。填充图案常用于表达零件的剖面和断面。在机械制图中，在金属零件的剖面区域填充的图案称为剖面线，该剖面线用与水平方向的夹角（锐角）为 45°、间距均匀的细实线表达，向左或者向右倾斜均可；在同一金属零件的零件图中，剖面线方向与间距必须一致。如图 2-48 所示，在传动轴的剖面区域绘制了剖面线，即填充有指定的图案。

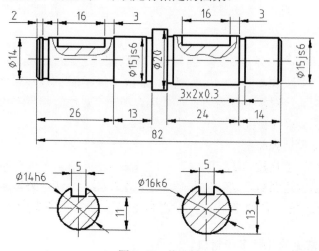

图 2-48　传动轴

在这里以传动轴的一个剖面为例，在该剖面区域绘制剖面线，如图 2-49 所示。

图 2-49　绘制剖面线

具体的操作步骤如下。

（1）切换到"草图与注释"工作界面，在"绘图"面板中单击"图案填充"工具按钮，功能区出现"图案填充创建"选项卡，如图 2-50 所示。该选项卡包含"边界"面板、"图案"面板、"特性"面板、"原点"面板、"选项"面板和"关闭"面板。

图 2-50　功能区出现"图案填充创建"选项卡

（2）在"图案"面板中单击选择"ANSI31"图案。

（3）在"特性"面板中指定角度和比例值，本例使用默认值，如角度为 0°，比例值为 1。在"选项"面板中可决定"关联"按钮的状态。

（4）在"边界"面板中，单击"拾取点"按钮。

（5）在图形中的 4 个封闭区域分别单击一下，如图 2-51 所示。

（6）按〈Enter〉键，或者在功能区"图案填充创建"选项卡的"关闭"面板中单击"关闭填充创建"按钮。

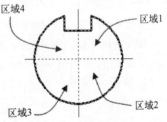

图 2-51　拾取内部点

2.13　面域

面域是具有物理特性（例如质心）的二维封闭区域，它是使用形成闭合环的对象来创建的，环可以是直线、多段线、圆、圆弧、椭圆、椭圆弧和样条曲线的组合，并且组成环的对象必须闭合或通过与其他对象共享端点而形成闭合的区域。用户可以将现有面域通过布尔运算组合成单个复合面域来计算面积。

定义面域的方法和步骤如下：

（1）单击"面域"工具按钮。

（2）选择对象以创建面域。这些对象必须各自形成闭合区域，例如圆或闭合多段线。

（3）按〈Enter〉键，则命令提示下的消息指出检测到了多少个环以及创建了多少个面域。

2.14　插入文字

文字也可以看作是一种特殊的二维基本图形。在 AutoCAD 2016 中，一般情况下，当输入较少文字时，使用单行文字；当输入较多文字时，使用多行文字。有关文字样式的内容将在后面的章节中介绍。

2.14.1　插入单行文字

设置显示有菜单栏后在菜单栏中选择"绘图"→"文字"→"单行文字"命令，或者在功能区"默认"选项卡的"注释"面板中单击"单行文字"按钮 **A**，命令窗口出现以下提示。

命令: _text

当前文字样式: "国标-3.5" 文字高度: 3.5000 注释性: 否 对正: 左

指定文字的起点 或 [对正(J)/样式(S)]:

此时可以有 3 个选项可供选择，其中默认选项为"指定文字的起点"。这 3 个选项的含义及其对应的操作步骤如下。

- "指定文字的起点"选项：可在绘图区域指定文字的起点。指定文字的起点后，将根据当前命令行的提示信息，指定文字的旋转角度等，并在绘图区域指定区域输入文字。
- "对正（J）"选项：该选项用来确定文本的对齐方式和排列方向。执行该选项后，系统将提示：

指定文字的起点 或 [对正(J)/样式(S)]: J 　　　　　 //选择"对正（J）"选项

输入选项 [左(L)/居中(C)/右(R)/对齐(A)/中间(M)/布满(F)/左上(TL)/中上(TC)/右上(TR)/左中(ML)/正中(MC)/右中(MR)/左下(BL)/中下(BC)/右下(BR)]: 　　　　//选择其中的一种对齐方式

- "样式（S）"选项：该选项用来确定文字使用的文字样式。

下面通过一个应用实例来辅助说明插入单行文字的方法和步骤。例如，在绘图区域插入如图 2-52 所示的技术要求内容。

（1）使用"草图与注释"工作空间，在功能区"默认"选项卡的"注释"面板中单击"单行文字"按钮 **A**。

（2）根据命令行提示，执行如下操作。

技术要求

1. 热处理后齿面硬度HRC=45~55。
2. 未注倒角为C1（1×45°）。
3. 铸造圆角为R3~R5。

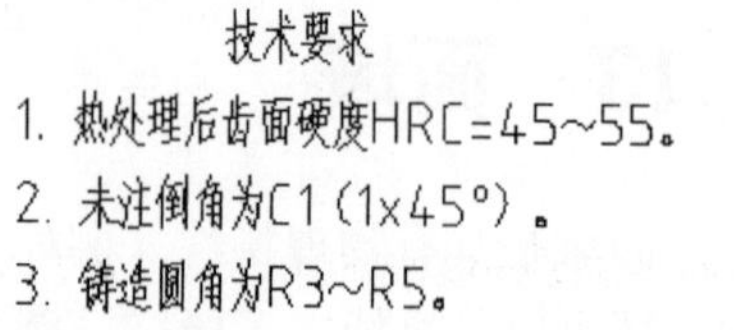

图 2-52　使用单行文字方式插入内容

命令: _text

当前文字样式: "国标-5" 文字高度: 5.0000 注释性: 否 对正: 右下

指定文字的右下点 或 [对正(J)/样式(S)]: S 　　　　//选择"样式（S）"选项

输入样式名或 [?] <国标-5>: 国标-3.5✓ 　　　　//输入已定义好的文字样式

当前文字样式: "国标-5" 文字高度: 3.5000 注释性: 否 对正: 右下

指定文字的右下点 或 [对正(J)/样式(S)]: J 　　　　//选择"对正（J）"选项

输入选项 [左(L)/居中(C)/右(R)/对齐(A)/中间(M)/布满(F)/左上(TL)/中上(TC)/右上(TR)/左中(ML)/正中(MC)/右中(MR)/左下(BL)/中下(BC)/右下(BR)]: L 　　　　//选择"左（L）"选项

| 指定文字的起点： | //在绘图区域中选择一点 |
| 指定文字的旋转角度 <0>:✓ | //直接按〈Enter〉键，接受默认的旋转角度为 0 |

（3）输入文字"技术要求"（在输入"技术要求"文字之前需要按几次空格键），按〈Enter〉键。注意每次按〈Enter〉键或指定点时，都会开始创建新的文字对象。

（4）输入文字"1. 热处理后齿面硬度 HRC=45～55。"，按〈Enter〉键。

（5）输入文字"2. 未注倒角为 C1（1x45%%D）。"，按〈Enter〉键。

（6）输入文字"3. 铸造圆角为 R3～R5。"，按〈Enter〉键。

（7）在绘图区域其他位置处单击，或者直接在空行处按〈Enter〉键直到退出单行文字的命令操作。

说明：在绘制机械工程图时，有时需要插入一些特殊字符，比如直径符号"Φ"、角度符号"°"、正负符号"±"等。在 AutoCAD 中允许这些特殊的字符以控制码的方式输入，控制码由两个百分号（%%）以及另外一个字符构成，例如：控制码"%%D"对应着符号"°"，"%%C"对应着符号"Φ"，"%%P"对应着符号"±"。

2.14.2 插入多行文字

可以将若干文字段落创建为单个多行文字，并且在创建过程中可以使用内置编辑器格式化文字外观、列和边界等。常使用多行文字创建较为复杂的文字说明。

如果功能区未处于活动状态，执行"多行文字"命令并指定对角点之后，将显示在位文字编辑器；如果功能区处于活动状态，执行"多行文字"并指定对角点之后，将显示"文字编辑器"功能区上下文选项卡。

下面以功能区处于活动状态为例介绍创建多行文字的一般方法。

（1）在功能区的"注释"面板中单击"文本"按钮 A，或者从菜单栏中选择"绘图"→"文字"→"多行文字"命令。

（2）在绘图区域选择两个有效角点，由这两个角点确定的矩形区域就是注写文字的基本区域。

（3）确定一对对角点后，功能区出现"文字编辑器"上下文选项卡，以及在图形窗口中出现一个文字输入框。利用"文字编辑器"上下文选项卡，可设置文本样式、插入特殊符号和编辑文本等，而在文字输入窗口可输入多行文字，如图 2-53 所示。

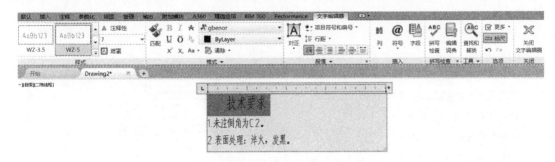

图 2-53 输入多行文字

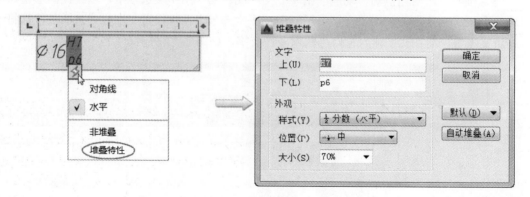

（4）单击"关闭文字编辑器"按钮✕。

下面介绍如何用插入多行文字的方式来注写如图 2-54 所示的机械制图中常见的文字组合形式。这需要使用"文字编辑器"功能区上下文选项卡的"格式"面板中的"字符堆叠"按钮 ᵇ/ₐ。堆叠是对分数、公差和配合的一种位置控制方式。

$$\varnothing 16\ \frac{H7}{p6} \qquad \varnothing 16 {}^{+0.029}_{+0.018} \qquad \varnothing 18 p6 \left({}^{+0.029}_{+0.018}\right) \qquad \varnothing 20 {}^{+0.029}_{-0.023}$$

图 2-54　机械制图中常见的文字组合形式

在 AutoCAD 中有 3 种字符堆叠控制码："/""#"和"^"，它们的应用说明如下。

● "/"：字符堆叠为分式的形式。例如输入"H7/c6"，则堆叠后显示为" H7⁄c6 "

● "#"：字符堆叠为比值的形式。例如输入"H7#c6"，则堆叠后显示为" H7⁄c6 "。

● "^"：字符堆叠为上下排列的形式，和分式类似（比分式少了一条横线）。例如输入"H7^c6"，则堆叠后显示为" H7⁄c6 "。

以输入图 2-54 中最左边的多行文字为例，其具体的操作步骤如下。

（1）在启用功能区的情况下（如使用"草图与注释"工作空间），在功能区"默认"选项卡的"注释"面板中单击"文本"按钮 A，并在绘图区域指定两角点后，系统打开"文字编辑器"上下文选项卡和文字输入框窗口。

（2）定义好文字样式等后，在文字窗口中输入"%%C16 H7/p6"。

（3）在文字输入框窗口中选中"H7/p6"，接着在"文字编辑器"上下文选项卡的"格式"面板中单击"字符堆叠"按钮 ᵇ/ₐ。

（4）单击"关闭文字编辑器"按钮✕。

另外，可以修改堆叠字符的特性，比如修改堆叠上、下文字，选择公式样式，设置堆叠字符的大小等，方法如下。

（1）双击要修改的多行文字，打开"文字编辑器"上下文选项卡和文字输入框窗口。

（2）在文字输入框窗口中选择堆叠字符，单击出现的 🔲 图标以打开一个下拉菜单，接着选择"堆叠特性"命令，系统打开"堆叠特性"对话框，如图 2-55 所示。

图 2-55　打开"堆叠特性"对话框

（3）利用该对话框进行相关特性的修改设置。例如在"外观"选项组中将"大小"值设置为 70%。

（4）在"堆叠特性"对话框中单击"确定"按钮，接着关闭"文字编辑器"上下文选项卡。

2.15　二维图形的常用输入命令及其快捷方式

在 AutoCAD 2016 中，系统提供了多种方式来完成二维基本图形的绘制，比如菜单操作、工具按钮操作、命令窗口操作、动态输入模式操作等。

例如，若要绘制一条直线，激活直线绘制命令的方法主要有以下几种：

● 从菜单栏中选择"绘图"→"直线"命令。

● 在功能区的"默认"选项卡的"绘图"面板中单击"直线"工具按钮／。

● 在"绘图"工具栏中单击"直线"工具按钮／（如果调用出来的话）。

● 在命令窗口的命令行中输入"LINE"或"L"。

因此，有必要掌握绘制二维图形的常用输入命令，以便需要时在命令窗口中输入。表 2-1 给出了绘制二维图形的常用输入命令及快捷方式。

表 2-1　绘制二维图形的常用输入命令及快捷方式

二维基本图形	对应的工具按钮	输入命令	快捷方式/命令别名
直线	／	LINE	L
构造线	↗	XLINE	XL
射线	↗	RAY	
矩形	▭	RECTANG	REC
正多边形	⬠	POLYGON	POL
圆	◉	CIRCLE	C
圆弧	◜	ARC	A
椭圆	⬭	ELLIPSE	EL
椭圆弧	◗	ELLIPSE	EL
多点	▪	POINT	PO
多段线	⊐	PLINE	PL
样条曲线	∿	SPLINE	SPL
圆环	◎	DONUT	DO
多线	⑂	MLINE	ML
填充图案	▦	BHATCH	BH
面域	◙	REGION	REG
定数等分	⚡	DIVIDE	DIV
定距等分	⚡	MEASURE	ME

另外，需要用户注意的是，在功能区中提供的工具按钮会比"绘图"工具栏中的多，这需要用户在今后的学习和工作中多留意和掌握。

2.16　本章小结

AutoCAD 的优势在于二维图形的绘制。

二维基本图形包括基本线（直线、射线、构造线）、多边形、圆、椭圆、弧、点、二维多段线、样条曲线、圆环、多线、填充图案等。本章重点介绍了二维基本图形的创建方法和步骤。在使用 AutoCAD 2016 绘制二维图形的过程中，要注意灵活应用绘制方法，这些绘制方法包括菜单操作、工具按钮操作、命令窗口操作以及动态输入模式操作等。

2.17　思考与练习

1．在 AutoCAD 中，直线、射线和构造线有什么不同？如何创建它们？

2．如何绘制多边形？以绘制一个边长为 18 mm 的正六边形为例，该正六边形的中心位于绝对坐标系原点。

3．如何绘制和编辑样条曲线？

4．在 AutoCAD 2016 中，多段线与多线分别具有什么特点？如何绘制它们？

5．上机练习。分别绘制如图 2-56、图 2-57 所示的二维机械图形。

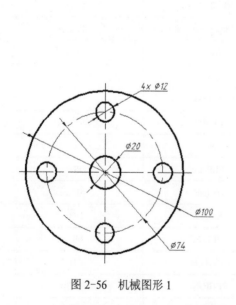

图 2-56　机械图形 1

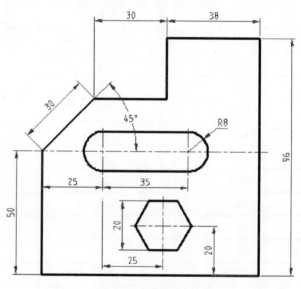

图 2-57　机械图形 2

6．绘制如图 2-58 所示的剖面图。

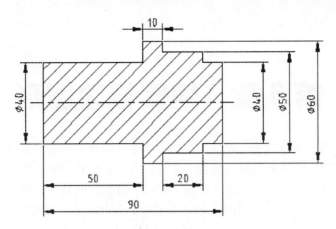

图 2-58 剖面图

7. 单行文字和多行文字的区别在哪里？

8. 练习在绘图区域中输入如图 2-59 所示的文字。

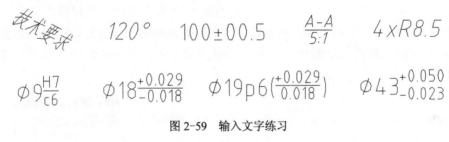

图 2-59 输入文字练习

第 3 章　编辑修改图形

在使用基本的绘图命令绘制二维基本图形后，通常需要利用编辑修改命令来编辑或修改图形对象，从而完成各种复杂图形的绘制。本章介绍 AutoCAD 2016 中常用的编辑修改工具或命令，主要包括删除、移动、复制、旋转、缩放、镜像、阵列（矩形阵列、环形阵列和路径阵列）、修剪、延伸、倒圆角、倒角、断开、拉伸、偏移、合并以及分解等。

3.1　常见的编辑修改工具

图形编辑修改是指对图形进行修改、复制、移动、旋转、修剪和删除等操作，AutoCAD 提供了丰富的图形编辑修改工具和命令，适当而灵活地利用这些编辑修改工具和命令，可以显著提高绘图的效率和质量。AutoCAD 2016 提供的常用编辑修改工具基本上集中在如图 3-1 所示的"修改"面板中，其对应的菜单命令多位于菜单栏的"修改"菜单中，如图 3-2 所示。

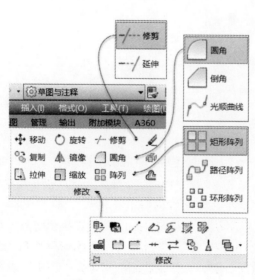

图 3-1　"修改"面板

图 3-2　菜单中的修改命令

3.2　删除对象

制图是一个设计过程，在这个过程中如果发现绘制了一些多余的或错误的图形，可以使用删除（ERASE）命令来删除它们。

删除对象的步骤如下。

（1）在"修改"面板中单击"删除"工具按钮 ✐。

（2）在图形区域中选择要删除的对象，如图 3-3a 所示。

（3）按〈Enter〉键，被选择的对象便被删除，如图 3-3b 所示。

图 3-3　删除对象

a) 选择要删除的对象　b) 删除后的结果

说明：在上述步骤 3 中，也可以直接单击鼠标右键来确认将对象删除。这与单击鼠标右键的设置功能有关。

此外，也可以先选择要删除的对象，然后单击"修改"面板中的"删除"工具按钮 ✐，或者直接按〈Delete〉键将对象删除。

如果需要恢复刚刚被删除的对象，则可以在命令窗口中输入"OOPS"并按〈Enter〉键。"OOPS"命令的作用是恢复最近一次由"ERASE"命令删除的对象。而当需要恢复先前连续多次删除的对象，则可以使用"UNDO"命令或者"放弃"工具按钮 ⤺。

3.3　移动

移动图形的命令为"MOVE"，其对应的工具为"移动"按钮 ✛。

执行移动对象操作的步骤如下。

（1）在"修改"面板中单击"移动"工具按钮 ✛，或者在命令窗口中输入"MOVE"或"M"。

（2）选择需要移动的对象，按〈Enter〉键或者单击鼠标右键确认。

（3）指定基点，接着指定第二点来确定图形的放置位置或者按〈Enter〉键使用第一个点作为位移。如果不指定基点，那么在选择要移动的对象后在"指定基点或 [位移(D)] <位移>:"提示选项中选择"位移（D）"选项，然后指定位移值即可。

如果采用输入坐标值"x,y"的方式指定基点，并按〈Enter〉键以接受将第一个点用作位移值，那么系统将基点的坐标值作为相对的 X、Y 位移值，即图形位移量△X=x，△Y=y，也就是说基点的坐标确定了位移矢量。例如，如果将基点指定为"10,5"，接着在下一个提示下按〈Enter〉键，则对象将从当前位置沿着 X 方向移动 10 个单位，沿 Y 方向移动 5 个方向。

下面以一个简单的实例来进行具体的讲解。在该实例中，需要将基本绘制好的视图图形移动到图纸图框中，移动前的图形如图 3-4 所示。

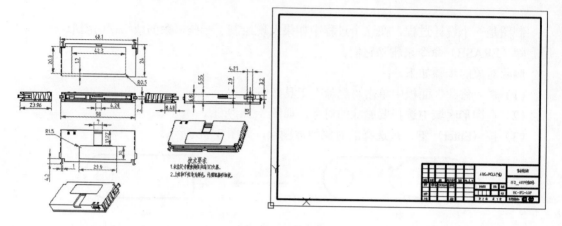

图 3-4 移动前的图形

具体的操作步骤如下。

（1）在"修改"面板中单击"移动"工具按钮✛。

（2）框选位于图框左边的全部图形，按〈Enter〉键确认或单击鼠标右键确认。

（3）此时，在命令行窗口中出现"指定基点或 [位移(D)] <位移>:"的提示信息与选项，在图形中选择合适的一点作为移动的基点，如图 3-5 所示。

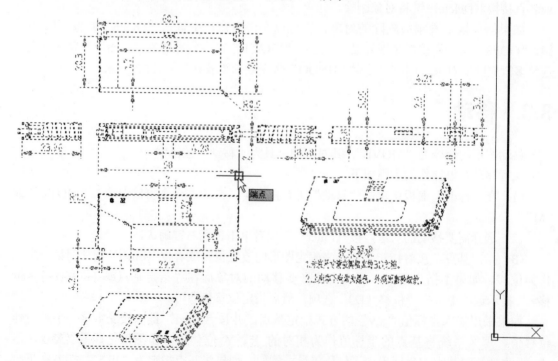

图 3-5 指定移动的基点

（4）移动鼠标光标到图框中准备选择放置的位置，如图 3-6 所示，注意确保要移动的所有图形均能放入到图框内。

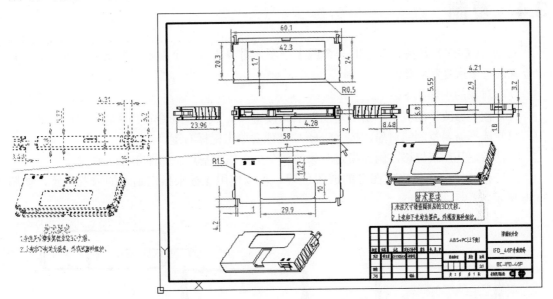

图 3-6　移动光标选择放置位置

（5）在拟指定放置图形的位置处单击鼠标左键，从而完成图形的移动操作，完成效果如图 3-7 所示。

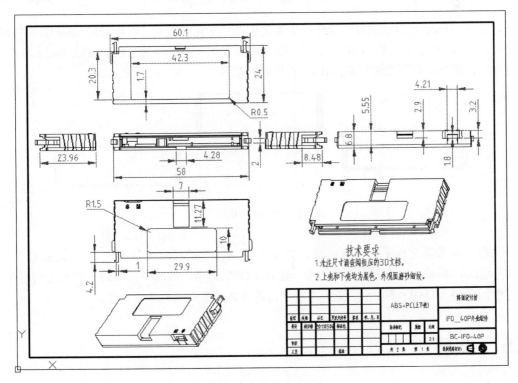

图 3-7　移动后的效果

3.4 复制

复制（COPY）是指将选定的一个或多个图形对象生成一个副本，并将该副本放置到指定位置，可多次复制对象。

复制对象的步骤如下。

（1）在"修改"面板中单击"复制"工具按钮 ，或者在命令窗口中输入"COPY"。

（2）选择需要复制的对象，按〈Enter〉键或者单击鼠标右键确定。

（3）指定基点或位移，例如指定对象的一个交点作为基点，如图3-8a所示。

（4）指定第二点以确定图形的放置位置，可以使用光标来指定副本的放置位置，如图3-8b所示。

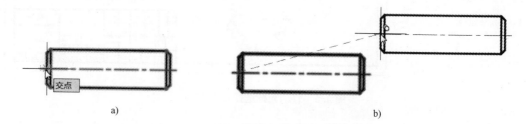

图 3-8　复制操作

a) 指定基点　b) 指定第 2 点以确定图形的放置位置

（5）按〈Enter〉键结束复制操作。如果之前在"指定基点或 [位移(D)/模式(O)/多个(M)]<位移>:"提示下选择"多个(M)"选项，那么在放置第一个副本后，可以继续指定其他位置来创建其他副本，直到结束复制操作，如图3-9所示。

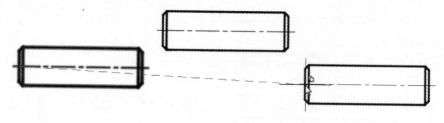

图 3-9　继续复制

说明：如果要更改复制模式选项，那么在复制操作的过程中，从"指定基点或 [位移(D)/模式(O)] <位移>:"提示选项中选择"模式（O）"选项，然后在出现的"输入复制模式选项 [单个(S)/多个(M)] <多个>:"提示选项中选择所需的复制模式选项即可。

3.5 旋转

旋转（ROTATE）的功能是将指定对象绕指定基点旋转设定角度。一般情况下，将旋转基点定在旋转图形的中心或特殊点上，如图 3-10 所示。若旋转基点定在不同的位置上，那么旋转后的图形所处的位置也将不同。在设定旋转角度后，图形绕旋转基点旋转该角度，如果输入的角度为正，则向逆时针方向旋转；如果输入的角度为负，则按顺时针方向旋转。

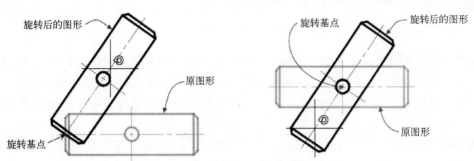

图 3-10　注意旋转基点的位置

执行旋转操作的步骤如下。

（1）在"修改"面板中单击"旋转"工具按钮 ⟳，或者在命令窗口输入"ROTATE"或"RO"。

（2）选择需要旋转的对象，按〈Enter〉键或者单击鼠标右键确定选择。

（3）选择旋转基点。

（4）此时，AutoCAD 2016 在命令行中出现如图 3-11 所示的信息。

图 3-11　命令操作提示

倘若直接输入旋转角度值，则 AutoCAD 2016 将所选图形对象绕旋转基点，按照输入的角度值旋转，当然用户也可以使用鼠标直接拖动图形来选择角度以完成图形的旋转操作。

倘若想在旋转图形后还保留原图形，那么在当前命令行中输入"C"并按〈Enter〉键（即选择"复制（C）"选项），然后再指定旋转角度。

倘若在当前命令行中选择"参照（R）"选项，那么需要指定参考角度和新角度，AutoCAD 2016 会根据输入的这两个角度计算出图形旋转角度，实际上是将对象从指定的角度旋转到新的绝对角度。

3.6　缩放

缩放（SCALE）功能是将选定的对象按照设定的比例相对于基点进行缩放。一般情况下，将基点定在图形的中心或者特殊点上。当设定的比例大于 1 时，放大图形；当设定的比例小于 1 时，则缩小图形。

执行图形缩放操作的步骤如下。

（1）在"修改"面板中单击"缩放"工具按钮 ▢，或者在命令行窗口的当前命令行中输入"SCALE"。

（2）选择需要缩放的对象，按〈Enter〉键或者单击鼠标右键确认。

（3）选择缩放基点。

（4）此时，AutoCAD 2016 提示如图 3-12 所示的信息。

> ✕ ⚒ ◨▾ **SCALE** 指定比例因子或 [复制(C) 参照(R)]:　　　　　　　　　　　　　　▲

图 3-12　命令操作提示

倘若直接输入比例因子（缩放系数），则 AutoCAD 2016 将所选图形对象按该比例因子相对于基点进行缩放。用户也可以使用鼠标任意选择比例因子来完成图形的缩放操作。

倘若想在缩放图形后还保留原图形，那么在命令窗口的当前命令行中输入"C"并按〈Enter〉键，即选择"复制（C）"选项，然后再输入比例因子。

倘若在当前命令行中选择"参照（R）"选项，那么需要指定参考长度和新长度，AutoCAD 2016 会根据输入的新长度和参照长度的比值计算出缩放系数。

图 3-13 是进行缩放操作的简单示例。

原图形　　　　　缩放因子为0.5的效果　　　　缩放因子为0.5并保留原图形

图 3-13　缩放操作

3.7　镜像

镜像（MIRROR）功能是指将选定的图形对象相对于镜像轴（中心轴）而生成一个对称图形，如图 3-14 所示。

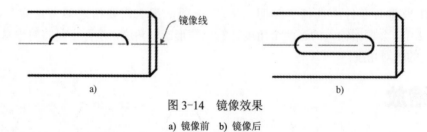

图 3-14　镜像效果
a) 镜像前　b) 镜像后

执行图形镜像操作的步骤如下。

（1）在"修改"面板中单击"镜像"工具按钮 ⚑，或者在命令窗口中输入"MIRROR"。

（2）选择要镜像的源对象，例如选择如图 3-15a 所示的图形，被选择的图形以虚线来显示，按〈Enter〉键或者单击鼠标右键确认。

（3）分别指定两点来定义镜像线，如图 3-15b 所示。

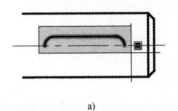 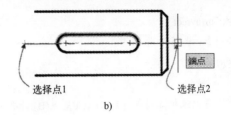

图 3-15　镜像操作

a) 选择图形　b) 定义镜像线

技巧：在定义镜像线时建议设置和打开对象捕捉模式。

（4）此时，在当前命令行中出现"要删除源对象吗？[是(Y)/否(N)] <N>:"的提示信息。直接按〈Enter〉键，保留源对象。

说明：如果输入"Y"按〈Enter〉键，即选择"是（Y）"选项，则源对象将被删除。

3.8　阵列

在 AutoCAD 2016 中，阵列工具分为 3 种，即"矩形阵列"按钮🔲、"环形阵列"按钮🔲和"路径阵列"按钮🔲。使用阵列工具可以控制阵列关联性，设置关联时创建的各项目包含在单个阵列对象中；而设置非关联时则使阵列中的每个项目均创建为独立的对象，更改其中一个项目不影响阵列中的其他项目。

下面结合范例来介绍如何创建这些阵列图形。

3.8.1　矩形阵列

在矩形阵列中，项目分布到任意行、列和层的组合。在创建矩形阵列的过程中，可以根据需要设置基点、角度和计数等一些参数。

矩形阵列示例如图 3-16 所示。该示例的操作步骤如下（读者可以打开光盘中配套的"矩形阵列.dwg"文档来练习）。

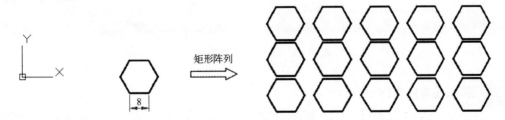

图 3-16　矩形阵列示例

（1）使用"草图与注释"工作空间，从"修改"面板中单击"矩形阵列"按钮🔲。

（2）根据命令行提示进行如下操作。

命令: _arrayrect

选择对象: 找到 1 个　　　　　　　　　　　//选择要阵列的正六边形

选择对象: ✓　　　　　　　　　　　　　　//按〈Enter〉键确认

类型 = 矩形　关联 = 是

选择夹点以编辑阵列或 [关联(AS)/基点(B)/计数(COU)/间距(S)/列数(COL)/行数(R)/层数(L)/退出(X)] <退出>: B　　　　　　　　　　　　　　　//选择"基点（B）"选项

指定基点或 [关键点(K)] <质心>:✓

选择夹点以编辑阵列或 [关联(AS)/基点(B)/计数(COU)/间距(S)/列数(COL)/行数(R)/层数(L)/退出(X)] <退出>: COU　　　　　　　　　　　　　　//选择"计数（COU）"选项

输入列数或 [表达式(E)] <4>: 5✓　　　　//输入列数为 5

输入行数或 [表达式(E)] <3>: 3✓　　　　//输入行数为 3

选择夹点以编辑阵列或 [关联(AS)/基点(B)/计数(COU)/间距(S)/列数(COL)/行数(R)/层数(L)/退出(X)] <退出>: S　　　　　　　　　　　　　　　//选择"间距（S）"选项

指定列之间的距离或 [单位单元(U)] <24>: 20✓　//输入列之间的间距为 20

指定行之间的距离 <20.7846>: 15✓　//输入行之间的间距为 15

选择夹点以编辑阵列或 [关联(AS)/基点(B)/计数(COU)/间距(S)/列数(COL)/行数(R)/层数(L)/退出(X)] <退出>: AS　　　　　　　　　　　　　　//选择"关联（AS）"选项

创建关联阵列 [是(Y)/否(N)] <是>: Y　　　//选择"是"选项

选择夹点以编辑阵列或 [关联(AS)/基点(B)/计数(COU)/间距(S)/列数(COL)/行数(R)/层数(L)/退出(X)] <退出>: ✓　　　　　　　　　　　　　　//退出命令

如果激活功能区，例如切换到"草图与注释"工作空间（此时默认时功能区处于激活状态），在功能区"默认"选项卡的"修改"面板中单击"矩形阵列"按钮，接着选择要阵列的草图对象，按〈Enter〉键，则功能区将出现"阵列创建"选项卡，在"阵列创建"选项卡中可分别设置矩形阵列的列、行、层级和特性方面的相关参数，如图 3-17 所示。这样不用在命令窗口中进行输入操作，整个操作过程直观，对各参数和选项的设置一目了然。

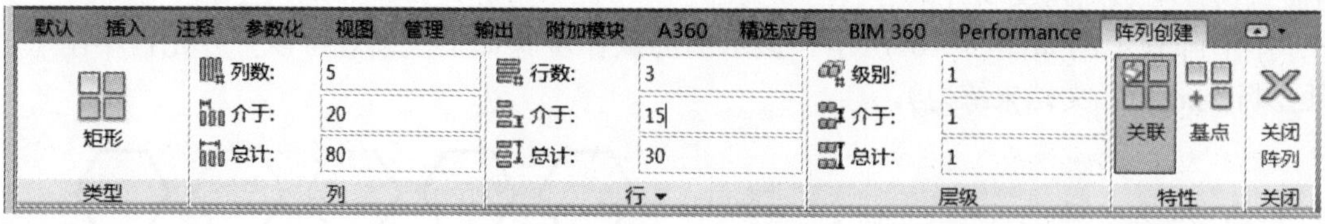

图 3-17　"阵列创建"选项卡

3.8.2　环形阵列

环形阵列是指通过围绕指定的中心点或旋转轴复制选定对象来创建阵列。创建环形阵列的示例如图 3-18 所示，该环形阵列的创建步骤如下（读者可以打开光盘中配套的"环形阵列.dwg"文档来练习）。

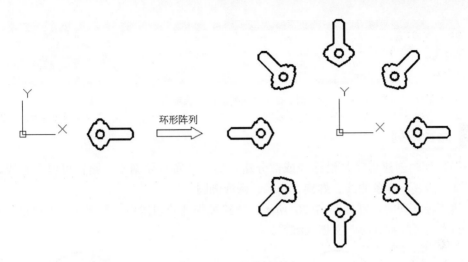

图 3-18　环形阵列示例

（1）在"修改"面板中单击"环形阵列"按钮。

（2）根据命令行提示，进行如下操作来完成环形阵列。

命令: _arraypolar

选择对象: 指定对角点: 找到 11 个　　　　　　　　//框选要阵列的整个图形

选择对象: ↙

类型 = 极轴　关联 = 是

指定阵列的中心点或 [基点(B)/旋转轴(A)]: 0,0↙

选择夹点以编辑阵列或 [关联(AS)/基点(B)/项目(I)/项目间角度(A)/填充角度(F)/行(ROW)/层(L)/旋转项目(ROT)/退出(X)] <退出>: I↙

输入阵列中的项目数或 [表达式(E)] <6>: 8↙

选择夹点以编辑阵列或 [关联(AS)/基点(B)/项目(I)/项目间角度(A)/填充角度(F)/行(ROW)/层(L)/旋转项目(ROT)/退出(X)] <退出>: F↙

指定填充角度(+=逆时针、−=顺时针)或 [表达式(EX)] <360>: 360↙

选择夹点以编辑阵列或 [关联(AS)/基点(B)/项目(I)/项目间角度(A)/填充角度(F)/行(ROW)/层(L)/旋转项目(ROT)/退出(X)] <退出>: AS↙

创建关联阵列 [是(Y)/否(N)] <是>: Y↙

选择夹点以编辑阵列或 [关联(AS)/基点(B)/项目(I)/项目间角度(A)/填充角度(F)/行(ROW)/层(L)/旋转项目(ROT)/退出(X)] <退出>: ROT↙

是否旋转阵列项目? [是(Y)/否(N)] <是>: Y↙

选择夹点以编辑阵列或 [关联(AS)/基点(B)/项目(I)/项目间角度(A)/填充角度(F)/行(ROW)/层(L)/旋转项目(ROT)/退出(X)] <退出>: ↙

　　如果激活功能区，那么单击"环形阵列"按钮，选择要阵列的图形对象并按〈Enter〉键，接着指定阵列的中心点，则功能区出现如图 3-19 所示的"阵列创建"选项卡，用户可以利用该选项卡来为环形阵列设置相关的参数，然后单击"关闭阵列"按钮。

图 3-19 "阵列创建"选项卡

3.8.3 路径阵列

路径阵列的创建思路是沿路径或部分路径均匀分布对象副本,路径可以是直线、多段线、三维多段线、样条曲线、螺旋、圆弧、圆或椭圆。

创建路径阵列的示例如图 3-20 所示,该路径阵列的创建步骤如下(读者可以打开光盘中配套的"路径阵列.dwg"文档来练习)。

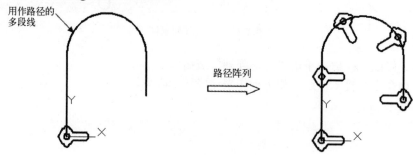

图 3-20 路径阵列示例

(1)在"修改"面板中单击"路径阵列"按钮 。

(2)根据命令行提示,进行如下操作。

命令: _arraypath

选择对象: 指定对角点: 找到 11 个   //框选如图 3-21 所示的图形作为要阵列的图形

选择对象: ✓

类型 = 路径 关联 = 是

选择路径曲线: //选择二维多段线定义路径

选择夹点以编辑阵列或 [关联(AS)/方法(M)/基点(B)/切向(T)/项目(I)/行(R)/层(L)/对齐项目(A)/Z 方向(Z)/退出(X)] <退出>: M✓

输入路径方法 [定数等分(D)/定距等分(M)] <定距等分>: D✓

选择夹点以编辑阵列或 [关联(AS)/方法(M)/基点(B)/切向(T)/项目(I)/行(R)/层(L)/对齐项目(A)/Z 方向(Z)/退出(X)] <退出>: I✓

输入沿路径的项目数或 [表达式(E)] <6>: 5✓

选择夹点以编辑阵列或 [关联(AS)/方法(M)/基点(B)/切向(T)/项目(I)/行(R)/层(L)/对齐项目(A)/Z 方向(Z)/退出(X)] <退出>: A✓

是否将阵列项目与路径对齐? [是(Y)/否(N)] <是>: Y✓

选择夹点以编辑阵列或 [关联(AS)/方法(M)/基点(B)/切向(T)/项目(I)/行(R)/层(L)/对齐项目(A)/Z 方向(Z)/退出(X)] <退出>: AS✓

创建关联阵列 [是(Y)/否(N)] <是>: ✓

选择夹点以编辑阵列或 [关联(AS)/方法(M)/基点(B)/切向(T)/项目(I)/行(R)/层(L)/对齐项目(A)/Z 方向

(Z)/退出(X)] <退出>:✓

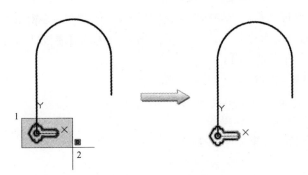

图 3-21　选择要阵列的图形

如果激活功能区，那么单击"路径阵列"按钮，并选择了要阵列对象和路径曲线之后，功能区出现"阵列创建"选项卡，此时可以在该选项卡中设置相关的阵列参数和选项，如图 3-22 所示。最后单击"关闭阵列"按钮。

图 3-22　"阵列创建"选项卡

3.9　偏移

偏移（OFFSET）也称偏距，它主要用来复制平行线或者同心圆。在 AutoCAD 2016 中，可使用两种方式对选定的对象进行偏移操作，一种是按指定的距离来进行偏移，另一种则是通过指定点来进行偏移。

这里先以简单例子讲解如何按指定的距离来进行偏移操作（光盘中提供配套的练习文件"偏移练习.dwg"）。具体步骤如下。

（1）在"修改"面板中单击"偏移"工具按钮，或者在命令窗口输入"OFFSET"。

（2）输入偏移的距离。例如，在练习示例中输入偏移距离为 100。

（3）选择要偏移复制的对象，如图 3-23a 所示。

（4）指定要偏移的那一侧上的点，例如在对象右侧的任意位置上单击从而定义偏移方向。

完成偏移操作后的效果如图 3-23b 所示。用户可以继续进行偏移操作，按〈Enter〉键退出。

图 3-23　偏移操作 1

a) 选择要偏移复制的对象　b) 偏移结果

通过指定点来进行偏移操作的步骤如下。

（1）在"修改"面板中单击"偏移"工具按钮⚙，或者在命令窗口中输入"OFFSET"。

（2）命令窗口的当前命令行中出现"指定偏移距离或 [通过(T)/删除(E)/图层(L)] <当前值>"的提示信息，选择"通过(T)"选项。

（3）选择要偏移复制的对象，如图 3-24a 所示。

（4）指定通过点，如图 3-24b 所示。

（5）按〈Enter〉键退出偏移操作。

完成该偏移操作后的效果如图 3-24c 所示。

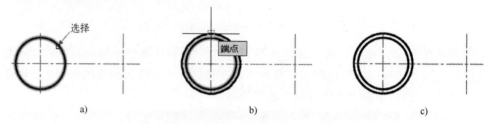

图 3-24　偏移操作 2

a) 选择要偏移复制的对象　b) 指定通过点　c) 偏移操作结果

3.10　修剪

修剪（TRIM）命令允许用边界（修剪边）来删除图形的一部分，所述修剪边可以是直线、圆弧、矩形、多边形、椭圆、样条曲线等对象。

下面以简单例子说明执行修剪操作的一般步骤。

（1）在"修改"面板中单击"修剪"工具按钮✂，或者在命令窗口输入"TRIM"。

（2）选择剪切边（也称"修剪边"），如图 3-25a 所示，按〈Enter〉键确认。

（3）选择要修剪的图形对象，注意选择的位置，如图 3-25b 所示。

完成操作后的效果如图 3-25c 所示。

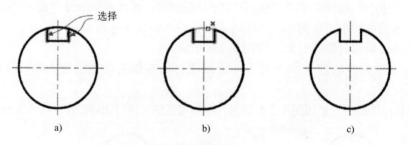

图 3-25　修剪示例 1

a) 选择剪切边　b) 选择要修剪的图形对象　c) 修剪结果

说明：被修剪的线段与选取要修剪的图形对象的拾取位置有关。

在上述修剪操作的简单例子中，也可以按照下面的方法进行操作。

（1）在"修改"面板中单击"修剪"工具按钮 ⊁。

（2）系统提示用户选择剪切边，此时可直接单击鼠标右键，或者直接按〈Enter〉键。

（3）依次拾取如图 3-26 所示的两段图形，完成修剪操作。

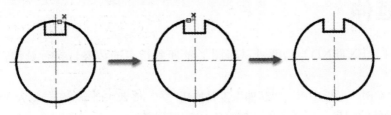

图 3-26　修剪示例 2

在 AutoCAD 2016 中，如果指定的剪切边太短，即剪切边与要修剪的图形对象没有相交，那么不宜按照上述例子的方法来进行。现在以另一个简单例子来说明，操作步骤如下。

（1）在"修改"面板中单击"修剪"工具按钮 ⊁。

（2）选择剪切边，如图 3-27a 所示，按〈Enter〉键确认。

（3）此时，命令窗口中出现"选择要修剪的对象，或按住 Shift 键选择要延伸的对象，或 [栏选(F)/窗交(C)/投影(P)/边(E)/删除(R)/放弃(U)]："的提示信息，选择"边(E)"选项。

（4）此时，命令行窗口中出现"输入隐含边延伸模式[延伸(E)/不延伸(N)]<当前延伸模式>："提示信息，选择"延伸(E)"选项。

（5）选择要修剪的图形对象，注意选择的位置，如图 3-27b 所示。

完成操作后的效果如图 3-27c 所示。

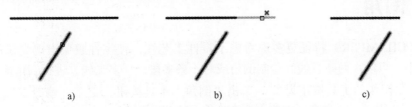

a)　　　　　　　　　　　　b)　　　　　　　　　　　c)

图 3-27　修剪示例 3

a) 选择剪切边　b) 选择要修剪的图形对象　c) 延伸修剪结果

该修剪示例的命令历史记录及操作说明如下。

命令: _trim

当前设置:投影=UCS，边=延伸

选择剪切边...

选择对象或 <全部选择>: 找到 1 个　　　　　　　　　　　//选择如图 3-27a 所示的修剪边

选择对象: ↙

选择要修剪的对象，或按住 Shift 键选择要延伸的对象，或 [栏选(F)/窗交(C)/投影(P)/边(E)/删除(R)/放弃(U)]: E↙

输入隐含边延伸模式 [延伸(E)/不延伸(N)] <延伸>: E↙

选择要修剪的对象，或按住〈Shift〉键选择要延伸的对象，或 [栏选(F)/窗交(C)/投影(P)/边(E)/删除(R)/放弃(U)]:　　　　　　　　　　　//在如图 3-27b 所示的位置单击选择要修剪的对象，或按住〈Shift〉键选择要延伸的对象，或 [栏选(F)/窗交(C)/投影(P)/边(E)/删除(R)/放弃(U)]: ↙

3.11 延伸

使用延伸（EXTEND）功能可以将图形延伸到指定的边界。执行延伸操作的一般步骤如下。

（1）在"修改"面板中单击"延伸"工具按钮⟶，或者在命令行窗口输入"EXTEND"。

（2）指定延伸边界，可选多条，按〈Enter〉键确认。

（3）选择要延伸的对象，即使用鼠标光标在欲延伸的一端拾取图形。

执行延伸操作的示例如图 3-28 所示。

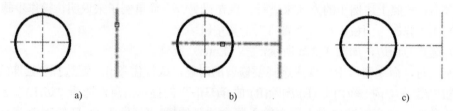

a)   b)   c)

图 3-28 延伸操作示例

a) 选择延伸边界   b) 拾取要延伸的图元   c) 完成的效果

3.12 倒角

倒角（CHAMFER）特征更多地考虑了零件工艺性，使零件避免出现尖锐的棱角。在 AutoCAD 中，可以在两条直线间绘制倒角或对一条多段线（多义线）进行倒角操作。

执行倒角操作的工具按钮为⌐。单击"倒角"工具按钮⌐之后，命令窗口显示的命令提示如图 3-29 所示。该命令行中的主要命令选项含义如下。

× ✎ ⌐ · CHAMFER 选择第一条直线或 [放弃(U) 多段线(P) 距离(D) 角度(A) 修剪(T) 方式(E) 多个(M)]:

图 3-29 倒角选项

● 多段线（P）：选择该选项，将提示用户选择一条多段线，并对该多段线的各折角进行倒角，如图 3-30 所示。相交多段线线段在每个多段线顶点被倒角，倒角成为多段线的新线段。如果多段线包含的线段过短以至于无法容纳倒角距离，则不对这些线段倒角。

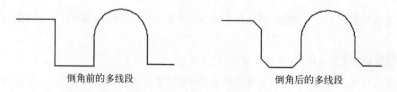

倒角前的多线段   倒角后的多线段

图 3-30 对多段线进行倒角

- 距离（D）：确定倒角时的倒角距离（即设定倒角至选定边端点的距离），选择该选项，则系统将提示用户指定第一个倒角距离和第二个倒角距离。如果将两个距离均设定为零，则"CHAMFER"命令将延伸或修剪两条直线，以使它们终止于同一点。
- 角度（A）：用第一条线的倒角距离和第二条线的角度设定倒角大小。
- 修剪（T）：控制是否将选定的边修剪到倒角直线的端点，如图3-31所示。
- 方式（E）：确定按什么方式倒角。选择该选项，系统会提示："输入修剪方法 [距离(D)/角度(A)] <当前修剪方法>:"。
- 多个（M）：为多组对象的边倒角。

下面以创建如图3-32所示的倒角为例，说明创建倒角的一般步骤。

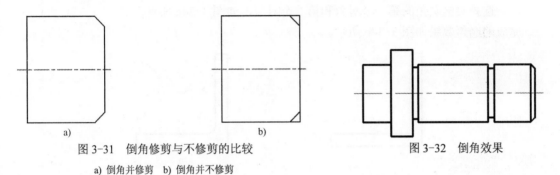

图 3-31 倒角修剪与不修剪的比较

a) 倒角并修剪　b) 倒角并不修剪

图 3-32 倒角效果

（1）在"修改"面板中单击"倒角"工具按钮，默认为修剪模式。

（2）在当前命令行中输入"D"并按〈Enter〉键确定选择"距离（D）"选项。

（3）输入第一个倒角距离。例如输入第一个倒角距离为"3"。

（4）输入第二个倒角距离。例如输入第二个倒角距离为"3"。

（5）在当前命令行中输入"M"并按〈Enter〉键，也可以连续创建倒角。

（6）选择要倒角的边1和边2，如图3-33a所示，完成第一处倒角。

（7）选择要倒角的边2和边3，如图3-33b所示，完成第二处倒角。

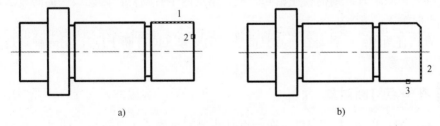

图 3-33 选择要倒角的边

a) 选择要倒角的两条边　b) 选择要倒角的另两条边

（8）给两倒角添加一条直线，即完成本例操作。

3.13 倒圆角

倒圆角（FILLET）是指用光滑的圆弧把两个对象连接起来，从而消除尖锐的边角。

倒圆角命令的操作及选择项和倒角命令类似。在进行倒圆角操作时，如果用默认半径来绘制圆角，那么可直接选择需要倒圆角的对象；如果要重新指定半径值，可以先输入"R"并按〈Enter〉键，即选择"半径（R）"选项，然后输入半径值后再选择要倒圆角的对象；如果要连续绘制倒圆角，可以输入"M"，即选择"多个（M）"选项。

请看如下创建倒圆角的示例。

（1）在"修改"面板中单击"圆角"工具按钮，或者在命令窗口输入"FILLET"。

（2）命令窗口的当前命令行中出现"选择第一个对象或 [放弃(U)/多段线(P)/半径(R)/修剪(T)/多个(M)]:"的提示信息，在当前命令行中选择"半径(R)"选项。

（3）输入圆角半径，如输入半径为"8"。

（4）选择要倒圆角的第一个对象和第二个对象，如图 3-34a 所示。

完成的圆角效果如图 3-34b 所示。

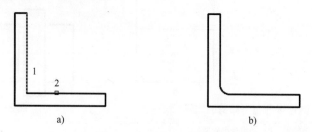

图 3-34　倒圆角示例

a) 选择要倒圆角的两对象　b) 倒圆角结果

3.14　断开

断开（BREAK）命令也是一个比较实用的图形编辑命令，利用该命令可以将一个图形对象打断为两个对象，对象之间可以具有间隙，也可以没有间隙。值得注意的是，一般要打断对象而不创建间隙时，则需要在相同的位置指定两个打断点，因此最快捷的方法是在提示输入第二点时输入：@0,0。

断开方式有两种：一种是在一点打断选定的对象（即打断于点），另一种则是在两点之间打断选定的对象。

3.14.1　在一点打断对象

在 AutoCAD 2016 中，提供了在一点打断选定对象的工具按钮，即"打断于点"按钮。在一点打断对象的操作步骤如下。

（1）在"修改"面板中单击"打断于点"按钮。

（2）单击要打断的对象，如图 3-35a 所示。

（3）指定一个打断点，如图 3-35b 所示。如果单击点不在对象上，则系统会自动投影到该对象上。

完成后的效果如图 3-35c 所示，图中特意选择打断后的其中一个对象。

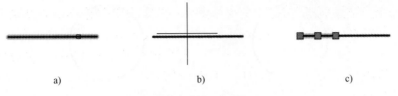

图 3-35　在一点打断对象

a) 单击要打断的对象　b) 指定打断点　c) 打断于点效果

3.14.2　在两点之间打断对象

在两点之间打断对象的操作步骤如下。

（1）在"修改"面板中单击"在两点之间打断对象"工具按钮 。

（2）单击要打断的对象，如图 3-36a 所示。

（3）此时在命令窗口中出现"指定第二个打断点或[第一点(F)]:"的提示信息。

如果指定第二点，如图 3-36b 所示，则第二断点和第一断点（步骤 2 单击选择的位置）之间的线段被删除，如图 3-36c 所示。

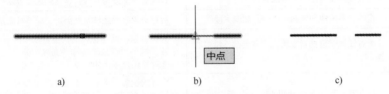

图 3-36　指定两点打断对象

a) 单击对象　b) 指定第二个打断点　c) 打断后的效果

如果直接在当前命令行输入"@"或输入"@0,0"时，则该选定的图形在拾取处一分为二。

如果在当前命令行中选择"第一点（F）"选项，则需要另外选择一点作为第一断点，接着再选择一点作为第二断点。两断点之间的线段（图形）被删除。

注意：定义第二断点时，不一定在对象上选取，当在对象之外的区域单击时，第二断点为从单击处向对象所作垂线的垂足。即如果第二个点不在对象上时，将选择对象上与该点最接近的点。

当要打断的对象为圆时，打断（删除）的部分默认为从第一断点按逆时针方向至第二断点的圆弧。

3.15　合并

用户可以在其公共端点处合并一系列有限的线性和开放的弯曲对象，以创建单个二维或三维对象。产生的对象类型取决于选定的对象类型、首先选定的对象类型以及对象是否共面。可以合并的图形对象包括直线、多段线、三维多段线、圆弧、椭圆弧、螺旋或样条曲线，而构造线、射线和闭合的对象无法合并。图 3-37 是合并操作的一个示例。

图 3-37　合并示例

执行合并操作的步骤如下。

（1）在"修改"面板中单击"合并"工具按钮 ，或者在当前命令行中输入"JOIN"。

（2）选择源对象或选择多个对象以合并在一起。其中，使用源对象的方法是在"选择源对象或要一次合并的多个对象："的提示下选择可以合并其他对象的单个源对象，接着按〈Enter〉键完成选择源对象并开始选择要合并的对象。

表 3-1 所示的规则适用于特定类型的源对象。

表 3-1　适用各种类型源对象的合并规则

源对象类型	说明	备注
直线	仅直线对象可以合并到源直线	直线对象必须都共线，但它们之间可以有间隙
多段线	直线、多段线和圆弧可以合并到源多段线	所有对象必须连续且共面，生成的对象是单条多段线
三维多段线	所有线性或弯曲对象可以合并到源三维多段线	所有对象必须是连续的，但可以不共面；产生的对象是单条三维多段线或单条样条曲线，分别取决于用户连接到线性对象还是弯曲的对象
圆弧	只有圆弧可以合并到源圆弧	所有的圆弧对象必须具有相同半径和中心点，但是它们之间可以有间隙；从源圆弧按逆时针方向合并圆弧；"闭合"选项可将源圆弧转换成圆
椭圆弧	仅椭圆弧可以合并到源椭圆弧	椭圆弧必须共面且具有相同的主轴和次轴，但是它们之间可以有间隙；从源椭圆弧按逆时针方向合并椭圆弧；"闭合"选项可将源椭圆弧转换为椭圆
螺旋	所有线性或弯曲对象可以合并到源螺旋	所有对象必须是连续的，但可以不共面，结果对象是单个样条曲线
样条曲线	所有线性或弯曲对象可以合并到源样条曲线	所有对象必须是连续的，但可以不共面，结果对象是单个样条曲线

如果要一次选择多个要合并的对象，则无须指定源对象，其规则和生成的对象类型如表 3-2 所示。

表 3-2　合并规则和生成的对象类型（适用于一次选择多个要合并的对象）

序号	规则和生成的对象类型说明	备注
1	合并共线可产生直线对象	要合并的直线的端点之间可以有间隙
2	合并具有相同圆心和半径的共面圆弧可产生圆弧或圆对象	圆弧的端点之间可以有间隙；以逆时针方向进行加长；如果合并的圆弧形成完整的圆，可产生圆对象
3	将样条曲线、椭圆圆弧或螺旋合并在一起或合并到其他对象可产生样条曲线对象	这些对象可以不同面
4	合并共面直线、圆弧、多段线或三维多段线可产生多段线对象	使用"PEDIT"命令的"合并"选项也可以将一系列直线、圆弧和多段线合并为单个多段线
5	合并不是弯曲对象的非共面对象可产生三维多段线	属于生成三维多段线的一种特殊方法

3.16　拉伸

这里的"拉伸（STRETCH）"是指移动和拉伸、压缩图形。使用此拉伸工具时，选择图形对象须采用交叉窗口（窗选）或交叉多边形的方式。如果将对象全部拾取，那么执行拉伸操作就如同执行移动图形的操作，如图 3-38 所示；如果只选择了部分对象，那么执行拉伸操作只移动拾取范围之内的对象的端点，从而使整个图形产生变化，如图 3-39 所示。值得注意的是，圆不能被拉伸或者压缩变形，而只能被移动。

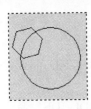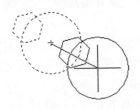　　　　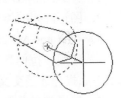

图 3-38　拉伸操作 1　　　　　　　　　　图 3-39　拉伸操作 2

若要拉伸与选择窗口或多边形交叉的对象，则可以按照以下的方法步骤进行。

（1）在"修改"面板中单击"拉伸"按钮，或者在命令窗口中输入"STRETCH"。

（2）以交叉窗口（窗选）或交叉多边形的方式选择要拉伸的对象。

（3）指定拉伸定位基点 A。

（4）指定另一点 B，则全部位于窗口中的图形对象移动从 A 到 B 的距离，而只有部分在窗口之内的图形对象被拉伸或者压缩从 A 到 B 之间的长度（圆例外），如果不给出第二点而直接按〈Enter〉键，则 A 点的坐标值决定了位移量。

3.17　分解

在 AutoCAD 中，可以使用分解（EXPLODE）工具或命令，把矩形、正多边形、块、多段线等复合图形分解。

执行分解复合图形的操作步骤如下。

（1）在"修改"面板中单击"分解"按钮，或者在命令窗口中输入"EXPLODE"。

（2）选择要分解的复合图形对象，可以多选。

（3）按〈Enter〉键完成分解。

3.18　本章小结

除使用基本的绘图命令绘制二维基本图形外，往往还需要利用编辑修改命令来编辑修改图形对象，以便完成各种复杂图形的绘制。只有将绘图工具和编辑修改工具灵活使用，有机结合，才能更好地绘制出机械图形。

在本章中，重点介绍了"修改"面板中的常用工具按钮，这些工具按钮所对应的菜单命令多位于"修改"菜单中。常用的修改工具或命令有删除、移动、复制、旋转、缩放、镜像、阵列（矩形阵列、环形阵列和路径阵列）、修剪、延伸、倒圆角、倒角、断开、拉伸、偏移、合并以及分解。而对于一些在机械设计中不常使用的编辑操作，例如多段线的编辑操作，本书不予讲解，读者可以在需要时查看软件自带的帮助文件。

3.19　思考与练习

1．在 AutoCAD 2016 中，删除对象的操作方法主要有哪几种？

2．图形阵列的类型分哪几种？

3．在 AutoCAD 2016 中，图元断开的方式有哪两种？它们的区别在什么地方？

4．使用"拉伸"工具按钮时，选择图形对象要采用交叉窗口或交叉多边形的方式。那么怎么操作才是交叉窗口或交叉多边形选择操作呢？

5．扩展类思考题：如何把一个圆等分成各段圆弧？提示：可以使用"DIVIDE"命令对一个对象进行等分，为了显示分割点可设置点的显示样式。参考的操作步骤如下：

① 在菜单栏中选择"格式"→"点样式"命令，或者在当前命令行上输入"DDPTYPE"或"PTYPE"并按〈Enter〉键。

② 系统弹出"点样式"对话框，从中选择一种可见的点样式。

③ 在当前命令行输入"DIVIDE"，按〈Enter〉键。

④ 选择要等分的圆。

⑤ 输入欲分割的段数，按〈Enter〉键。

6．根据如图 3-40 所示的相关尺寸，绘制图形，注意倒角、阵列、删除等编辑操作。

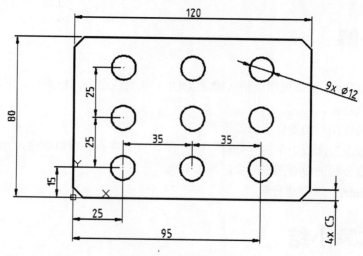

图 3-40　练习的图形

7．根据图 3-41 所示的相关尺寸，绘制图形。

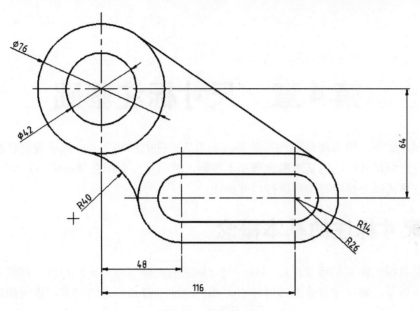

图 3-41 练习的图形

8. 打开配套练习文件"2_8ex.dwg",如图 3-42a 所示,通过相关的修改操作完成如图 3-42b 所示的二维图形。

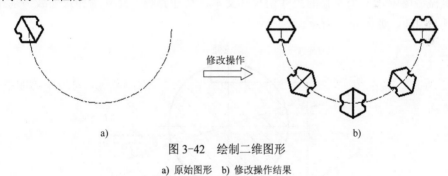

修改操作

a) b)

图 3-42 绘制二维图形

a) 原始图形 b) 修改操作结果

操作提示:先对粗实线的图形旋转 60°,再执行"路径阵列"命令。

第4章 尺寸标注基础

在机械制图中，除了用绘制图形的方式来表达机件的形状之外，还需要标注机件的尺寸等。本章先介绍尺寸标注的基本概念和基本规则，然后重点介绍在 AutoCAD 2016 中如何设置尺寸标注样式以及如何对图形进行尺寸标注。

4.1 尺寸标注的基本概念

尺寸是机械工程图的重要组成部分。尺寸标注的正确与否、合理与否，都将直接反映着图纸的设计质量。若尺寸有遗漏或者错误，都会给加工带来一定的困难，也可能造成严重的经济损失。

4.1.1 尺寸的组成要素

在机械制图中，一个完整的尺寸由尺寸文本、尺寸界线、尺寸线和尺寸线终端结构（箭头或斜线）组成，如图 4-1 所示。

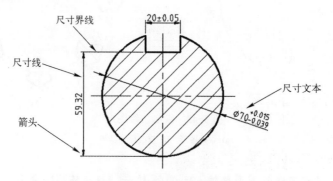

图 4-1 尺寸的组成要素

（1）尺寸文本：尺寸文本包括尺寸数字和符号，尺寸数字表示尺寸的数值，而符号一般出现在尺寸数字之前，例如在标注半径时，在尺寸数字前注有符号 "R"，而在标注直径时，在尺寸数字前注有符号 "ϕ"。

尺寸文本一般放置在尺寸线的上方，也允许放置在尺寸线的中断处。其中，将尺寸文本放置在尺寸线的上方这种形式，最为普遍。在同一张甚至是同一套图纸中，尺寸标注应该采用统一的标注形式，推荐统一在尺寸线的上方放置尺寸文本。

（2）尺寸界线：尺寸界线由图形的轮廓线、轴线或对称中心线处引出，用来表示所标注的尺寸的起止范围。尺寸界线用细实线绘制，它一般与尺寸线垂直，并且超出尺寸线 2～5 mm。也可用轮廓线、轴线或对称中心线直接作为尺寸界线。

（3）尺寸线：尺寸线位于相应的两尺寸界线之间，用细实线绘制。尺寸线不能用其他图线来替代，一般也不得与其他图线重合或在其延长线上。为了使标注工整、清楚，应该尽量避免与其他尺寸线或者尺寸界线相交。

标注线性尺寸时，尺寸线必须与所标注的线段平行。当有几条相互平行的尺寸线时，大尺寸应标注在小尺寸的外面，并且这些相同方向的各尺寸线之间的距离应大致均匀，间距最好大于 5 mm。

（4）尺寸线终端结构：尺寸线终端结构主要分两种形式，一种为箭头，另一种则为斜线。箭头适用于各种类型的图样，是广泛采用的形式。斜线形式适合标注某些线性尺寸，并且尺寸线与尺寸界线必须相互垂直，一般多在手工绘制草图时采用。

4.1.2　尺寸基准

在进行一些复杂图形的尺寸标注时，应根据几何图形的特点，选择合适的尺寸基准。尺寸基准被视为某些标注尺寸的起始位置，用来说明某一几何图形相对于基准的距离。

在二维机械图形中，通常需要指定两个尺寸方向的基准，从而可以沿两个方向进行其他定位。平面图形的基准可以为线基准和点基准，所述线基准多为轴线、对称线、主要轮廓线，而点基准多为圆心。

尺寸基准一般分为设计基准（设计时用以确定零件结构位置）和工艺基准（制造时用以定位、加工和检验）。零件上的底面、端面、对称面、轴线及圆心等都可以作为基准。

在三维空间中，需要制定 3 个方向的基准。

4.1.3　尺寸标注的分类

概括地说，标注是向图形中添加测量注释的过程。基本的标注类型包括：线性、径向（半径和直径）、角度、坐标和弧长等。其中线性标注可以是水平、垂直、对齐、旋转、基线或连续（链式）的。

按用途分，零件图上标注的尺寸，可以分为定形尺寸和定位尺寸，前者表示几何图形的形状，后者则表示几何图形之间的相对位置。

4.2　尺寸标注的基本规则

尺寸标注需要遵循一定的规则，例如 GB/T 4458.4-2003《机械制图 尺寸注法》。现在列举尺寸标注的几条基本规则。

（1）机械零件的真实大小，应该以图样中所标注的尺寸数值为准，而与图形的大小及绘图的准确度无关。

（2）图样中的尺寸单位为 mm 时，不需要标出计量单位的代号或者名称，例如 68、R30、ϕ92 等；当采用其他单位时，则必须注明相应的计量单位的代号或者名称，例如以英寸为单位时，需要在尺寸后面用 " " 表示；当角度尺寸以度为单位时，需要在图样的尺寸后标上符号 "°"。

（3）机件的每一个尺寸，在图样中一般只标注一次，并且要标注在最能反映该结构的视图或者图形上。

（4）图样中所标注的尺寸，为该尺寸所示机件的最后完工尺寸，否则应另加说明。

（5）在保证不致引起误解和不产生歧义的前提下，力求简化标注。

4.3 尺寸注法说明

下面结合尺寸注法的国家标准，说明尺寸标注中的一些规范和注意事项，这部分的内容可以作为设计时的参考资料。

4.3.1 线性

线性尺寸的数字应该按照图 4-2 所示的方向进行注写，并尽可能避免在图示 30°范围之内标注尺寸；当无法避免时，可按图 4-3 所示的形式标注。在不致引起误解时，非水平方向的尺寸，其数字可水平写在尺寸线的中断处。

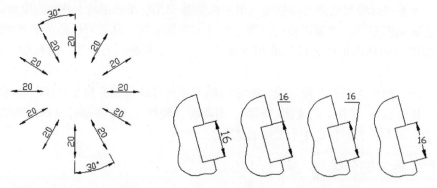

图 4-2 线性尺寸的数字方向 　　　　图 4-3 方向标注示例

4.3.2 角度

角度尺寸的尺寸界线应沿径向引出，尺寸线画成圆弧，其圆心是该角的顶点。值得注意的是，以往国标中要求尺寸数字应一律水平书写，但在 AutoCAD 中提供的默认的角度标注样式并不遵守这一规则。角度尺寸数字一般注在尺寸线的中断处，如图 4-4 所示，必要时也可按如图 4-5 所示的形式标注。

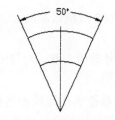

图 4-4 角度尺寸标注示例

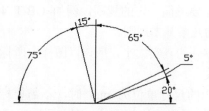

图 4-5 角度尺寸标注示例

4.3.3 圆

圆的直径尺寸标注一般按如图 4-6 所示的形式标注。

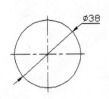

图 4-6 圆标注示例

4.3.4 圆弧的半径

对于优弧（中心角≥180°的圆弧），一般标注其直径，尺寸线的一端无法画出箭头时，尺寸线必须超过圆心一段。

对于中心角≤180°的圆弧，通常标注其半径。标注时，尺寸数字之前注有半径符号"R"，如图 4-7 所示。对于一些大圆弧，在图纸范围内无法标出圆心位置时，可按如图 4-8 所示的两种形式标注。

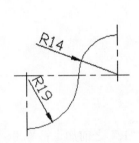

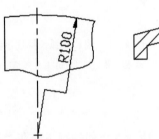

图 4-7 圆弧的半径尺寸 　　　　　图 4-8 大圆弧标注示例

4.3.5 小尺寸

当尺寸界线之间的距离较小（即没有足够的位置来放置两个箭头和尺寸文本）时，可以将箭头画在尺寸区域之外，并指向尺寸界线。尺寸数字也可以写在外面或引出标注。当出现连续的小尺寸时，可在中间的尺寸界线上画上黑圆点来代替箭头。如图 4-9 所示。

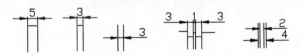

图 4-9 小尺寸标注示例

圆和圆弧的小尺寸，可按图 4-10 所示来进行标注。

4.3.6 弦长和弧长

标注弦长和弧长，如图 4-11 所示。尺寸界线应平行于弦的垂直平分线。当在标注弧长尺寸时，尺寸线使用圆弧画出，并在尺寸数字前方加注符号"⌒"，即弧长符号"⌒"作为数值文字的前缀。

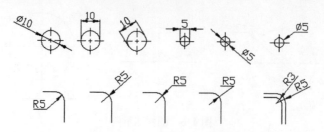

图4-10　小尺寸标注示例

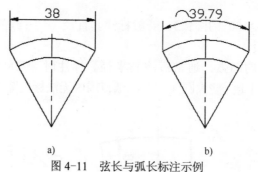

a)　　　　　　　　　　　　　　b)

图4-11　弦长与弧长标注示例

a) 标注弦长尺寸　b) 标注弧长尺寸

4.3.7　球面

标注球面的尺寸如图 4-12 所示。一般情况下应在 "φ" 或 "R" 之前加上符号 "S"，但有时候不致引起误解时，可省略符号 "S"。

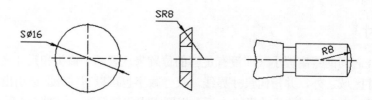

图4-12　球面标注示例

4.3.8　斜度与锥度

斜度与锥度的标注，如图 4-13 所示，其符号的方向应与斜度、锥度的方向一致。锥度也可以在轴线上标注。一般不需要在标注锥度的同时再标注其角度值（α 为圆锥角）；如果有必要，可在标注锥度的同时，在括号内给出锥度的角度值。

斜度和锥度符号的画法如图4-14所示，其中 h 为字高，斜度及锥度的符号用粗实线画出。

4.3.9　正方形结构

标注机件的断面为正方形结构时，可以在边长的尺寸数字之前加注符号 "□"，或者采用 "边长尺寸数字×边长尺寸数字" 的形式，如图 4-15 所示。值得注意的是，当图形不能充分表达平面时，可在图形中添加相交的两条细实线（此为平面符号）来辅助表达。

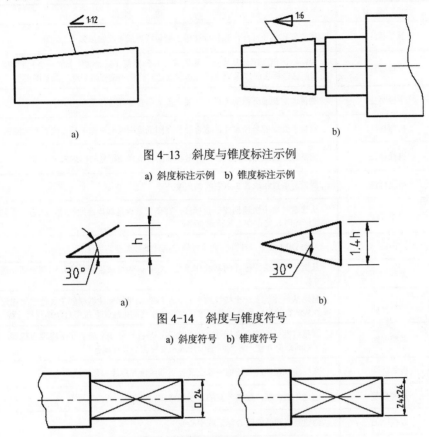

图 4-13 斜度与锥度标注示例

a) 斜度标注示例 b) 锥度标注示例

图 4-14 斜度与锥度符号

a) 斜度符号 b) 锥度符号

图 4-15 正方形结构标注示例

4.4 AutoCAD 中的尺寸标注

AutoCAD 2016 提供了方便快捷的尺寸标注工具和命令，可以在各个方向上给各类对象创建合理的标注。

尺寸标注的菜单命令位于菜单栏中的"标注"下拉菜单中，如图 4-16a 所示，其对应的快捷工具按钮主要位于功能区"注释"选项卡的"标注"面板中（以"草图与注释"工作空间为例），如图 4-16b 所示。另外，在功能区的"默认"选项卡的"注释"面板中也可找到常用的标注工具。

"标注"面板中的各工具按钮的功能如表 4-1 所示。

表 4-1 "标注"面板各工具按钮的功能

按钮	命 令 名 称	功　　能
 ⊢─⊣	线性标注	常用于创建尺寸线水平、垂直和对齐的线性尺寸
 ↖	对齐标注	常用来创建斜线或斜面的对齐线性标注，即创建与尺寸界线的原点对齐的线性标注

（续）

按钮	命 令 名 称	功　　　能
	弧长标注	用来创建弧长标注，弧长标注用于测量圆弧或多段线圆弧上的距离
	坐标标注	坐标标注用于测量从原点（称为基准）到要素（例如部件上的一个孔）的水平或垂直距离；这些标注通过保持特征与基准点之间的精确偏移量来避免误差增大
	半径标注	测量选定圆或圆弧的半径，并显示前面带有半径符号的标注文字
	折弯标注	测量大圆弧的半径尺寸，适合那些在图纸范围内无法标出圆心位置的大圆弧
	直径标注	测量选定圆或圆弧的直径，并显示前面带有直径符号的标注文字
	角度标注	测量两条直线或者 3 点之间的角度
	快速标注	从选定对象中快速创建一组标注，在创建系列基线或连续标注，或为一系列圆或圆弧创建标注时，此命令工具特别有用
	标注	启动 DIM 命令，在同一命令任务中创建多种类型的标注
	基线标注	从上一个或选定标注的基线作连续的线性、角度或坐标标注，即创建同一基准的多个尺寸标注
	连续标注	自动从创建的上一个线性约束、角度约束或坐标标注继续创建其他首尾相连的标注，或者从选定的尺寸界线继续创建其他首尾相连的标注，系统将自动排列尺寸线
	调整间距	调整线性标注或角度标注之间的距离；平行尺寸线之间的间距将设为相等，也可以通过使用间距值 0 使一系列线性标注或角度标注的尺寸线齐平
	折断标注	在标注或延伸线与其他对象交叉处折断或恢复标注和延伸线
	几何公差	创建几何公差，控制公差的显示和格式
	圆心标记	创建圆或圆弧的圆心标记或中心线
	检验	添加或删除与选定标注关联的检验信息
	折弯线性	在线性或对齐标注上添加或删除折弯线
	重新关联	将选定的标注关联或重新关联到对象或对象上的点，每个关联点提示旁边都显示一个标记
	倾斜	使线性标注的延伸线倾斜；当尺寸界线与图形的其他要素冲突时，"倾斜"选项将很有用处
	文字角度	将标注文字旋转一定角度，文字角度从 UCS 的 X 轴进行测量
	左对正	左对齐标注文字
	居中对正	标注文字置中
	右对正	右对齐标注文字
	替代	控制对选定标注中所使用的系统变量的替代
	标注更新	用当前标注样式更新标注对象

4.4.1　线性标注

线性标注可以水平、垂直或对齐放置。

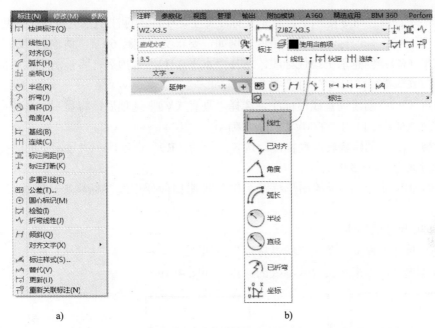

a)   b)

图 4-16　标注工具和命令

a) "标注"菜单　b) 功能区"注释"选项卡的"标注"面板

执行线性标注主要有两种方式,一是通过指定尺寸界线原点创建标注,二是通过选择要标注的对象创建标注。单击"线性标注"按钮┡┥,或者在菜单栏中选择"标注"→"线性"命令,并且在指定所需的尺寸界线原点或选择要标注的对象后,在命令行窗口中将显示下面的提示。

指定尺寸线位置或 [多行文字(M)/文字(T)/角度(A)/水平(H)/垂直(V)/旋转(R)]:

其命令选项的含义如下。

● 多行文字(M):在当前命令行中输入"M"并按〈Enter〉键后(即选择"多行文字(M)"选项后),将显示如图 4-17 所示的"文字编辑器"选项卡或在位文字编辑器("文字格式"对话框),使用"文字编辑器"选项卡或在位文字编辑器("文字格式"对话框)可以编辑标注文字,例如给标注文本添加前缀或者后缀等。

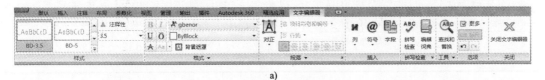

a)

b)

图 4-17　打开"文字编辑器"选项卡或在位文字编辑器

a) "文字编辑器"选项卡(在启用功能区时出现)　b) 在位文字编辑器(在未打开功能区时出现)

- 文字（T）：在命令提示下，自定义标注文字，生成的标注测量值显示在尖括号中。
- 角度（A）：修改标注文字的角度。例如，要将文字旋转60°，请输入"60"。
- 水平（H）：创建水平线性标注。选择"水平（H）"选项后，将显示下面的提示。

指定尺寸线位置或 [多行文字(M)/文字(T)/角度(A)]:

- 垂直（V）：创建垂直线性标注。选择"垂直（V）"选项后，将显示下面的提示。

指定尺寸线位置或 [多行文字(M)/文字(T)/角度(A)]:

- 旋转（R）：创建旋转线性标注。选择"旋转（R）"选项后，将显示下面的提示。

指定尺寸线的角度 <当前>:

下面以如图 4-18 所示的图形标注为例，说明如何使用线性标注工具进行尺寸的标注操作。

（1）Φ30 尺寸的标注。

1）在"标注"面板中单击"线性标注"按钮。

2）分别选择两点来定义尺寸界线的原点，如图 4-19 所示。

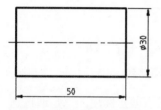

图 4-18　线性标注示例

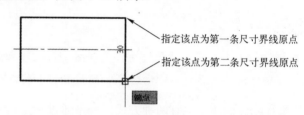

图 4-19　指定两个尺寸界线原点

3）在当前命令行中选择"多行文字（M）"选项，打开功能区"文字编辑器"选项卡。

4）在生成的测量值前输入前缀"%%C"，在功能区"文字编辑器"选项卡的"关闭"面板中单击"关闭文字编辑器"按钮。

说明：在 AutoCAD 中，可以使用控制代码和 Unicode 字符串来输入特殊字符或符号。AutoCAD 2016 中常用的标注控制符如表 4-2 所示。

表 4-2　AutoCAD 2016 常用的标注控制符

标注控制符	功能说明	标注控制符	功能说明
%%C	标注直径符号（Φ）	%%O	打开或者关闭文字上画线
%%D	标注角度符号（°）	%%U	打开或关闭文字下画线
%%P	标注正负公差符号（±）		

5）移动鼠标在图形中指定尺寸的放置位置，完成第一个尺寸的标注。

（2）数值为 50 的线性尺寸的标注。

1）在"标注"面板中单击"线性标注"按钮。

2）在"指定第一个尺寸界线原点或 <选择对象>:"提示下直接按〈Enter〉键，以开始选择对象。

3）在图形中选择要标注的对象，如图 4-20 所示。

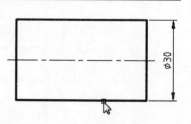

图 4-20　选择要标注的对象

4）移动鼠标在图形中指定尺寸的放置位置，完成尺寸标注。

4.4.2 对齐标注

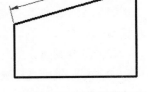

对齐标注常用于对斜线或斜面进行尺寸标注，该类型的尺寸线平行于尺寸界线原点连成的直线，如图 4-21 所示。

执行对齐标注的操作步骤和执行线性标注的操作步骤类似，其操作步骤如下。

1）在"标注"面板中单击"对齐标注"工具按钮 。

图 4-21　对齐标注

2）分别选择两点来定义尺寸界线的原点。

3）指定尺寸线位置或者选择"多行文字（M）""文字（T）"或"角度（A）"选项来定义标注文本等。

上述步骤 2，也可以直接按〈Enter〉键，然后在图形区域选择要标注的对象，余下的操作步骤和上述步骤 3 相同。

4.4.3 角度标注

角度标注的工具为"角度标注"按钮 ，其命令为"DIMANGULAR"。下面以标注两条直线的夹角尺寸为例说明其步骤。

（1）在"标注"面板中单击"角度标注"工具按钮 。

（2）选择第一条直线。

（3）选择第二条直线。

（4）拖动光标选择合适的位置来放置尺寸线。

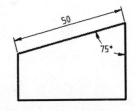

完成的角度标注结果如图 4-22 所示。

对于图 4-22 所示的两条直线的夹角尺寸，也可以按照如下步骤进行标注。

图 4-22　角度标注示例

（1）在"标注"面板中单击"角度标注"工具按钮 。

（2）在"选择圆弧、圆、直线或 <指定顶点>:"提示下直接按〈Enter〉键。

（3）选择一个端点作为角的顶点，如图 4-23a 所示。

（4）分别在两条直线上各指定一端点以定义角的第一个端点和第二个端点，如图 4-23b 所示。

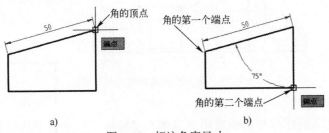

图 4-23　标注角度尺寸

a）指定角的顶点　b）指定角的两个端点

（5）拖动鼠标光标选择合适的位置来放置尺寸线。

另外，也可以使用"角度标注"工具按钮△来标注圆弧的中心角尺寸，效果如图 4-24 所示。

标注圆弧的中心角尺寸的步骤如下。

（1）在"标注"面板中单击"角度标注"工具按钮△。

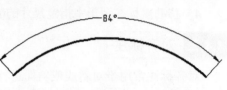

图 4-24　标注圆弧的中心角尺寸

（2）选择圆弧。

（3）拖动鼠标光标选择合适的位置来放置尺寸线。

4.4.4　基线标注

在机械制图中，通常需要选定某一重要轮廓线（面）或者中心轴线作为绘制基准，其他图元可以参考该基准进行定位。在这种参考基准进行定位的情况下，在标注尺寸时就可以采用基线标注，如图 4-25 所示。基线标注的英文命令为"DIMBASELINE"。

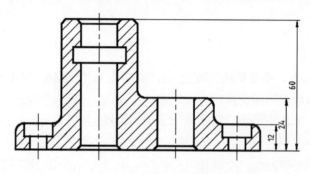

图 4-25　基线标注示例

以图 4-25 所示的基线标注为例，说明如何进行基线标注，具体的操作步骤如下。

1）打开源文件"TSM_基线标注.DWG"。

2）在功能区的"注释"选项卡的"标注"面板中单击"基线标注"工具按钮 。

3）选择图形中可以用作基准线的尺寸界线的尺寸标注，如图 4-26 所示。

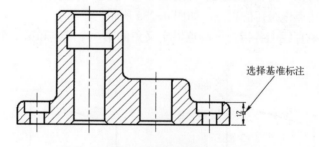

图 4-26　定义作为基准线的尺寸界线

说明： 如果在当前图形中刚创建新的线性尺寸标注，则单击"基线标注"工具按钮 后，AutoCAD 2016 会自动将最后新创建的尺寸标注的第一条尺寸界线作为基准线。用户也可以在当前命令行的"指定第二个尺寸界线原点或 [放弃(U)/选择(S)] <选择>:"提示下输入"S"并按〈Enter〉键，即选择"选择（S）"选项，然后重新选择作为基准的有效尺寸标注。

4）指定第二个尺寸界线原点，如图 4-27 所示。

5）移动鼠标继续指定基线标注的另一个尺寸界线原点，如图 4-28 所示。

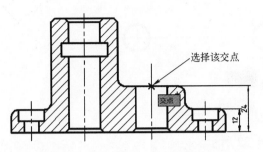

图 4-27 指定第二条尺寸界线原点

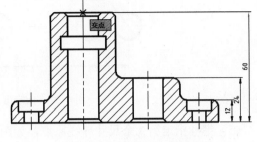

图 4-28 指定尺寸界线原点

6）完成两个基线标注尺寸后，按〈Enter〉键确认。再次按〈Enter〉键退出"基线标注"命令。

4.4.5 连续标注

连续标注是指首尾相连的一系列尺寸标注。

执行连续标注的操作步骤和执行基线标注的步骤类似。首先需要在图形中创建一个尺寸标注，当在"标注"工具栏中单击"连续标注"工具按钮 ⊞ 或者在当前命令行中完成输入"DIMCONTINUE"后，系统便将最后创建的该尺寸标注的一条尺寸界线作为下一尺寸的起始尺寸界线。如果系统指定的尺寸标注并不是连续标注所需要的，那么用户可以在当前命令行中输入"S"以重新指定需要的尺寸标注。定义了第一起始尺寸界线之后，可以指定第二条尺寸界线原点，从而创建了连续标注的第一个尺寸。此时，系统自动将刚创建的第一个尺寸的终止尺寸界线作为下一个尺寸的起始尺寸界线。继续类似的操作直至结束。

下面以示例说明连续标注的具体步骤。

（1）打开源文件"TSM_连续标注.DWG"，如图 4-29 所示。

图 4-29 源文件中的图形

（2）在功能区的"注释"选项卡的"标注"面板中单击"线性标注"工具按钮 ⊞ ，标注出如图 4-30 所示的一个水平线性尺寸。

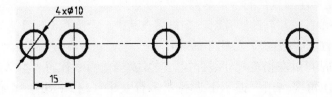

图 4-30 标注一个线性尺寸

（3）在功能区的"注释"选项卡的"标注"面板中单击"连续标注"工具按钮 [图标]。

（4）指定第二个尺寸界线原点，如图 4-31 所示。

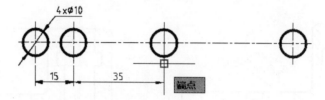

图 4-31　指定第二条尺寸界线原点

（5）继续指定第 3 个尺寸界线原点，如图 4-32 所示。

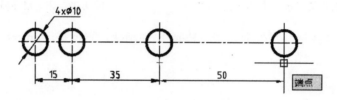

图 4-32　指定尺寸界线原点

（6）完成两个连续标注尺寸后，两次按〈Enter〉键结束操作，最后的效果如图 4-33 所示。

图 4-33　连续标注效果

4.4.6　直径和半径标注

圆或优弧通常只标注直径，而劣弧则多标注其半径。

1．直径标注

直径标注的命令为"DIMDIAMETER"。进行直径标注的常用操作步骤如下。

（1）在"标注"面板或"注释"面板中单击"直径标注"工具按钮 [图标]。

（2）选择圆或者圆弧。

（3）指定尺寸线放置位置。

图 4-34 所示是标注圆直径的一个示例。

当图中具有多个直径相同的圆孔时，则只需在其中一个圆孔上标注直径尺寸，并在其尺寸值和符号之前加注"个数×"，如图 4-35 所示。

加注文本的方法可以在指定尺寸线位置之前，在当前命令行的"指定尺寸线位置或 [多行文字(M)/文字(T)/角度(A)]:"提示下选择"多行文字（M）"选项（如输入"M"并按〈Enter〉键确认），则功能区出现"文字编辑器"选项卡（以启用功能区为例），在现有尺寸文本之前输入"n×",其中 n 为圆孔的个数,如图 4-36 所示。单击"关闭"面板中的"关闭文字编辑器"按钮 ❌,然后再指定尺寸线和尺寸文本的放置位置。

选择对象   放置尺寸线及尺寸文本位置

图 4-34　示例:标注直径

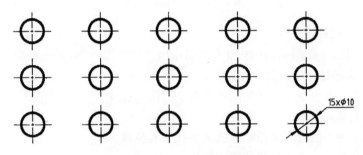

图 4-35　多个相同圆的直径标注

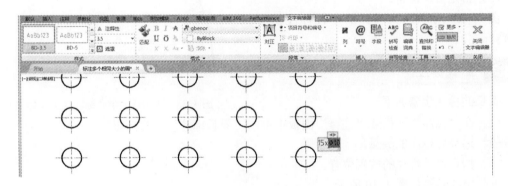

图 4-36　加注文本

参考的命令历史记录及说明如下。

命令: _dimdiameter　　　　　//单击"直径标注"工具按钮 🔘

选择圆弧或圆:　　　　　//选择对象

标注文字 = 10

指定尺寸线位置或 [多行文字(M)/文字(T)/角度(A)]: M↙

　　　　　　　//输入"M",按〈Enter〉键,接着在为尺寸文本添加前缀,关闭文字编辑器

指定尺寸线位置或 [多行文字(M)/文字(T)/角度(A)]:　　　　//指定尺寸线位置

2. 半径标注

半径标注的命令为"DIMRADIUS"。进行半径标注的常用操作步骤如下。

（1）在"标注"面板或"注释"面板中单击"半径标注"工具按钮 ◯。

（2）选择圆弧或圆。

（3）指定尺寸线和尺寸文本的放置位置。

图 4-37 所示是标注圆弧半径的一个示例。

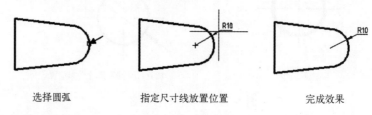

| 选择圆弧 | 指定尺寸线放置位置 | 完成效果 |

图 4-37　标注圆弧半径

3．大圆弧的半径标注

对于一些大圆弧，在图纸范围内无法标出圆心位置时，可以采用系统提供的"折弯标注"工具按钮 ⅔ 来进行标注，其步骤如下。

（1）在"标注"面板或"注释"面板中单击"折弯标注"工具按钮 ⅔。

（2）选择大圆弧或大圆。

（3）指示图示中心位置，即指定圆弧的替代中心位置。

（4）指定尺寸线（含文本）的放置位置。

（5）指定折弯位置。

图 4-38 所示为大圆弧的半径标注的示例（折弯标注）。

大圆弧的替代中心位置

4.4.7　弧长标注

弧长的标注步骤如下。

图 4-38　大圆弧的半径标注（折弯标注）

（1）在"标注"面板或"注释"面板中单击"弧长标注"工具按钮 ⌢。

（2）选择要标注的圆弧。

（3）指定弧长标注的放置位置。

弧长标注示例如图 4-39 所示。

| 选择弧长 | 指定弧长标注位置 |

图 4-39　标注弧长

4.4.8　快速标注

在 AutoCAD 2016 中，提供了一个快速标注命令"QDIM"，其对应的工具按钮为"快速标注"工具按钮 ⬚。使用"QDIM"命令（工具）可以快速创建或编辑一系列标注。当要创建系列基线或连续标注时，或者为一系列圆或圆弧创建标注时，此命令特别有用。

快速标注的操作步骤如下。

（1）在功能区的"注释"选项卡的"标注"面板中单击"快速标注"工具按钮 ⬚，或者在命令窗口的"键入命令"提示下输入"QDIM"。

（2）结合命令行窗口中的提示和选项进行下列操作。

选择要标注的几何图形： //选择要标注的对象并按〈Enter〉键

指定尺寸线位置或[连续(C)/并列(S)/基线(B)/坐标(O)/半径(R)/直径(D)/基准点(P)/编辑(E)/设置(T)] <连续>:
                          //输入选项或者直接指定尺寸线位置后，按〈Enter〉键接受默认选项

下面把前面如图 4-29 所示的图形改用快速标注的方法进行尺寸标注。

（1）打开源文件"TSM_快速标注.DWG"。

（2）在功能区的"注释"选项卡的"标注"面板中单击"快速标注"工具按钮 ⬚。

（3）选择如图 4-40 所示的要标注的 4 个几何图形（4 条垂直的中心线），选择完后按〈Enter〉键确认。

图 4-40　选择要标注的几何图形

（4）移动鼠标光标来选择尺寸线位置，单击鼠标左键确认，效果如图 4-41 所示。

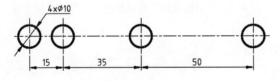

图 4-41　快速标注的效果

4.4.9 引线标注

1. "QLEADER"命令

使用"QLEADER"命令，可以从图形中的任意点或特征处创建引线并在绘制时控制其外观。通常是由指定对象引出线条，在引线末端可添加多行文字说明，引线标注中的引线可以为折线或者曲线，并可以将引线设置为是否带箭头或带何种箭头。

用户可以使用"QLEADER"命令来标注倒角尺寸。45°的倒角标注可在倒角高度尺寸数值前加注符号"C"，倒角标注可用引线引出。非 45°的倒角尺寸必须分别标注出倒角的高度和角度尺寸。以如图 4-42 所示的倒角的引线标注为例，说明该引线标注的创建步骤。

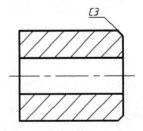

图 4-42　引线标注示例（倒角标注）

命令: QLEADER↙ //在命令窗口中输入"QLEADER"命令

指定第一个引线点或 [设置(S)] <设置>: S //选择"设置（S）"选项，弹出"引线设置"对话框，在"注释"选项卡的"注释类型"选项组中选择"多行文字"单选按钮，如图 4-43 所示；切换到"引线和箭头"选项卡，从"引线"选项组中选择"直线"单选按钮，从"箭头"下拉列表框中选择"无"单选按钮，在"角度约束"选项卡的"第一段"下拉列表框中选择"任意角度"，从"第二段"下拉列表框中选择"水平"，再切换到"附着"选项卡，选中"最后一行加下画线"复选框，如图 4-44 所示，然后单击"确定"按钮

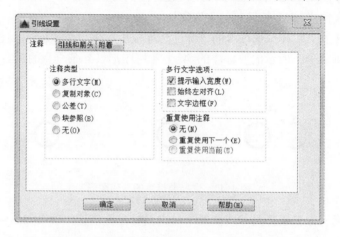

图 4-43 "引线设置"对话框的"注释"选项卡

图 4-44 设置引线、箭头和附着

指定第一个引线点或 [设置(S)] <设置>: //指定引线的起始位置，如图 4-45a 所示
指定下一点: //指定引线通过的第 2 点，如图 4-45b 所示，注意启用对象捕捉追踪模式
指定下一点: //在水平方向上指定引线第 3 点，如图 4-45c 所示
指定文字宽度 <0>:↙

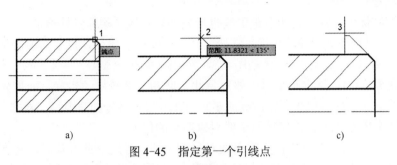

图 4-45 指定第一个引线点

a) 指定第一个引线点　b) 指定引线第 2 点　c) 指定引线第 3 点

输入注释文字的第一行 <多行文字(M)>: C3✓　　//输入第一行文字

输入注释文字的下一行: ✓

知识点拨：为了便于使引线第一段位于倒角线的延长线上，特意在使用"QLEADER"命令之前按〈F11〉键来启用对象捕捉追踪模式，并在状态栏中右击"对象捕捉追踪"按钮，从弹出的快捷菜单中选择"对象捕捉追踪设置"命令，打开"草图设置"对话框并切换到"对象捕捉"选项卡，在"对象捕捉模式"选项组中确保选中"延长线"复选框，如图 4-46 所示，然后单击"确定"按钮。

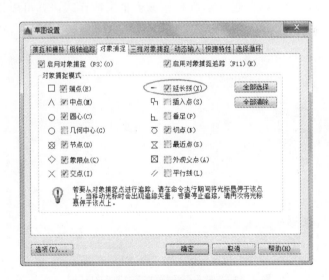

图 4-46 对象捕捉模式设置

2. "多重引线"命令（MLEADER）与多重引线样式设置

在 AutoCAD 2016 的"标注"菜单中提供了一个实用的"多重引线"命令，其相应的英文命令为"MLEADER"，对应的工具按钮为"多重引线"按钮。

在功能区"注释"选项卡的"引线"面板中单击"多重引线"按钮，或者在"标注"菜单中选择"多重引线"命令，则命令窗口中将出现"指定引线箭头的位置或 [引线基线优先(L)/内容优先(C)/选项(O)] <选项>:"的提示信息，可以设置引线基线优先、内容优先以及引线箭头优先。其各主要命令选项的含义如下。

● 引线基线优先（L）：指定多重引线对象的基线的位置。如果先前绘制的多重引线对象是基线优先，则后续的多重引线也将先创建基线（除非另外指定）。在命令行中输入"L"以选择"引线基线优先"选项，按〈Enter〉键后，提示选项信息如下。

指定引线基线的位置或 [引线箭头优先(H)/内容优先(C)/选项(O)] <选项>:

● 内容优先（C）：指定与多重引线对象相关联的文字或块的位置。如果先前绘制的多重引线对象是内容优先，则后续的多重引线对象也将先创建内容（除非另外指定）。

● 引线箭头优先（H）：指定多重引线对象箭头的位置。

● 选项（O）：指定用于放置多重引线对象的选项。当选择此选项时，将会出现"输入选项 [引线类型(L)/引线基线(A)/内容类型(C)/最大节点数(M)/第一个角度(F)/第二个角度(S)/退出选项(X)] <退出选项>:"的提示信息，从中选择所需的选项进行设置。

多重引线的外观由当前的多重引线样式决定。在创建多重引线之前，需要准备好所需要的多重引线样式。使用"多重引线"命令可以进行倒角标注、序号标注和基准标注等，可以为这些特定标注设置满足标准的命名多重引线样式。

在菜单栏的"格式"菜单中选择"多重引线样式"命令，或者在"草图与注释"工作空间功能区的"注释"选项卡中单击"引线"面板中的"多重引线管理器"按钮，打开如图 4-47 所示的"多重引线样式管理器"对话框，图中的"倒角标注""基准标注"和"序号标注"是用户自定义的多重引线样式，系统自带的默认多重引线样式为"Standard"多重引线样式。利用该对话框，可以新建、修改和删除多重引线样式，并可以设置当前多重引线（将所选多重引线样式置为当前）等。

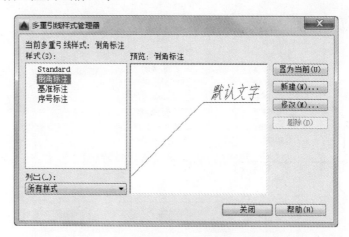

图 4-47 "多重引线样式管理器"对话框

例如，要修改"Standard"多重引线样式，则在"多重引线样式管理器"对话框的"样式"列表框中选择"Standard"引线样式，接着单击"修改"按钮，打开"修改多重引线样式"对话框。利用"修改多重引线样式"对话框，可以设置引线格式、引线结构和内容，如图 4-48 所示。

下面以一个例子说明多重引线命令的使用方法，具体步骤如下。

（1）打开源文件"TSM_引线设置.DWG"，文件中存在着的图形如图 4-49 所示。

（2）在功能区的"注释"选项卡的"引线"面板中将图形文件中已有的"序号标注"多重引线样式设置为当前多重引线样式，接着单击"多重引线"按钮，根据命令行提示执行下列操作。

图 4-48　修改多重引线样式

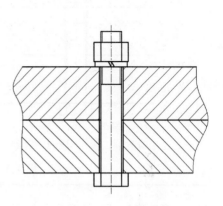

图 4-49　存在的图形

命令: _mleader

指定引线基线的位置或 [引线箭头优先(H)/内容优先(C)/选项(O)] <选项>: H✓

指定引线箭头的位置或 [引线基线优先(L)/内容优先(C)/选项(O)] <选项>:

　　　　　　//在螺母图形的内部区域单击，确定引线箭头的位置，如图 4-50 所示

指定引线基线的位置:　　//图形外部区域的合适位置处单击，确定引线基线的位置，如图 4-50 所示

（3）系统弹出"编辑属性"对话框，输入标记编号为 1，如图 4-51 所示，单击"确定"按钮。

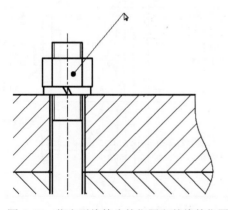

图 4-50　指定引线箭头的位置和基线的位置

图 4-51　输入序号标记编号

完成的第 1 个引线标注，如图 4-52 所示。

（4）使用同样的方法，创建其他的引线标注，完成后的多重引线效果如图 4-53 所示。

3．多重引线的其他实用命令

多重引线的实用命令还包括"添加引线"按钮、"删除引线"按钮、"对齐引线"按钮和"合并引线"按钮，它们的功能用途如表 4-3 所示。

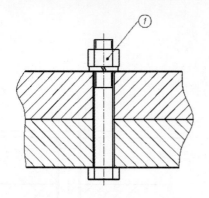

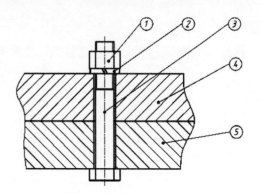

图 4-52　完成的第 1 个引线标注　　　　　图 4-53　完成多个引线标注

表 4-3　多重引线的几个实用工具命令

命　令	图 标	功 能 用 途	图　例
添加引线	⚑	将引线添加至选定的多重引线对象，根据光标的位置，新引线将添加到选定多重引线的左侧或右侧	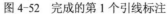
删除引线	⚑	从选定的多重引线对象中删除引线	
对齐引线	⚐	对齐并间隔排列选定的多重引线对象，选择多重引线后，指定所有其他多重引线要与之对齐的多重引线	
合并引线	⚐	将包含块的选定多重引线整理到行或列中，并通过单引线显示结果，选择多重引线后，可以指定其位置	

4.5　几何公差的标注

　　几何公差主要包括形状公差、位置公差、方向公差和跳动公差。形状公差是指单一实际要素（零件上实际存在的要素）的形状所允许的变动全量；位置公差是指关联实际要素对基准在位置上的允许变动全量；方向公差是指关联实际要素对基准在方向上允许的变动全量；跳动公差是指关联实际要素绕基准轴线回转一周或连续回转时所允许的最大跳动量。

　　图样上给定的几何公差与尺寸公差是无关的，它们分别满足零件功能要求的公差原则，此原则是几何公差和尺寸公差相互关系的基本原则。

几何公差符号的内容包括：各项几何特征符号、附加符号、基准符号、公差数值及填写各项所用的框格——公差框格。公差框格是用细线画成，由两格或多格横向连成的矩形方框，框内各格的填写顺序自左向右。几何公差的几何特征符号见表 4-4。

表 4-4　几何公差的几何特征符号

公　差	特　征　项　目	符　号	有或无基准要求
形状公差	直线度	—	无
	平面度	▱	无
	圆度	○	无
	圆柱度	⌀	无
	线轮廓度	⌒	无
	面轮廓度	◠	无
方向公差	平行度	//	有
	垂直度	⊥	有
	倾斜度	∠	有
位置公差	位置度	⊕	有或无
	同轴（同心）度	◎	有
	对称度	═	有
	线轮廓度	⌒	有
	面轮廓度	◠	有
跳动公差	圆跳动	↗	有
	全跳动	↗↗	有

几何公差的标注示例如图 4-54 所示。在这里有必要介绍一下基准符号的绘制要点。相对于被测要素的基准要素，由基准字母表示，字母标注在基准方框内，用一条细实线与一个实心三角形（也可以为空白的三角形）相连，形成基准符号。当基准要素为轮廓线或轮廓面时，基准符号标注在要素的轮廓线、表面或它们的延长线上，此时基准符号与尺寸线应明显错开；当基准要素是尺寸要素确定的轴线、中心平面或中心线时，基准符号应对准尺寸线（如示例），也可由基准符号代替相应的一个箭头；基准符号也可标注在用圆点从轮廓表面引出的基准线上。基准符号中的基准方格不能斜放，必要时基准方格与实心三角形的连线可用折线。

在 AutoCAD 2016 中，对机械零件的几何公差的标注步骤如下。

（1）在功能区"注释"选项卡的"标注"面板中单击"几何公差"工具按钮 ⊞，或者在命令窗口中输入"TOLERANCE"命令并按〈Enter〉键，系统弹出如图 4-55 所示的"形位公差"对话框。

（2）在"形位公差"对话框中，单击"符号"选项组中的第一个矩形，弹出如图 4-56

所示的"特征符号"对话框。

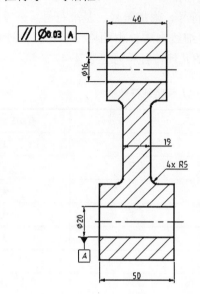 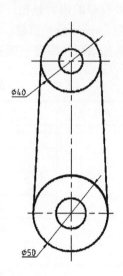

图 4-54　几何公差的标注示例

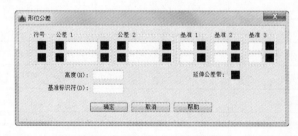 

图 4-55　"形位公差"对话框　　　　　　　图 4-56　"特征符号"对话框

（3）在"特征符号"对话框中选择一个特征符号。

（4）在"形位公差"对话框的"公差 1"选项组中，单击第一行左边第一个黑框可插入直径符号。在"公差 1"选项组中的文字框中，输入第一个公差值。

（5）如果要给公差 1 添加附加符号（可选），则在"公差 1"选项组中单击第二个黑框（右侧），系统弹出如图 4-57 所示"附加符号"对话框，然后在"附加符号"对话框中选择要插入的符号。

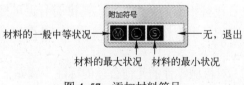

图 4-57　添加材料符号

（6）需要时，可以在"形位公差"对话框中加入第二个公差值（可选并且与加入第一个公差值方式相同）。

（7）根据设计要求，可在"基准 1""基准 2"和"基准 3"选项组中输入基准参考字母，并且可单击各自选项组中相应的黑框，为每个基准参考插入附加符号。

（8）可在"高度"文本框中输入几何公差的高度值。

（9）可单击"延伸公差带"方框，从而插入符号。

（10）可在"基准标识符"文本框中添加一个基准值，常用一个字母表示。

（11）在"形位公差"对话框中单击"确定"按钮。

（12）在图形中指定几何公差特征控制框的放置位置。

上述创建的几何公差没有引线，只是几何公差的特征控制框，如图 4-58 所示。然而在大多数情况下，创建的几何公差都带有引线，如图 4-59 所示，可以修改引出线的箭头方式。

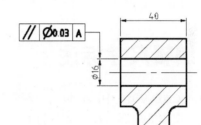

图 4-58　几何公差特征控制框　　　图 4-59　带有引线的几何公差

创建带有引线的几何公差的步骤如下。

（1）在命令窗口的"键入命令"提示下输入"LEADER"，按〈Enter〉键。

（2）指定引线的起点。

（3）指定引线的第二点，需要时可指定引线折弯后的第三点。

（4）按〈Enter〉键直至命令行显示出"输入注释选项 [公差(T)/副本(C)/块(B)/无(N)/多行文字(M)] <多行文字>:"的提示信息。

（5）输入"T"并按〈Enter〉键来确认选择"公差（T）"选项，弹出"形位公差"对话框，然后创建几何公差的特征控制框。创建好的特征控制框将附着到引线的端点。

当然，用户也可以使用"QLEADER"命令创建带有引线的几何公差，其方法步骤如下。

（1）在命令窗口的"键入命令"提示下输入"QLEADER"，按〈Enter〉键。

（2）命令窗口出现"指定第一个引线点或 [设置(S)] <设置>: "的提示选项，选择"设置（S）"选项，打开"引线设置"对话框。在"引线设置"对话框的"注释"选项卡的"注释类型"选项组中选择"公差"单选按钮，在"重复使用注释"选项组中选择"无"单选按钮，如图 4-60 所示。切换到"引线和箭头"选项卡，从"引线"选项组中选择"直线"单选按钮，从"箭头"下拉列表框中选择"实心闭合"，从"角度约束"选项组的"第一段"下拉列表框中选择"任意角度"，从"第二段"下拉列表框中选择"水平"，如图 4-61 所示，然后单击"确定"按钮。

（3）指定第一个引线点。

（4）指定引线的下一点，并可根据需要指定引线的水平段上的下一点。

（5）利用弹出的"形位公差"对话框创建几何公差的特征控制框。

图 4-60　设置注释类型为"公差"　　　　　图 4-61　设置引线和箭头

4.6　编辑尺寸标注

在 AutoCAD 2016 中，可以对已经创建好的尺寸标注进行编辑操作，所做的编辑操作包括修改尺寸文本的内容、尺寸文字的位置、改变箭头的显示样式以及尺寸界线的位置等。编辑尺寸标注的主要命令有"DIMEDIT""DIMTEDIT"和"TEXTEDIT"。

4.6.1　"DIMEDIT"编辑命令

使用"DIMEDIT"编辑命令可以对指定的多个标注对象进行编辑修改，编辑内容包括标注文字和延伸线（尺寸界线），即使用此命令，可以旋转、修改或恢复标注文字，更改尺寸界线的倾斜角等。例如，将图 4-62a 所示的矩形边的标注文本旋转一定的角度，修改后的效果如图 4-62b 所示。

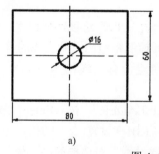
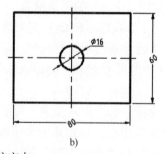

a)　　　　　　　　　　　　　　　b)

图 4-62　旋转标注文本

a) 修改前　b) 修改后

以图 4-62 为例说明其操作步骤如下。

（1）在命令窗口的"键入命令"提示下输入"DIMEDIT"并按〈Enter〉键。

（2）此时，命令窗口提示输入标注编辑类型。

输入标注编辑类型 [默认(H)/新建(N)/旋转(R)/倾斜(O)] <默认>:

这些提示选项的含义如下。

● 默认（H）：将旋转标注文字移回默认位置。选定的标注文字移回到由标注样式指定的默认位置和旋转角。

● 新建（N）：使用文字编辑器更改标注文字。如果选择该选项则会打开如图 4-63 所示的功能区"文字编辑器"上下文选项卡（确保启用功能区时），用户可以在出现的文本框中输入新的尺寸文本，并利用"文字编辑器"设置文字的格式等。

图 4-63　"文字编辑器"上下文选项卡

● 旋转（R）：旋转选定对象的标注文本。如果执行该选项，则系统会要求输入标注文本的倾斜角度，接着要求选择要编辑的尺寸标注对象。

● 倾斜（O）：可以使尺寸界线旋转一定的角度，使尺寸界线与尺寸线不再垂直。如果执行该选项，则系统会要求选择要编辑的尺寸标注对象，然后要求输入尺寸界线的倾斜角度。当尺寸界线与图形的其他要素冲突时，"倾斜"选项将很有用处，倾斜角从 UCS 的 X 轴进行测量。

在本例中，选择"旋转（R）"选项。

（3）指定标注文本的角度为"30"，按〈Enter〉键确定。

（4）在图形区域选择矩形的长和宽的尺寸标注，按〈Enter〉键确认。

4.6.2　"DIMTEDIT"编辑命令

"DIMTEDIT"编辑命令的作用主要是调整尺寸文本的放置位置，如移动和旋转标注文字，重新定位尺寸线。执行该编辑命令的操作步骤如下。

（1）在命令窗口的"键入命令"提示下输入"DIMTEDIT"。

（2）选择要编辑的尺寸标注。

（3）移动鼠标光标来指定标注文字的新位置，或者在当前命令行中选择如下选项之一来定义尺寸文本。

● 左对齐（L）：将尺寸文本放置在尺寸线的左部，即沿尺寸线左对正标注文字，此选项只适用于线性、半径和直径标注。

● 右对齐（R）：将尺寸文本放置在尺寸线的右部，即沿尺寸线右对正标注文字，此选项只适用于线性、半径和直径标注。

● 居中（C）：把标注文本放置在尺寸线的中间位置，此选项只适用于线性、半径和直径标注。

● 默认（H）：将标注文字移回默认位置。

● 角度（A）：修改标注文字的角度，文字角度是从 UCS 的 X 轴进行测量的。文字的圆心并没有改变，如果移动了文字或重生成了标注，由文字角度设置的方向将保持不变。输入零度角将使标注文字以默认方向放置。

4.6.3　"TEXTEDIT"编辑命令

修改现有尺寸文本除了使用"DIMEDIT"编辑命令之外，还可以使用"TEXTEDIT"。

"TEXTEDIT" 编辑命令主要是编辑注释对象，包括尺寸文本。

现在，以如图 4-64 所示的图形为例说明如何使用 "TEXTEDIT" 编辑命令。

1）在命令窗口的 "键入命令" 提示下输入 "TEXTEDIT"，按〈Enter〉键确定。

2）选择注释对象，在本例中选择如图 4-62 所示的尺寸标注（Φ8）。

3）打开文本编辑器，在尺寸文本 "Φ8" 之前输入 "4x"，然后单击 "关闭文字编辑器" 按钮✕即可。

完成修改后的效果如图 4-65 所示。

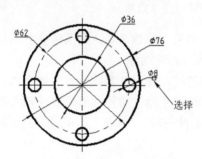

图 4-64 选择要修改的尺寸标注

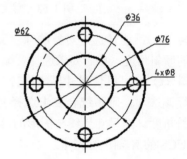

图 4-65 完成的效果

4.7 尺寸注法简化

在使用 AutoCAD 2016 对机械图形进行尺寸标注时，若遇到下列情况，可采用简化形式的尺寸注法。采用简化注法的原则是必须保证不致引起误解和不会产生歧义，在此前提下，力求简便，全面考虑，注重简化的综合效果。

（1）一组同心圆弧或圆心位于同一条直线上的多个不同心圆弧的尺寸，可以用共同的尺寸线及其箭头来依次表示，箭头一般注画在沿箭头方向所遇到的第一个圆弧上。当箭头指到小圆弧上时，半径尺寸从小向大依次排列，如图 4-66a 所示；当箭头指到大圆弧上时，半径尺寸从大向小依次排列，如图 4-66b 所示。

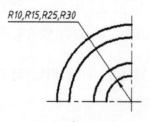
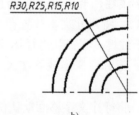

a)   b)

图 4-66 简化标法 1

a) 半径尺寸从小向大依次排列 b) 半径尺寸从大向小依次排列

使用 AutoCAD 2016 进行此类尺寸标注的方法：先标注出适宜的第一个圆弧的尺寸，然后在当前命令行输入 "TEXTEDIT" 命令来对尺寸文本进行修改，必要时调整尺寸的放置位置，以及编辑处理箭头方向。

（2）间隔相等的链式尺寸，可采用如图 4-67 所示的简化形式标注，在总尺寸处加圆括弧以示作参考尺寸。

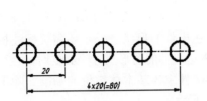
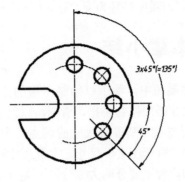

图 4-67　简化标法 2

使用 AutoCAD 2016 进行此类简化标注的方法及步骤：先标注出需要的两个基本尺寸，然后将指定的其中总尺寸的尺寸文本按照简化格式编辑即可。

（3）同类型或同系列的机件，可采用表格图来绘制，即标注出基础机件的尺寸，并且该尺寸的尺寸值用字母代号表示，而具体机件的尺寸在表格图中标写出来，如图 4-68 所示。

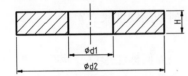

X3	16	48	6
X2	12	36	5.5
X1	10	30	5
图样代号	d1	d2	H

图 4-68　简化注法 3

（4）标注尺寸时，可采用带箭头的指引线，在某些场合下也可以采用不带箭头的指引线。

（5）45°的倒角标注时可在倒角高度尺寸数值前加注符号"*C*"，而非 45°的倒角尺寸必须分别标注出倒角的高度和角度尺寸。

（6）对于板状零件的厚度，可以在尺寸数字前加注符号"*t*"，如图 4-69 所示。

（7）均匀分布的成组要素注法。在同一个图形中，对于尺寸相同的成组孔、槽等要素，可以只在一个要素上标注其尺寸和数量，并在其后标注出表示"均布"的缩写词"EQS"，如图 4-70 所示。

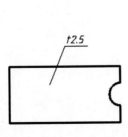
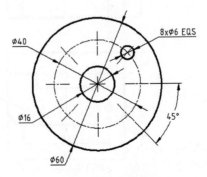

图 4-69　表示厚度　　　　图 4-70　均布注法

（8）各类孔可采用旁注和符号相结合的方法标注。注意沉孔或锪平符号为⊔，埋头孔的符号为∨，深度符号为↓。

4.8 本章小结

在机械制图中，除了以绘制图形的方式表达机件的形状之外，还需要标注机件的尺寸等。标注尺寸必须做到完整、清晰，以便充分表达机件的图形尺寸。必要时，也可以指定尺寸基准，所述尺寸基准是尺寸的起点，也是零部件中各基本体定位的基准。除了尺寸基准外，还需要注意标注定形尺寸、定位尺寸和总体尺寸。

本章的内容主要分两大部分，一是介绍了有关尺寸标注的理论知识、基本规则和注法说明；二是介绍了在 AutoCAD 2016 中进行尺寸标注和编辑尺寸标注方法。

4.9 思考与练习

1. 尺寸的组成要素是什么？
2. 在机械制图中，尺寸标注的基本规则有哪些？
3. 什么是线性尺寸？在 AutoCAD 2016 中，如何创建线性尺寸？
4. 在什么情况下，采用基线标注或者连续标注？
5. 什么是形位公差？在 AutoCAD 2016 中，应该如何标注形位公差？
6. 在 AutoCAD 2016 中，编辑尺寸的主要命令有哪些？它们各用在哪些场合？
7. 在什么情况下，可以采用简化形式的尺寸标注法？请绘制简单的图形并进行标注来进行说明。
8. 绘制如图 4-71 所示的三视图，并标注尺寸。

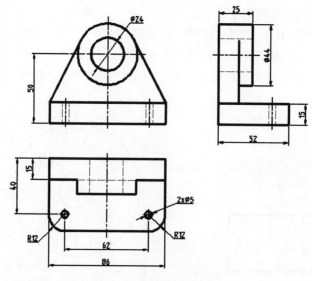

图 4-71 绘制三视图并标注尺寸

9. 绘制如图 4-72 所示的轴类零件，并标注尺寸。

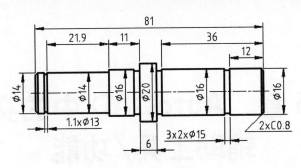

图 4-72 轴类零件

知识点拨： 一般退刀槽、矩形环形槽的尺寸可以按"槽宽×直径"或"槽宽×槽深"的形式标注。若图形较小，也可以用指引线的形式标注，指引线从轮廓线引出。

10. 绘制如图 4-73 所示的图形，并进行尺寸标注。

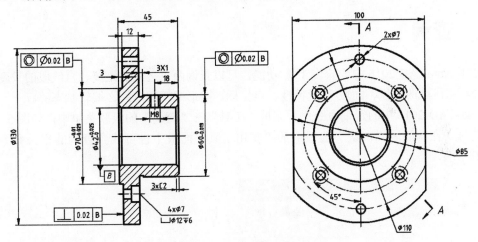

图 4-73 法兰盘零件图形

11. 绘制如图 4-74 所示的图形，并进行尺寸标注。

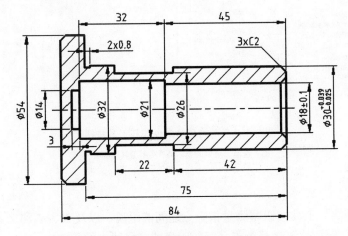

图 4-74 图形绘制与尺寸标注练习

第5章　AutoCAD 中的实用辅助工具/功能

AutoCAD 2016 提供了一些实用的辅助设计工具/功能，包括查询、修改图形特性、快速计算器、绘图实用程序、快速选择、设计中心、符号库、工具选项板、打印设置等。灵活地使用这些实用辅助工具/功能，可以使实际设计工作变得更加轻松自如，甚至达到事半功倍的效果。

5.1　查询

使用 AutoCAD 2016 中的查询工具/功能，可以查询两点之间的距离、直线段的长度、圆弧半径、某区域的面积、面域/质量特性、点坐标、图形编辑的时间、编辑状态等。

AutoCAD 2016 中的查询命令位于菜单"工具"→"查询"的级联菜单中，如图 5-1a 所示；同时，在功能区"默认"选项卡的"实用工具"面板中也可找到查询的相关命令，如图 5-1b 所示。

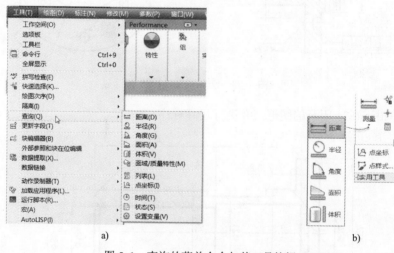

a)　　　　　　　　　　　　　　　　b)

图 5-1　查询的菜单命令与其工具按钮

a)"查询"菜单命令　b)"实用工具"面板

5.1.1　查询距离

利用"查询距离"工具按钮测量指定点之间的距离，以及 X、Y 和 Z 部件的距离和相对于 UCS 的角度。例如，测量两个点之间的距离或多段线上的距离。

查询两点之间的距离和角度的步骤如下。

（1）单击"查询距离"工具按钮，或者在菜单栏中选择"工具"→"查询"→"距离"命令。

（2）指定第一点。

（3）指定第二点。

例如要查询如图 5-2 所示的 A、B 两点之间的距离，单击"查询距离"工具按钮后，可以执行如下的操作步骤。

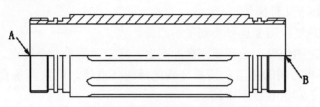

图 5-2　某产品的一个主视图

命令: _MEASUREGEOM

输入选项 [距离(D)/半径(R)/角度(A)/面积(AR)/体积(V)] <距离>: _distance

指定第一点:　　　　　　　　　　　　　　//选择 A 点

指定第二个点或 [多个点(M)]:　　　　　　//选择 B 点

距离 ＝70.0000，XY 平面中的倾角 ＝0，　与 XY 平面的夹角 ＝0

X 增量 ＝70.0000，　Y 增量 ＝0.0000，　Z 增量 ＝0.0000

输入选项 [距离(D)/半径(R)/角度(A)/面积(AR)/体积(V)/退出(X)] <距离>:X✓

5.1.2　查询半径/直径

要查询圆或圆弧的半径/直径，可以按照如下步骤执行。

（1）单击"查询半径"工具按钮，或者在菜单栏中选择"工具"→"查询"→"半径"命令。

（2）选择圆弧或圆，则系统会在命令窗口中或绘图区工具提示（启用动态输入模式时）中给出对象的半径和直径，如图 5-3 所示。

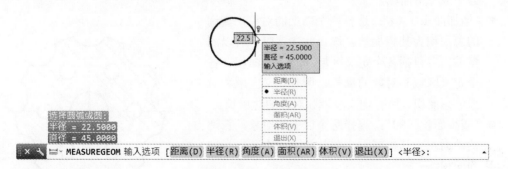

图 5-3　查询半径/直径

（3）在命令行出现的"输入选项 [距离(D)/半径(R)/角度(A)/面积(AR)/体积(V)/退出(X)] <半径>:"提示下输入"X"，按〈Enter〉键，退出该查询命令。

5.1.3 查询角度

用户可以查询指定圆弧、圆、直线或顶点间的角度。查询角度的方法和步骤如下。

（1）单击"查询角度"工具按钮 ，或者从菜单栏中选择"工具"→"查询"→"角度"命令。

（2）此时，命令窗口中出现如下提示信息。

选择圆弧、圆、直线或 <指定顶点>:

接着可以执行如下几种操作。

- 测量圆弧的角度：需要选择要测量的圆弧。
- 测量圆内指定的角度：选择要测量的圆后，指定角的第二个端点。
- 测量两条直线之间的角度：需要分别选择两条直线，则这两条直线形成的角度显示在命令提示下和工具提示中。
- 测量顶点的角度：需要在"选择圆弧、圆、直线或 <指定顶点>:"提示下按〈Enter〉键，接着选择角的顶点，指定角的第一个端点和第二个端点。

5.1.4 查询面积和周长

利用"测量面积"工具按钮 可以测量对象或定义区域的面积和周长，而指定对象或定义区域的面积和周长显示在命令提示下和工具提示中。注意该查询命令无法计算自交对象的面积。

单击"测量面积"工具按钮 ，或者在菜单栏中选择"工具"→"查询"→"面积"命令，在当前命令行中将出现如下的提示选项信息。

指定第一个角点或 [对象(O)/增加面积(A)/减少面积(S)/退出(X)] <对象(O)>:

下面说明该命令行中各选项参数的含义。

- "指定第一个角点"：指定需要计算面积的一个角点，接着指定其他角点，按〈Enter〉键后系统自动封闭指定的角点并且计算其封闭区域的面积和周长。
- "对象（O）"：选择一个封闭对象来计算它的面积和周长。如果封闭区域由多个图形对象组成，那么在查询面积和周长之前，可以先把这些组成封闭区域的多个图形对象生成一个面域。
- "增加面积（A）"：选择两个以上的对象，查询的总面积为其相加数。选择此选项时，可以测量的内容包括各个定义区域和对象的面积、各个定义区域和对象的周长、所有定义区域和对象的总面积、所有定义区域和对象的总周长。
- "减少面积（S）"：选择两个以上的对象，查询的总面积为其相减数，即从总面积中减去指定的面积。
- "退出（X）"：退出查询命令。

例如，要查询如图 5-4 所示的图形上剖面线的封闭区域的面积，其具体的操作过程如下（配套练习文

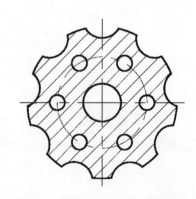

图 5-4　使用剖面线表示的封闭区域

件为"查询面积.dwg")。注意关闭动态输入模式。

命令: _MEASUREGEOM　　　　　　　　　　　　　//单击"测量面积"按钮📐

输入选项 [距离(D)/半径(R)/角度(A)/面积(AR)/体积(V)] <距离>: _area

指定第一个角点或 [对象(O)/增加面积(A)/减少面积(S)/退出(X)] <对象(O)>: S✓

指定第一个角点或 [对象(O)/增加面积(A)/退出(X)]: O✓

("减" 模式) 选择对象:　　　　　　　　　　　　//选择位于图形中心位置处的大圆

区域 = 490.8739, 圆周长 = 78.5398

总面积 = -490.8739

("减" 模式) 选择对象:　　　　　　　　　　　　//选择第 1 个小圆

区域 = 78.5398, 圆周长 = 31.4159

总面积 = -569.4137

("减" 模式) 选择对象:　　　　　　　　　　　　//选择第 2 个小圆

区域 = 78.5398, 圆周长 = 31.4159

总面积 = -647.9535

("减" 模式) 选择对象:　　　　　　　　　　　　//选择第 3 个小圆

区域 = 78.5398, 圆周长 = 31.4159

总面积 = -726.4933

("减" 模式) 选择对象:　　　　　　　　　　　　//选择第 4 个小圆

区域 = 78.5398, 圆周长 = 31.4159

总面积 = -805.0331

("减" 模式) 选择对象:　　　　　　　　　　　　//选择第 5 个小圆

区域 = 78.5398, 圆周长 = 31.4159

总面积 = -883.5729

("减" 模式) 选择对象:　　　　　　　　　　　　//选择第 6 个小圆

区域 = 78.5398, 圆周长 = 31.4159

总面积 = -962.1128

("减" 模式) 选择对象: ✓　　　　　　　　　　//按〈Enter〉键

区域 = 78.5398, 圆周长 = 31.4159

总面积 = -962.1128

指定第一个角点或 [对象(O)/增加面积(A)/退出(X)]: A✓

指定第一个角点或 [对象(O)/减少面积(S)/退出(X)]: O✓

("加" 模式) 选择对象:　　　　　　　　　　　　//在图形中选择位于最外面的面域

区域 = 6814.8684, 修剪的区域 = 0.0000 , 周长 = 354.3394

总面积 = 5852.7557

("加" 模式) 选择对象: ✓　　　　　　　　　　//按〈Enter〉键

区域 = 6814.8684, 修剪的区域 = 0.0000 , 周长 = 354.3394

总面积 = 5852.7557

指定第一个角点或 [对象(O)/减少面积(S)/退出(X)]: X✓

总面积 = 5852.7557

输入选项 [距离(D)/半径(R)/角度(A)/面积(AR)/体积(V)/退出(X)] <面积>: X↙

5.1.5 查询面域/质量特性

从菜单栏中选择"工具"→"查询"→"面域/质量特性"命令,可以计算面域或三维实体的质量特性。如果选择多个面域,则只接受与第一个选定面域共面的面域。需要用户注意的是,查询结果所显示的特性取决于选定的对象是面域(选定的面域是否与当前用户坐标系[UCS]的 X 平面共面)还是实体。在执行查询面域/质量特性的命令过程中,系统会在特定窗口中显示特性,并询问是否将分析结果写入文本文件,若在"是否将分析结果写入文件?<否>:"提示下输入"Y",则系统将提示用户输入文件名(文件的默认扩展名为.mpr,该文件是可以用任何文本编辑器打开的文本文件)。

下面通过一个简单实例说明查询面域/质量特性的具体操作过程。图 5-5 中存在着两个面域,对这两个面域执行查询面域/质量特性,其操作步骤如下。

(1)以使用"草图与注释"工作空间为例,并通过"快速访问"工具栏设置显示菜单栏(设置图解如图 5-6 所示),可以先练习将浮动命令窗口设为固定命令窗口(通过将浮动命令窗口拖动到绘图区域的底部边来将其固定),接着从菜单栏中选择"工具"→"查询"→"面域/质量特性"命令。

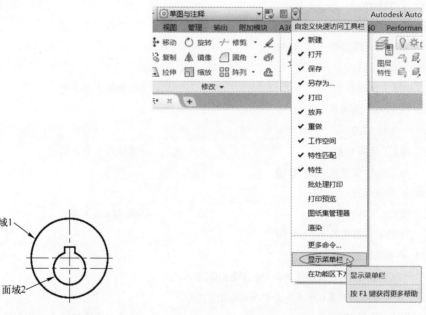

图 5-5 面域   图 5-6 设置显示菜单栏

(2)先选择面域 1,接着选择面域 2,按〈Enter〉键结束对象选择。

(3)系统弹出如图 5-7 所示的 AutoCAD 文本窗口,其中显示了面域的相关特性以及显示主力矩与质心的 X-Y 方向的查询信息,同时出现"是否将分析结果写入文件? [是(Y)/否(N)] <否>:"的提示信息。

(4)若输入"N",按〈Enter〉键,则不将分析结果写入文件。

(5)若输入"Y",按〈Enter〉键,则系统弹出如图 5-8 所示的"创建质量与面积特性文件"对话框，指定保存目录路径和文件名等，单击"保存"按钮。

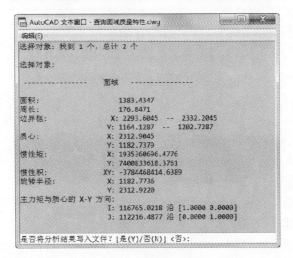

图 5-7　AutoCAD 文本窗口

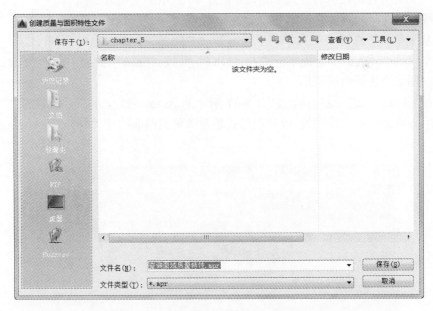

图 5-8　"创建质量与面积特性文件"对话框

5.1.6　查询点坐标

利用查询点坐标功能可以查询图形中某点的坐标。

查询点坐标的方法很简单，具体操作步骤如下。

（1）单击"点坐标（定位点）"按钮，或者从菜单栏中选择"工具"→"查询"→"点坐标"命令。

（2）选择点对象。

（3）按〈Enter〉键完成点坐标的查询。

例如，要查询如图 5-9 所示的拐点 A 的坐标，其具体步骤如下。

命令:'_id　　　　　　　//单击"点坐标"按钮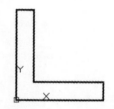

指定点：　　　　　　　//在图形中选择拐点 A（如图 5-9 所示）

X = 35.0000　　　Y = 22.0000　　　Z = 0.0000

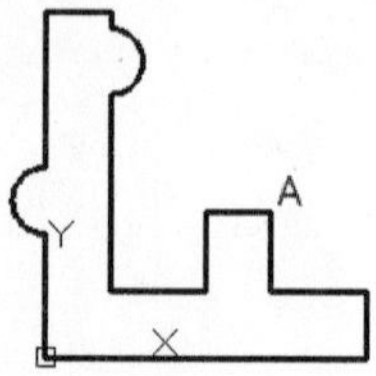

5.1.7　列表显示

图 5-9　查询点坐标的示例

在 AutoCAD 2016 中，如果要查询图形对象的类型、所在图层、模型空间、形状大小、所在位置等特性，可以选择以列表显示的方式来进行。

为选定对象显示特性数据的方法步骤如下。

（1）从菜单栏中选择"工具"→"查询"→"列表"命令，也可以在命令窗口的"输入命令"提示下输入"LIST"并按〈Enter〉键。

（2）选择欲查询的图形对象，可以选择多个图形对象。

（3）按〈Enter〉键完成，此时系统打开相应窗口来显示相关的特性。

例如，要采用列表显示的方式来查询如图 5-10 所示的角钢截面图形（多段线）特性，其具体方法如下。

（1）从菜单栏中选择"工具"→"查询"→"列表"命令，也可以在命令窗口的"输入命令"提示下输入"LIST"并按〈Enter〉键。

（2）在图形中选择角钢图形。

（3）按〈Enter〉键，这时弹出如图 5-11 所示的 AutoCAD 文本窗口（以使用固定命令窗口为例），以列表形式显示该角钢截面的相关特性数据。

图 5-10　角钢截面

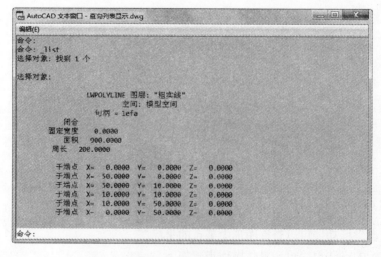

图 5-11　查询图形特性

5.1.8　查询时间

在 AutoCAD 2016 中，可以查询当前时间、图形创建时间、上次更新时间、累积编辑时间、消耗时间计算器状态等，即可以显示图形的日期和时间统计信息。

从菜单栏中选择"工具"→"查询"→"时间"命令，或者在命令窗口的"输入命令"提示中输入"TIME"并按〈Enter〉键，系统自动打开文本窗口来显示查询结果（以使用固定命令窗口为例），如图 5-12 所示。

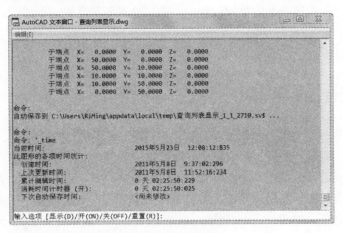

图 5-12　查询时间

此时，当前提示选项中包括以下 4 个选项。

● "显示（D）"：重复显示更新的时间。
● "开（ON）"：开启相应的时间计时器，即打开关闭的用户消耗时间计时器。
● "关（OFF）"：关闭时间计时器，即停止用户消耗时间计时器。
● "重置（R）"：将计数器的参数进行初始化，重新设置。

5.1.9　查询状态

从菜单栏中选择"工具"→"查询"→"状态"命令，可以查询显示图形的统计信息、模式和范围等许多信息。

如图 5-13 所示为某图形文件的状态查询结果。

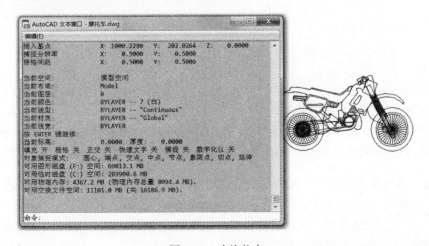

图 5-13　查询状态

5.1.10 设置变量

不同的参数设置对系统运行有不同的影响，必要时可以列出系统变量或修改变量值。在 AutoCAD 2016 中，显示或修改系统参数可以通过执行菜单栏"工具"→"查询"→"设置变量"命令来执行，在该命令的执行过程中，需要输入变量名等，例如：

命令：'_setvar

输入变量名或 [?]:   //提示输入变量名

5.2 修改图形对象的特性

图形对象的特性包括很多方面，如基本特性、几何图形、打印样式、视图及其他特性等。图形的颜色、图层、线型、线型比例、线宽等一般归纳在基本特性的范畴之内。

如果要查看或者修改图形对象的特性，那么可以先选择该图形对象，接着在功能区"视图"选项卡的"选项板"面板中单击"特性"工具按钮，或者执行"工具"→"选项板"→"特性"菜单命令，如图 5-14a 所示，系统会在工作界面中打开如图 5-14b 所示的"特性"选项板（也称"特性"面板），其中显示了所选图形对象的相关特性，利用该"特性"选项板可以修改所选图形对象的相关特性。

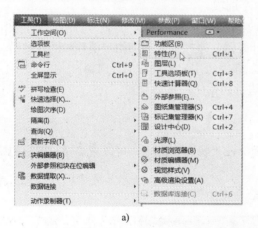 

图 5-14 打开"特性"选项板

a) 选择"工具"→"选项板"→"特性"命令 b) "特性"选项板

操作技巧：按〈Ctrl+1〉快捷键可以快速打开或关闭"特性"选项板。另外，用户可以设置在"快速访问"工具栏中显示或添加"特性"按钮和"特性匹配"按钮，其方法是在"快速访问"工具栏中单击"自定义快速访问工具栏"按钮，接着选中"特性"和"特性匹配"选项即可。"特性匹配"按钮用于将选定对象的特性应用到其他对象。

"特性"选项板提供所有特性设置的最完整列表。如果没有选定对象，那么在"特性"选项板上可以查看和更改要用于所有新对象的当前特性；如果选定了单个对象，那么在"特性"选项板上可以查看并更改该对象的特性；如果选定了多个对象，那么在"特性"选项板上可以查看并更改它们的常用特性。

以图 5-15 为例，在该例中选择的图形对象是多条中心线，它们的共同特性显示在打开的"特性"选项板上，可以在"特性"选项板上修改相关的特性参数值。例如，要将这些中心线的线型比例设置为 0.5，那么选择这些中心线后，在"特性"选项板上展开"常规"区域，在"线型比例"框中将"线型比例"值修改为 0.5，按〈Enter〉键确认，然后按〈Esc〉键退出当前图形对象的特性操作，并接受已修改的结果。

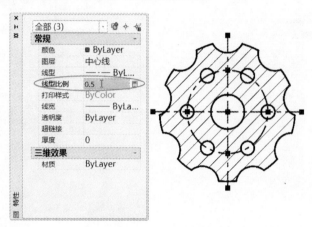

图 5-15　修改特性结果

如果需要继续查看或修改其他图形对象的特性信息，可以继续选择其他图形对象来显示相应的特性信息，然后根据需要执行相应的修改操作。

在 AutoCAD 2016 中，还可以使用"快捷特性"选项板，该选项板提供的特性设置没有"特性"选项板的齐全，但也比较实用。通常，双击某些对象（如直线、圆、圆弧、剖面线等）便可打开"快捷特性"选项板，然后修改其特性。注意：双击块、多段线、样条曲线和文字等对象时，打开的是编辑器或启用特定于对象的命令。如果要更改"快捷特性"选项板行为，那么在状态栏的"快捷特性"按钮■上单击鼠标右键，从打开的快捷菜单中选择"快捷特性设置"选项，弹出"草图设置"对话框并自动切换至"快捷特性"选项卡，从中进行相关更改设置即可。

5.3　"快速计算器"选项板

在 AutoCAD 2016 中内置了一个"快速计算器"选项板，其功能相当于一个桌面计算器。使用该"快速计算器"选项板，可以进行数字计算、科学计算、单位转换和变量求值等。

在菜单栏中选择"工具"→"选项板"→"快速计算器"命令（其快捷键方式为〈Ctrl+8〉），或者在"实用工具"面板中单击"快速计算器"按钮■，打开如图 5-16 所示的"快速计算器"选项板。在该"快速计算器"选项板中进行计算操作就如同在电子计算器产品上操作一样。

利用鼠标在"快速计算器"选项板中的"数字键区"或"科学"区域单击相应的按键，可以输入数字表达式或函数表达式，然后单击"等于"按键■或者在键盘上按〈Enter〉

键，便可以获得计算结果。例如，通过"数字键区"的相关按键，完成数字表达式"8*pi/3.5"的输入，单击"等于"按键 ，便得出如图 5-17 所示的快速计算结果。

图 5-16 "快速计算器"选项板   图 5-17 计算示例

在进行计算时，有时需要对数值进行单位换算，例如，将米转换为英尺，将弧度转换为角度等。现在以 16 英尺等于多少米为例，说明如何进行单位转换，具体的操作步骤如下。

（1）在"实用工具"面板中单击"快速计算器"按钮，或者按〈Ctrl+8〉快捷键，打开"快速计算器"选项板，展开"单位转换"区域。

（2）在"单位转换"区域中，选择"单位类型"为长度，"转换自"的参数值为英尺，"转换到"的参数值为米，设置"要转换的值"为 16。

（3）按〈Enter〉键或者在"已转换的值"位置处单击，得到转换结果，如图 5-18 所示。

在"快速计算器"选项板的"变量"区域，可以使用指定的函数对变量求值，如图 5-19 所示，主要的函数如下。

图 5-18 进行单位转换的结果   图 5-19 使用变量

Phi：求黄金比例，固定值为 1.61803399。

dee：值为 dist(end,end)，用于测量两个端点之间的距离。

ille：值为 ill(end,end,end,end)，求出由 4 个端点定义的两条直线的交点。

mee：值为(end+end)/2，求出两个端点之间的中点。

nee：值为 nor(end,end)，XY 平面中两个端点的法向单位矢量。

rad：用于获取圆、圆弧或多段线弧线段的半径的 rad 函数。

vee：值为 vec(end,end)，两个端点之间的矢量。

vee1：值为 vec1(end,end)，两个端点之间的单位矢量。

在"变量"区域的"变量"行有 4 个按钮，从左到右分别为"新建变量"按钮、"编辑变量"按钮、"删除"按钮和"将变量返回到输入区域"按钮。

下面是使用"快速计算器"选项板进行辅助设计的一个简单示例，原始图形如图 5-20a 所示（光盘里提供配套的源文档"使用快速计算器.dwg"）。该示例中有两项任务，一是求出点 A 和点 B 的距离值，二是在两对象距离线之间的中点位置处绘制一个半径为 5 的圆，效果如图 5-20b 所示。

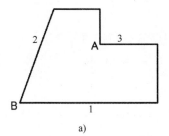
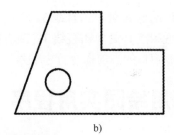

图 5-20 原始图形及示例操作结果

a) 原始图形 b) 完成的图形效果

方法和步骤如下。

（1）求出点 A 和点 B 的距离值。

1）在"实用工具"面板中单击"快速计算器"按钮，或者按〈Ctrl+8〉快捷键，系统弹出"快速计算器"选项板。

2）在"快速计算器"选项板中单击"两点之间的距离"按钮，此时，"快速计算器"选项板临时被关闭。

3）依次选择 A 端点和 B 端点。

4）系统自动返回（打开）"快速计算器"选项板，并在输入框中显示两点之间的距离值，如图 5-21 所示。

5）按〈Ctrl+8〉快捷键，快速关闭"快速计算器"选项板。

（2）在两对象的中点处绘制一个半径为 5 的圆。

1）单击"圆心，半径"按钮。

2）按〈Ctrl+8〉快捷键，快速打开"快速计算器"选项板。

3）展开"变量"区域，选择"mee"函数，单击"将变量返回到输入区域"按钮，如图 5-22 所示。

4）在"快速计算器"面板中单击"应用"按钮。

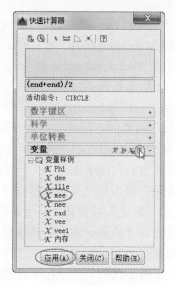

图 5-21　计算两点距离的结果　　　　图 5-22　选择变量样例并进行操作

5）在靠近端点 A 处单击直线 3。

6）在靠近端点 B 处单击直线 1，或者在靠近端点 B 处单击直线 2。

7）在命令窗口的当前命令行中输入半径值为"5"，按〈Enter〉键完成。

5.4　巧用绘图实用程序

AutoCAD 2016 提供了一些绘图实用程序，可以用来更正图形中检测到的一些错误，修复图形中的部分错误数据，清除图形中不使用的块、层、文字样式、标注样式等对象。

5.4.1　核查

在某些情况下，AutoCAD 图形文件可能产生一些错误内容，比如在绘制图形时突然断电所造成的意外错误。

要检查 AutoCAD 图形的完整性并更正一些错误，可以单击"应用程序菜单"按钮 ▲ 并从应用程序菜单中选择"图形实用工具"→"核查"命令，或者在菜单栏中选择"文件"→"图形实用工具"→"核查"命令，执行操作，请看如下的示例操作。

命令: _AUDIT

是否更正检测到的任何错误？[是(Y)/否(N)] <N>: Y

核查表头

核查表

第 1 阶段图元核查

阶段 1 已核查 100 个对象

第 2 阶段图元核查

阶段 2 已核查 100 个对象

核查块

已核查 1 个块

正在核查 AcDsRecords

共发现 0 个错误，已修复 0 个

已删除 0 个对象

5.4.2 修复

单击"应用程序菜单"按钮 并接着选择"图形实用工具"→"修复"→"修复"命令，或者从菜单栏中选择"文件"→"图形实用工具"→"修复"命令，可以更正图形中的部分错误信息，即修复损坏的图形文件并将其打开。相应的执行过程如下。

（1）单击"应用程序菜单"按钮 ，接着从弹出的应用程序菜单中选择"图形实用工具"→"修复"→"修复"命令，打开"选择文件"对话框。

（2）选择要修复的文件，单击"打开"按钮。此时，系统对文件进行修复，用户可以在 AutoCAD 文本窗口中查看图形修复日记（修复结果），如下是某图形文件的修复日记（修复结果）。

图形修复。

图形修复日志。

验证句柄表内的对象。

有效对象 683 个，无效对象 0 个

对象验证完毕。

　　从图形挽回的数据库。

核查表头

核查表

第 1 阶段图元核查

阶段 1 已核查 600 个对象

第 2 阶段图元核查

AcDbDimStyleTableRecord: "ISO-25"

　　　　　　　　　　　　　　 Not in Table　　　　　 Added

阶段 2 已核查 600 个对象

核查块

　已核查 30 个块

正在核查 AcDsRecords

共发现 1 个错误，已修复 1 个

已删除 0 个对象

正在打开 AutoCAD 2010/LT 2010 格式文件。

正在重生成模型。

AutoCAD 菜单实用工具 已加载。

命令:

Autodesk DWG。此文件上次由 Autodesk 应用程序或 Autodesk 许可的应用程序保存，是可靠的 DWG。

5.4.3 清理

为了减少图形所占用的空间，可以使用 AutoCAD 提供的"清理"程序，删除图形中未使用的命名项目，如块定义和图层，即对图形中不使用的块、层、线型、文字样式、标注样式、多线样式等对象进行清除处理。

对图形进行清除处理的步骤如下。

（1）单击"应用程序菜单"按钮 并从应用程序菜单中选择"图形实用工具"→"清理"命令，或者在菜单栏中选择"文件"→"图形实用工具"→"清理"命令，系统弹出如图 5-23 所示的"清理"对话框。

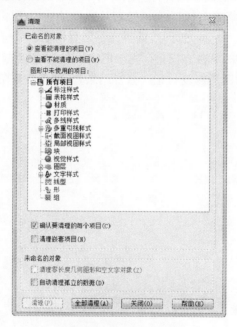

图 5-23 "清理"对话框

（2）指定选项和要操作的项目后，单击"全部清理"按钮。

（3）此时，系统会询问是否清理相关的对象。

（4）如果要清理当前选择集中所列出的单个对象，则单击"确认清理"对话框中的"清理此项目"按钮；如果要清理当前选择集中所选的全部对象，则单击"清理所有项目"按钮；如果不清理选择集中当前列出的对象，则单击"跳过此项目"按钮。

（5）与此类似，可以执行其他对象（如层、文字样式等）的清理操作。

5.5 快速选择与对象选择过滤器

在图形设计过程中，有时可能需要在复杂的图形中选择若干个具有某种共同特性的图形对象，若使用鼠标在图形空间中通过单击或者框选的方式来选择的话，则会降低工作效率，并且很容易出现选择错误。那么有什么更好的方法呢？在 AutoCAD 2016 中，可以使用"快速选择"命令或者"FILTER"命令来执行这样的操作。

5.5.1 快速选择

"快速选择"命令（QSELECT）的功能是根据过滤条件创建选择集，即创建按对象类型和特性过滤的选择集。例如，可以在使用指定文字样式的图形中选择所有多行文字对象。

在功能区"默认"选项卡的"实用工具"面板中单击"快速选择"按钮 ，或者在菜单栏中选择"工具"→"快速选择"命令，打开"快速选择"对话框，如图 5-24 所示。利用该对话框，用户可根据对象的类型和特性创建具有某些共同特性的选择集，对象的特性包括图层、颜色、线型、图案填充、线型比例、线宽和透明度等。

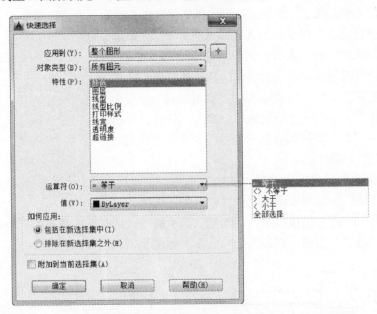

图 5-24 "快速选择"对话框

"快速选择"对话框的各选项或各列表框的功能如下。

● "应用到（Y）"下拉列表框：该列表框中的选项相当于一个过滤器，用于设定过滤条件的应用范围。可设置应用于整个图形，也可以根据设计要求应用到当前选择集中。如果在"快速选择"对话框中选中了"附加到当前选择集"复选框，那么过滤条件将默认应用到整个图形。

● "选择对象"按钮 ：单击该按钮，将临时关闭"快速选择"对话框，而将焦点切换到绘图窗口中，此时可由用户选择要对其应用过滤条件的图形对象，选择完图形对象之后，按〈Enter〉键，系统重新开启"快速选择"对话框，此时，"快速选择"对话框中的"应用到"下拉列表框的选项变为"当前选择"。

● "对象类型（B）"下拉列表框：指定要包含在过滤条件中的对象类型，比如设定对象类型为"所有图元"。

● "特性（P）"列表框：用于指定过滤器的对象特性。此列表框包括选定对象类型的所有可搜索特性。选定的特性决定"运算符"和"值"中的可用选项。

● "运算符（O）"下拉列表框：用于控制过滤的范围。根据选定的特性，选项可包括

"等于""不等于""大于""小于"和"* 通配符匹配",而"* 通配符匹配"只能用于可编辑的文字字段。使用"全部选择"选项将忽略所有特性过滤器。

- "值（V）"下拉列表框：设置过滤的特性值。
- "如何应用"选项组：在该选项组中有两个单选按钮，"包括在新选择集中"单选按钮和"排除在新选择集之外"单选按钮。如果选择"包括在新选择集中"单选按钮，则将创建其中只包含符合过滤条件的对象的新选择集；如果选择"排除在新选择集之外"单选按钮，则将创建其中只包含不符合过滤条件的对象的新选择集。
- "附加到当前选择集"复选框：设定所创建的选择集是否附加到当前选择集中，即指定是由"QSELECT"命令创建的选择集替换还是附加到当前选择集。

了解了"快速选择"对话框的各选项或各列表框的功能，下面以一个简单的实例来说明快速选择的具体应用方法。在该实例中，要求使用"快速选择"命令选择如图 5-25 所示的剖面线（假设绘制时将该剖面线的颜色单独设为红色）。

（1）在功能区的"默认"选项卡的"实用工具"面板中单击"快速选择"按钮 ，或者在菜单栏中选择"工具"→"快速选择"命令，打开"快速选择"对话框。

（2）在"应用到"下拉列表框中选择"整个图形"选项，在"对象类型"下拉列表框中选择"图案填充"选项。

（3）在"特性"列表框中选择"颜色"选项，在"运算符"下拉列表框中选择"= 等于"选项，在"值"下拉列表框中选择"红"颜色选项。

（4）在"如何应用"选项组中，接受默认选中的"包括在新选择集中"单选按钮。

（5）单击"确定"按钮，则在图形中选中了如图 5-26 所示的剖面线。

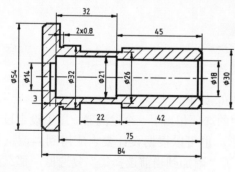

图 5-25　原始图形

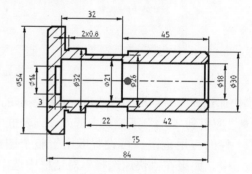

图 5-26　选中红色剖面线的结果

5.5.2　对象选择过滤器

在 AutoCAD 2016 中，执行"FILTER"命令打开如图 5-27 所示的"对象选择过滤器"对话框，可以将对象的类型、图层、颜色、线宽、线型等特性作为过滤条件，从而选择符合设定要求的对象。

现在以选择如图 5-28 所示的直径为 12 和 100 的所有圆为例，说明如何应用"对象选择管理器"来选择对象。

（1）在命令窗口中输入"FILTER"命令，按〈Enter〉键确认，系统弹出"对象选择过滤器"对话框。

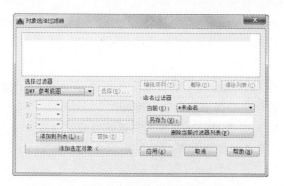

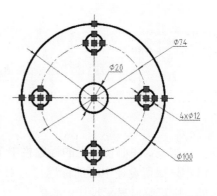

图 5-27 "对象选择过滤器"对话框　　　　　图 5-28 原始图形

（2）在"选择过滤器"选项组中，从下拉列表框中选择"**开始 OR"选项。

（3）单击"添加到列表"按钮。

（4）在"选择过滤器"选项组中，从下拉列表中选择"圆半径"选项，并在"X"下拉列表框中选择"="，在其右侧对应的文本框中输入 6。

（5）单击"添加到列表"按钮。

（6）在"选择过滤器"选项组中，从下拉列表中选择"圆半径"选项，并在"X"下拉列表框中选择"="，在其右侧对应的文本框中输入 50。

（7）单击"添加到列表"按钮，此时添加到过滤器列表框中的条件如下：

**开始 OR

圆半径 =6

对象 = 圆

圆半径 =50

（8）在过滤器列表框中选择"对象 = 圆"，单击"删除"按钮，从而确保只选择半径为 6 和 50 的圆。

（9）在过滤器列表框中单击"圆半径 = 50"的下一空白行，在"选择过滤器"选项组的下拉列表中选择"**结束 OR"选项。

（10）单击"添加到列表"按钮。此时，完整的过滤条件如下。

**开始 OR

圆半径 =6

圆半径 =50

**结束 OR

（11）单击"应用"按钮，并在绘图区域框选所有图形，接着按〈Enter〉键确定，系统过滤出满足条件的对象并将其选中，如图 5-29 所示。

知识点拨：如果要选择模型空间或当前布局中的所有对象（处于冻结或锁定图层上的对象除外），则可以在功能区的"默认"选项卡的"实用工具"面板中单击"全部选择"按钮，或者按〈Ctrl+A〉键。

图 5-29 过滤选择的结果

5.6 设计中心

AutoCAD 2016 提供的设计中心是一个设计资源的集成管理工具，熟练使用这些工具可以大大提高图形管理和图形设计的效率。设计中心提供的主要功能如下。

- 浏览用户计算机、网络驱动器和 Web 页上的图形内容（例如图形或符号库）。
- 在定义表中查看图形文件中命名对象（例如块和图层）的定义，然后将定义插入、附着、复制和粘贴到当前图形中。
- 更新（重定义）块定义。
- 创建指向常用图形、文件夹和 Internet 网址的快捷方式。
- 向图形中添加内容（例如外部参照、块和填充）。
- 在新窗口中打开图形文件。
- 将图形、块和填充拖动到工具选项板上以便访问。

5.6.1 设计中心窗口

在功能区的"视图"选项卡的"选项板"面板中单击"设计中心"按钮，或者从菜单栏中选择"工具"→"选项板"→"设计中心"命令，或者按〈Ctrl+2〉键，可以打开或关闭设计中心窗口。设计中心窗口如图 5-30 所示，它由标题栏、工具栏、选项卡、状态栏、树状图和内容显示区域组成，其中设计中心窗口的左边主要为树状图，右边则为内容显示区域。树状图是用来显示设计中心资源的树状层次，而内容显示区域则用来显示树状图中当前选定资源的内容。

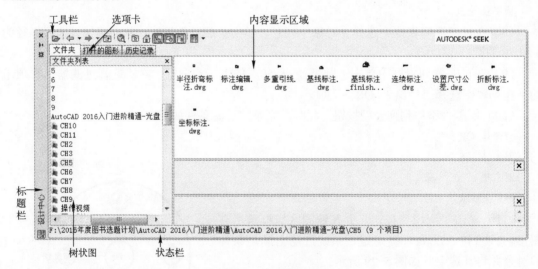

图 5-30 设计中心窗口

在设计中心窗口上的标题栏中单击"自动隐藏"按钮，可以自动隐藏设计中心的主窗口，只保留设计中心的标题栏。对于隐藏的设计中心窗口，若将鼠标置于设计中心标题栏处，则可临时显示设计中心的主窗口，若单击出现的"自动显示"按钮，则再次打开设计中心的主窗口。

下面介绍设计中心窗口的 3 个常见选项卡。

（1）"文件夹"选项卡。

单击"文件夹"选项卡，在该选项卡上显示了计算机或网络驱动器（包括我的电脑和网络邻居）中的文件和文件夹的层次结构，如图 5-31 所示。

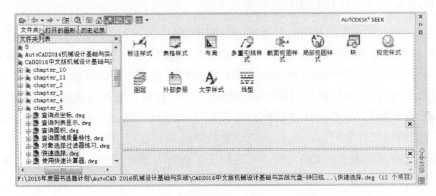

图 5-31　设计中心的"文件夹"选项卡

（2）"打开的图形"选项卡。

单击"打开的图形"选项卡，该选项卡中显示在当前环境中打开的所有图形，包括最小化的图形。当选择某个图形时，则显示出该图形的有关设置，如标注样式、表格样式、布局、图层、块、外部参照、文字样式等，如果选择其中某个设置时，可在右边的内容显示区域中显示出该设置中的具体内容。图 5-32 显示的是选择了"块"设置后的设计中心窗口。

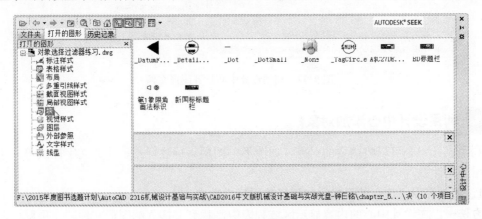

图 5-32　设计中心的"打开的图形"选项卡

（3）"历史记录"选项卡。

"历史记录"选项卡显示最近在设计中心打开的文件的列表。显示历史记录后，在一个文件上单击鼠标右键显示此文件信息或从"历史记录"列表中删除此文件。

另外，还有一个"联机设计中心"选项卡，用于访问联机设计中心 Web。注意：在默认情况下，联机设计中心（"联机设计中心"选项卡）处于禁用状态，可以从 CAD 管理员控制实用程序启用联机设计中心。

建立网络连接时，"联机设计中心"窗口的"欢迎"页面中将显示左右两个窗格，左边窗格显示了包含符号库、制造商站点和其他内容库的文件夹，而右窗格为内容区。当选定某个符号时，它会显示在右窗格中，并且可以下载到用户的图形中。通过联机设计中心可以访问数以千计的符号、制造商的产品信息以及内容收集者的站点。

5.6.2　利用设计中心打开图形文件

利用设计中心，可以很方便地打开所选的图形文件。在设计中心中打开图形的操作步骤很简单，只要从设计中心内容区列表中找到欲打开的图形文件的图标，然后使用鼠标左键将图形图标从设计中心内容区拖动到 AutoCAD 应用程序窗口绘图区域以外的任何位置，即可打开该文件。注意：如果将图形图标拖动到绘图区域中释放，将在当前图形中创建块。

用户也可以在设计中心中执行其他的操作来打开图形。例如，在内容显示区域的列表中右击欲打开的图形文件的图标，然后从快捷菜单中选择"在应用程序窗口中打开"命令，如图 5-33 所示。还可以按住〈Ctrl〉键，同时将图形图标从设计中心内容区拖至绘图区域来打开图形。

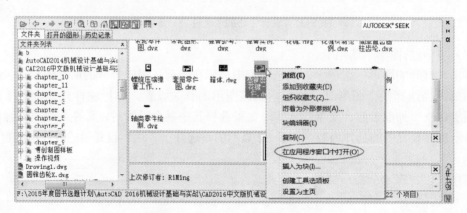

图 5-33　利用设计中心打开图形文件

5.6.3　利用设计中心添加对象

利用设计中心可以将需要的对象（如图形、图层、标注样式、块、文字样式等）添加到当前图形文件中。

1. 将图形以"块"的形式添加到当前图形文件中

方法一：在设计中心的内容显示区域列表中，找到要插入的图形文件，使用鼠标左键将该图形文件拖放到当前绘图区域，释放鼠标左键，然后根据当前命令行的提示，在绘图区域分别选择插入点，输入相关比例因子、指定旋转角度等，则可以将选定的图形作为一个整体块插入到当前图形文件中。

方法二：在设计中心的内容显示区域列表中，右击要插入的图形文件，在弹出的快捷菜单中选择"插入为块"选项，系统打开如图 5-34 所示的"插入"对话框。利用该对话框可以在屏幕上指定插入点的位置、设定缩放比例、定义旋转角度等，确定后即可将图形文件作为块插入到当前图形文件中。

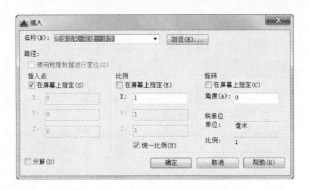

图 5-34 "插入"对话框

2．插入块

方法一：在设计中心的内容显示区域列表中，找到要插入到图形文件中的块，用鼠标左键将其拖放到绘图区域，释放鼠标左键即可。

方法二：在设计中心的内容显示区域列表中，右击要插入的块，从弹出的快捷菜单中选择"插入块"命令，此时系统打开"插入"对话框，设置对话框中的相关选项和参数即可。

3．插入其他

可以在设计中心使用拖放的方式在当前图形文件中插入光栅图像、外部参照等内容，或者复制图层、文字样式、标注样式、线型、布局等。

5.7 符号库

为了方便绘制，AutoCAD 2016 提供了非常实用的符号库功能。符号库其实就是一个特殊的图形文件，在这个图形文件中，将一些常用的图形定义为块，这些块就作为符号库中的符号元素。

完全安装的 AutoCAD 2016 简体中文版系统自带了适合许多行业（如机械设计、室内设计、液压与气动、电子、家庭空间布置、模拟集成电路、管道等）使用的符号库。这些符号库的存储位置通常位于安装目录中的"Autodesk\AutoCAD 2016 \Sample\"路径下（包括该路径下的指定子文件夹）。

为了有效地使用符号库，可以将符号库加载到设计中心的当前界面上。例如，在设计中心加载"Fasteners-Metric.dwg"（紧固件-公制）符号库，其加载的具体操作方法如下。

（1）按〈Ctrl+2〉快捷键，打开设计中心窗口。

（2）在设计中心窗口的工具栏中单击"加载"按钮 📂。

（3）在打开的"加载"对话框中，按存储位置搜索出符号库所在的路径，即找到包含所需符号库图形的文件夹（例如"\AutoCAD\AutoCAD 2016\Sample\zh-cn\DesignCenter\"），选择"Fasteners - Metric.dwg"，单击"打开"按钮，此时，该符号库便加载到设计中心的当前界面中。

（4）在设计中心的内容显示区域双击"块"图标，便可以查看所加载的符号库中的符号了，如图 5-35 所示。

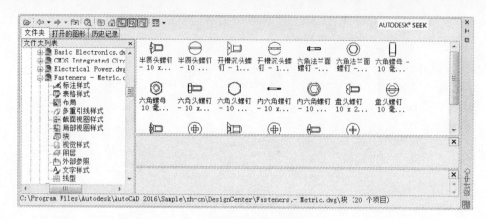

图 5-35　加载符号库

在设计中心加载了指定的符号库后，就可以方便地根据设计需要选择符号库中的符号，并将其插入到当前图形文件中。

此外，在将符号库加载到设计中心后，可以再将符号库创建到工具选项板上。有关工具选项板的使用将在本章 5.8 节中介绍。

用户既可以向系统自带的符号库添加符号，也可以根据制图需要创建自己的符号库。创建自定义的符号库是很重要的，以创建表面结构符号为例，由于在零件图中常常需要标注零件的表面结构要求，如果一个一个去绘制表面结构符号，将会非常耗时，而且很容易标注错误。如果先按照规定绘制若干个用于不同表面要求的表面结构符号，定义它们的属性，并分别将它们创建为块，然后保存到一个专门的图形文件，从而构成一个表面结构符号库，那么在以后设计中便可随时从该表面结构符号库中调用需要的表面结构符号。

向系统自带的符号库添加符号的操作步骤如下。

（1）打开相应的符号库图形文件。

（2）在打开的该图形文件中绘制图形。

（3）将所绘制的图形创建为块，需要时可以创建并设置块属性。

（4）保存图形文件，即所创建的块作为新符号元素添加到符号库中。

创建用户自定义符号库的步骤如下。

（1）新建一个图形文件。

（2）绘制图形，需要时定义图形属性。

（3）创建块。

（4）重复步骤 2 和步骤 3 的操作创建其他作为单个符号的图形块。

（5）保存图形文件，可取名为"*符号库"。

5.8　工具选项板

工具选项板也是一个实用的辅助设计工具，巧用工具选项板可以便于组织、共享和放置对象（如图形块、填充图案等）。灵活运用选项板可以在一定程度上提高绘图速度。

如果 AutoCAD 工作空间的当前工作界面中没有显示工具选项板，那么可以在功能区

"视图"选项卡的"选项板"面板中单击"工具选项板"按钮，或者在菜单栏中选择"工具"→"选项板"→"工具选项板"复选命令，或者直接按〈Ctrl+3〉快捷键，从而打开如图 5-36 所示的工具选项板窗口。在机械制图中，常用的默认选项卡有"机械""图案填充""电力""注释""约束""建模""土木工程""结构"和其他资料库等，在每一个工具选项卡中都列出一些常用的图样，以供用户选择。

图 5-36　工具选项板

在工具选项板的标题栏中单击"自动隐藏"按钮，可以自动隐藏工具选项板的显示窗口，而只保留单个标题栏。此时若单击标题栏中出现的"自动显示"按钮，则可以再次显示工具选项板的显示窗口。

用户可以设置工具选项板窗口的透明度，方法是单击工具选项板标题栏中的"特性"按钮，则系统弹出如图 5-37a 所示的一个快捷菜单，选择该快捷菜单中的"透明度"命令，将打开如图 5-37b 所示的"透明度"对话框，利用该"透明度"对话框可以拖动相应滑块设置工具选项板的透明度。如果使用硬件加速驱动程序和操作系统的组合时，选项板透明性不可用，则系统会弹出一个对话框来提示用户。

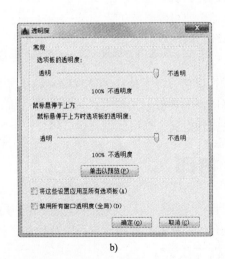

a)　　　　　　　　　　　　　　b)

图 5-37　设置工具选项板的透明度

a) 选择"透明度"命令　b)"透明度"对话框

在工具选项板的空白区域单击鼠标右键并接着在弹出的快捷菜单中选择"新建选项板"命令，或者单击工具选项板标题栏中的"特性"按钮并选择"新建选项板"命令，然后在出现的文本框中输入工具选项名称，即可在工具选项板上增加一个新的选项卡。此时，新选项卡上并没有内容，需要使用"剪切""复制"和"粘贴"等命令将其他选项卡上或设计中心的内容（包括图形、块和填充图案等）复制粘贴过来。

在实际设计中，可以将设计中心和工具选项板结合起来，量身定做一个快捷方便的工具选项卡。例如，通过设计中心创建一个专门用来注写表面结构符号（表面结构要求）的工具选项卡，其方法和步骤如下。

（1）从设计中心的内容显示区域选择包含表面粗糙度块的图形文件，或者选择某图形文件中的所有需要的表面结构符号图形块。

（2）用鼠标右键单击所选对象。

（3）在弹出的快捷菜单中选择"创建工具选项板"选项，如图 5-38 所示。

（4）所选的块便出现在工具选项板的新建选项卡中，并在当前文本框中输入该新建选项卡的名称为"表面结构要求符号"，如图 5-39 所示。

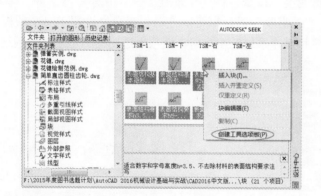

图 5-38　通过设计中心创建工具选项板

图 5-39　新建工具选项板

这样在以后设计零件图的过程中，如果需要注写表面结构要求时，可以直接从工具选项板中选择所需的表面结构符号，然后将其放置在零件图上的适当位置，并输入表面结构要求值（相关属性定义）即可。

5.9　打印

图形设计完成后，可以采用打印输出的方式来进行技术存档、交流或交附生产等。本节将简单地介绍如何进行打印设置，以及如何进行普通的打印输出等操作。

5.9.1　打印设置

在一般情况下，使用系统默认的打印环境配置即可满足图形的打印输出要求，然而在某些设计条件下，用户可能需要修改默认的打印环境设置。方法是从菜单栏中选择"工具"→"选项"命令，打开"选项"对话框，切换到"打印和发布"选项卡，如图 5-40 所示。在该选项卡中，可以指定新图形的默认打印设置、常规打印选项、打印到文件的默认位置、后台处理选项和打印样式表设置等。

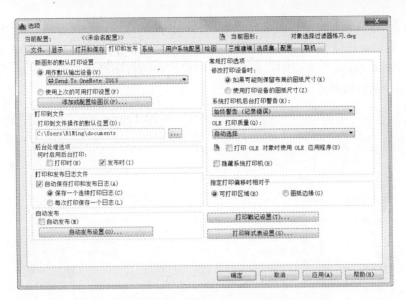

图 5-40 "打印和发布"选项卡

如果在"选项"对话框的"打印和发布"选项卡中单击"添加或配置绘图仪"按钮（亦可在功能区的"输出"选项卡的"打印"面板中单击"绘图仪管理器"按钮），将打开如图 5-41 所示的窗口。在该窗口中，可以通过单击"添加绘图仪向导"来添加绘图仪（包括普通打印机）。

图 5-41 添加或配置绘图仪

打印样式可控制打印输出的结果。在 AutoCAD 2016 中，系统提供了许多预先设定好的打印样式，在输出时可以直接选用，当然用户也可以根据实际情况设定自己的打印样式。

设置打印样式的方法和步骤如下。

（1）单击"应用程序菜单"按钮，并从打开的应用程序菜单中单击"打印"命令旁的

"三角箭头（展开）"按钮，接着选择"管理打印样式"命令，系统弹出如图 5-42 所示的"Plot Styles"窗口。在该窗口中，显示了 AutoCAD 2016 提供的打印样式。

（2）在"Plot Styles"窗口中，选择需要的已存在的打印样式，或者通过"添加打印样式表向导"来添加打印样式。

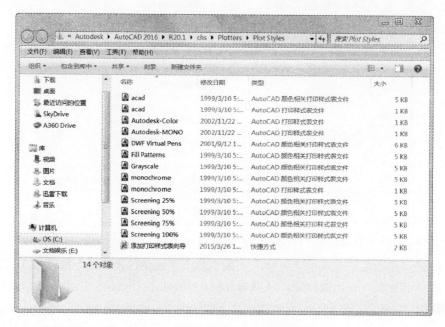

图 5-42　打印机样式表管理窗口

说明：在应用程序菜单的"打印"级联菜单和功能区"输出"选项卡的"打印"面板中还提供了与打印相关的其他命令，这需要用户去了解。

5.9.2　打印输出

在 AutoCAD 2016 中，模型空间输出和布局输出是两种常用的打印输出方式。

1. 模型空间输出

在模型空间环境（即在绘图区域的左下角处确保选中"模型"选项卡）中，在功能区的"输出"选项卡的"打印"面板中单击"打印"按钮，或者按〈Ctrl+P〉快捷键，系统弹出"打印-模型"对话框，如图 5-43 所示。在该对话框中，可以设置页面，指定打印机/绘图仪，设置图纸尺寸、打印区域、打印比例以及打印偏移等。

例如，要打印一张模型空间中的普通 A3 机械图，具体的操作如下。

（1）在模型空间中，单击功能区的"输出"选项卡的"打印"面板中的"打印"按钮，或者按〈Ctrl+P〉快捷键，系统弹出"打印-模型"对话框。

（2）在"打印机/绘图仪"选项组中，从"名称"下拉列表框中选择合适的打印机。

（3）在"图纸尺寸"选项组中选择适合的图纸，比如选择"ISO A3（420.00×297.00 毫米）"。

（4）在"打印区域"选项组的"打印范围"下拉列表中选择"窗口"选项，切换到绘图区域，选择细实线显示的外图框的两个对角点。

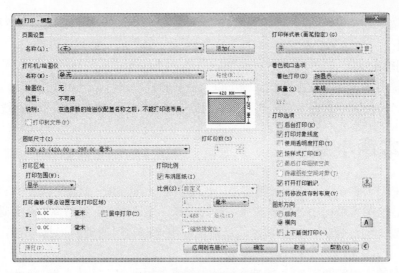

图 5-43　模型打印输出设置

（5）在"打印偏移"选项组中，设置 X、Y 的偏移值。例如将 X、Y 的偏移值都设置为 0。也可以根据情况选中"居中打印"复选框。

（6）在"打印比例"选项组中，选中"布满图纸"复选框。

（7）在"图形方向"选项组中选择"横向"单选按钮，在"打印选项"选项组中确保取消选中"打开打印戳记"复选框，只选中"打印对象线宽"复选框和"按样式打印"复选框。

（8）单击"预览"按钮，如图 5-44 所示。

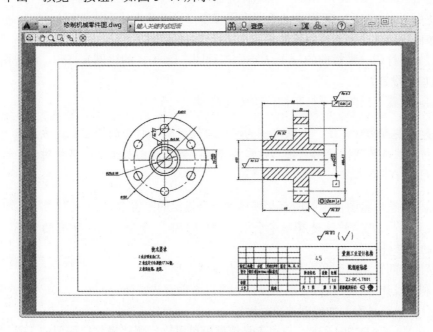

图 5-44　打印预览

（9）在打印预览窗口中右击，接着从弹出的快捷菜单中选择"打印"命令进行最终的打印输出；或者选择"退出"选项退出打印预览状态，然后在"打印-模型"对话框中单击"确定"按钮。

2．布局输出

如果要输出多个视图及标题栏，则可以选择在布局中进行，与模型空间输出图形的方法类似，不同之处在于一个是在布局（图纸空间）中进行的，一个是在模型空间进行的。

5.10　本章小结

在 AutoCAD 2016 中，还有一类实用的辅助设计工具/功能，比如查询、修改图形特性、快速计算器、绘图实用程序、快速选择、过滤选择、设计中心、符号库、工具选项板、打印等。在机械设计的过程中，如能巧妙而灵活地应用这些实用的辅助工具/功能，会提高设计效率。

本章介绍的实用辅助工具/功能是在设计中经常使用到的，除此之外，AutoCAD 2016 还提供了许多其他的辅助设计的工具/功能，希望读者在以后的学习或工作中多加总结，慢慢积累经验，相信使用 AutoCAD 2016 的设计水平将大大提高。

5.11　思考与练习

1．AutoCAD 2016 中的查询工具/功能具体有哪些？分别如何操作？

2．如何修改图形对象的特性？如将某中心线的线型比例由 1 修改为 0.25。

3．使用 AutoCAD 2016 中的"快速计算器"选项板，可以执行哪些操作？

4．使用 AutoCAD 2016 提供的绘图实用程序，可以获得什么样的好处？

5．如何清除图形中不使用的图层、文字样式、标注样式、多线样式？

6．假如要打印一张横向的 A4 大小的工程图，以 1:1 的比例来打印，所选用的纸张为 A4，应该如何设置？

7．如何设置在出图时不打印视口的边框？

提示：主要有两种方法，方法之一为将视口设置到不打印的图层上，方法二是将视口所在的图层打印状态关闭。使用方法二时需要谨慎，如果该图层上还有其他对象，那么会导致其他对象无法打印出来。

8．如何快速地将图形中的所有文字移到一个指定的图层中？

提示：可以使用"快速选择"命令或者"FILTER"命令来选择所有的文字，然后改变这些文字的图层特性。

9．模型空间输出图形和布局输出图形有哪些差别？

10．利用设计中心可以进行哪些操作？可以带来哪些好处？

11．什么是符号库？如何创建符号库？

12．在 AutoCAD 2016 中，使用工具选项板可以进行哪些操作？如何向工具选项板添加内容？

13．如何通过设计中心向工具选项板添加内容？

第6章 工程制图的准备工作与设置

为了规范工程图的格式，在绘制工程图之前应该进行一些准备工作与设置。例如，设置图层、文字样式、尺寸标注样式，设计标准图框、标题栏、明细栏等。这些就是本章要重点介绍的内容，最后还介绍了视图的配置。

6.1 工程制图概述

工程制图是一项严谨而认真的工作，所完成的机械图样是设计和制造机械及其他产品的重要资料，是交流技术思想的语言。对于机械图样的图形画法、尺寸标注等，都需要遵守一定的规范，如国家标准《机械制图》等。机械制图标准可分为国际标准（如 ISO）、国家标准（GB）、专业标准或部颁标注（如航空标准 HB）和企业标准等。在实际工作中，由于技术交流的需要，还有机会接触到其他一些国家标准，如 ANSI（美国）、JIS（日本）、DIN（德国）等。

在使用 AutoCAD 2016 进行工程制图之前，需要根据标准或企业情况进行一些必要的设置，设置的内容包括图纸幅面及格式、绘图框、比例、字体、图线、标题栏、注释文本、尺寸标准等基本要素。

用户可以将设置好的图样保存为 AutoCAD 的样板文件，当然 AutoCAD 也提供自带的样板文件，用户可以从中选择一种。使用需要的统一样板文件的好处是可以节省很多时间，而不用每次在新建文件时都重复设置图层、文字样式、尺寸标注等。在系统默认情况下，图形样板文件位于"Template"文件夹中，新建图形并准备使用样板时，系统会自动指向该文件夹，如图 6-1 所示，在"选择样板"列表框中自动列出的图形样板均位于"Template"文件夹中。

图 6-1 "创建新图形"对话框

本书以 ISO 或 GB 机械制图中的有关规定为依据进行介绍。

6.2 设置图层

图层是用来有效管理图形组织的一种特殊工具。读者可以这么来理解图层的概念：图层可以看作是多层透明的纸，设定每一层上只用一种线型和一种颜色画图，将这些透明的纸按照约定的同样坐标重叠在一起，从而形成一幅完整的图形。图层的应用使 AutoCAD 中的设计实现了分层操作，用户可以根据不同特性的图形选择不同的图层进行绘制，这样便于图形的管理和修改，从而提高绘图速度。

6.2.1 图层特性

我们将图层的名称、线型、颜色、开关状态、冻结状态、线宽、锁定状态和打印样式等，统称为图形特性。在功能区"默认"选项卡的"图层"面板中单击"图层特性"按钮，或者在菜单栏中选择"格式"→"图层"命令，打开如图 6-2 所示的"图层特性管理器"对话框（也称"图层特性管理器"选项板）。从该对话框中可以看到，现有图层的属性和属性值都显示在该对话框中，使用该对话框可以对图层特性进行参数设置。

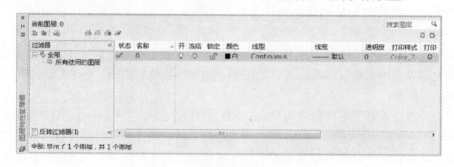

图 6-2 "图层特性管理器"对话框

在"图层特性管理器"对话框的左边窗格中，显示的是树状图，该树状图是图形中图层和过滤器的层次结构列表。顶层节点"全部"显示了图形中的所有图层，而过滤器是按字母顺序显示的，例如图 6-2 中所示树状图中的"所有使用的图层"是个只读过滤器。

用户可以添加新的特性过滤器，方法是在"图层特性管理器"对话框中单击"新建特性过滤器"按钮，打开如图 6-3 所示的"图层过滤器特性"对话框，然后在该对话框中进行设置即可。

单击"新建组过滤器"按钮可以添加图层组过滤器，其中包含选择并添加到该过滤器的图层。

单击"图层状态管理器"按钮，打开如图 6-4 所示的"图层状态管理器"对话框，利用该对话框可以新建、保存、编辑、恢复和管理命名图层状态。将图层的当前特性保存到一个命名图层状态中，可以在以后需要时再恢复这些设置。

"图层特性管理器"对话框的右边窗格是一个图层列表框，框中显示了满足图层过滤条件的所有图层以及其特性和说明。列表框中主要字段的含义如下。

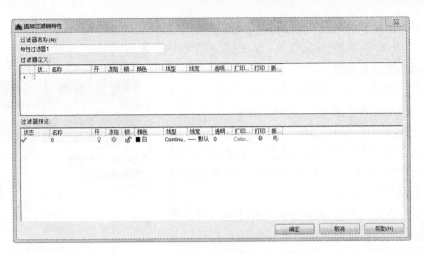

图 6-3 "图层过滤器特性"对话框

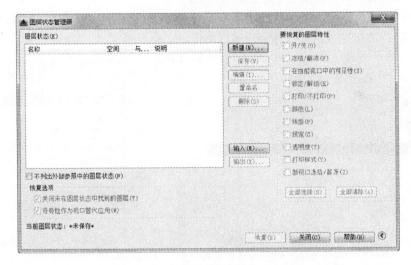

图 6-4 "图层状态管理器"对话框

- 状态：指示项目的类型，如图层过滤器、所用图层、空图层或当前图层。
- 名称：显示图层或过滤器的名称。按〈F2〉键输入新名称。
- 开：打开和关闭选定图层。当图层打开时，它是可见的，并且可以打印；当图层关闭时，它是不可见的，并且不能打印，即使"打印"选项是打开的，也无法打印。如果在列表框中的某个图层上对应的小灯泡颜色显示为黄色，则表示该图层处于打开状态；而当小灯泡颜色显示为灰色时，则表示该图层处于关闭状态。
- 冻结：在所有视口中冻结选定的图层，包括"模型"选项卡。从形象上来看，如果在列表框中某图层显示的是太阳图标☼，则表示该图层没有被冻结；如果显示的是雪花图标❀，则表示该图层被冻结。用户可以通过单击相应图标来切换状态。当某图层被设置为冻结状态，则该图层上的图形对象不能被显示、打印或重新生成。在实际设计工作中，有时可以冻结某个图层来提高 ZOOM、PAN 和其他若干操作的运行速度，提高对象选择性能并减少复杂图形的重生成时间。

- 锁定：锁定和解锁选定图层。如果图层被锁定（显示为关闭的锁图标 🔒），那么锁定图层上的对象无法被修改。
- 颜色：改变与选定图层相关联的颜色。单击选定图层的颜色图标，会弹出如图 6-5 所示的"选择颜色"对话框。利用该对话框可以给该层的图形设置新的颜色，可以使用"索引颜色""真彩色"和"配色系统"来完成颜色选择。

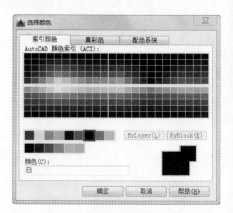

图 6-5 "选择颜色"对话框

- 线型：修改与选定图层相关联的线型。单击选定图层的线型名称，则会打开如图 6-6 所示的"选择线型"对话框。利用该对话框，可以加载需要的线型和为该图层指定需要的线型。
- 线宽：更改与选定图层关联的线宽。单击选定图层的线宽单元格，则会打开如图 6-7 所示的"线宽"对话框，在该对话框中指定需要的线宽。

图 6-6 "选择线型"对话框

图 6-7 "线宽"对话框

- 透明度：控制所有对象在选定图层上的可见性。对单个对象应用透明度时，对象的透明度特性将替代图层的透明度设置。
- 打印样式：修改与选定图层关联的打印样式。如果正在使用颜色相关打印样式（PSTYLEPOLICY 系统变量设置为 1），则无法更改与图层关联的打印样式。
- 打印：控制是否打印选定图层。需要注意的是，即使关闭了图层的打印状态设置，该图层上的对象仍然会显示出来。将不会打印已关闭或冻结的图层，而不管"打印"设置。
- 新视口冻结：在新布局视口中冻结选定图层。

6.2.2 设置图层

设置图层操作包括设置图线的颜色、线型、线宽等。线型和线宽的设置方式在机械制图中是有明确要求的。

国家标准（GB）规定了技术制图所用图线的名称、形式、结构、标记及画法规则等。其中按 GB/T 4457.4-2002 规定，在机械图样中采用粗、细两种线宽，它们之间的比例为 2:1，假设将粗线的线宽设置为 b（单位为 mm），b 应在 0.25、0.35、0.5、0.7、1、1.4、2 这些系列中根据图样的类型、尺寸、比例和缩微复制的要求确定。手工绘图时优先采用 b=0.5 或 0.7，而采用计算机辅助绘图时，可采用 b=0.25、0.35 或 0.5 等。由于现在的打印技术和复印技术已经能够满足要求，本书优先采用 b=0.35。常用图线如表 6-1 所示。

表 6-1　常用图线

序号	图线名称	线型图例	线宽	主要用途
1	粗实线		b	可见轮廓边、相贯线、螺纹牙顶线、齿顶线等
2	细实线		0.5b	过渡线、尺寸线、尺寸界线、指引线和基准线、剖面线、螺纹牙底线等
3	细波浪线		0.5b	断裂处的边界线，视图与剖视图的分界线
4	细点画线		0.5b	轴线、对称中心线、齿轮分度圆线等
5	细虚线		0.5b	不可见轮廓线等
6	粗虚线		b	允许表面处理的表示线
7	细双点画线		0.5b	轨迹线、相邻辅助零件的轮廓线、极限位置的轮廓线、剖切面前的结构轮廓线等

在同一个图样中，同类图线的宽度应一致，细虚线、细点画线、细双点画线等画的长度和间距也应各大致相同。

下面举例说明如何按照表 6-2 所示的图层特性元素的取值（定义值）来设置一个常用的标准图层集。

表 6-2　设置图层特性

层　名	线型名称	线宽	颜色
01 层-粗实线	粗实线	0.35	黑色/白色
02 层-细实线	细实线、细波浪线、细折断线	0.18	绿色/黑色
03 层-粗虚线	粗虚线	0.35	黄色
04 层-细虚线	细虚线	0.18	黄色
05 层-细点画线	细点画线	0.18	红色
06 层-粗点画线	粗点画线	0.35	棕色（R120、G64、B0）
07 层-细双点画线	细双点画线	0.18	粉红色（R180、G110、140）
08 层-尺寸注释	尺寸线、注释等	0.18	洋红色/绿色

新建文件并设置图层的操作步骤如下。

1. 新建一个 DWG 文件

（1）在"快速访问"工具栏中单击"新建"按钮 ，或者从菜单栏中选择"文件"→"新建"命令，弹出"创建新图形"对话框。

（2）在"创建新图形"对话框中单击"使用样板"按钮 ，接着从样板列表中选择"acadiso.dwt"样板文件。

（3）单击"创建新图形"对话框中的"确定"按钮。AutoCAD 自动将打开的该样板文件以"drawing#.dwg"（#为从 1 开始的序数）形式来命名。

说明：如果不使用样板文件来创建新图形，则可以在"创建新图形"对话框中单击"从草图开始"按钮，接着从"默认设置"选项组中选择"英制（英尺和英寸）"单选按钮或"公制"单选按钮，如图 6-8 所示，然后单击"确定"按钮。

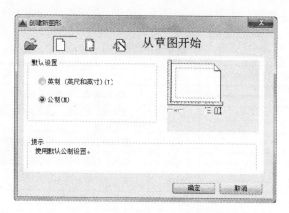

图 6-8　从草图开始创建新图形

2．加载线型

（1）在功能区的"默认"选项卡的"图层"面板中单击"图层特性"按钮，或者从菜单栏中选择"格式"→"图层"命令，打开"图层特性管理器"对话框，可以看到，AutoCAD 2016 在这种情况下只定义一个图层，即"0"层。

（2）在图层列表框中单击"0"层的线型名称，打开"选择线型"对话框，如图 6-9 所示。

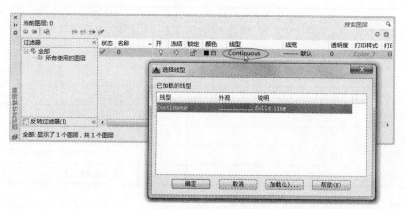

图 6-9　定义线型

（3）在"选择线型"对话框中单击"加载"按钮，打开如图 6-10 所示的"加载或重载线型"对话框。

（4）按住〈Ctrl〉键分别选择"ACAD_ISO02W100"（虚线）、"ACAD_ISO10W100"（点画线）、"ACAD_ISO12W100"（双点画线）、"CENTER2"（中心线）。

（5）在"加载或重载线型"对话框中单击"确定"按钮，可以在"选择线型"对话框中看到所加载的线型，如图 6-11 所示。

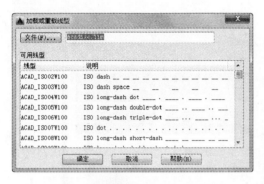 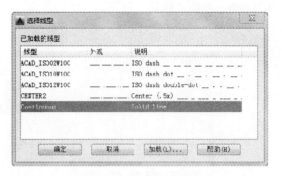

图 6-10 "加载或重载线型"对话框　　　　图 6-11 加载的线型

（6）在"选择线型"对话框中单击"确定"按钮。

3．设置各图层特性

（1）在"图层特性管理器"对话框中单击"新建图层"按钮 。

（2）在列表框中，输入该层的名称为"01 层-粗实线"。

（3）单击"01 层-粗实线"图层的线宽单元格，打开"线宽"对话框，在"线框"对话框中选择线宽为 0.35 mm，如图 6-12 所示，单击"确定"按钮。

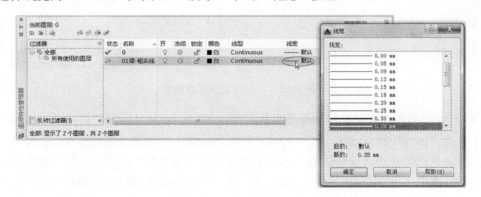

图 6-12 选择指定图层的线宽

（4）单击"新建图层"按钮 。

（5）在列表框中，输入该新建层的名称为"02 层-细实线"。

（6）单击"02 层-细实线"图层的线宽单元格，打开"线宽"对话框，选择线宽为 0.18 mm，单击"确定"按钮。

（7）单击"02 层-细实线"图层的颜色图标，打开"选择颜色"对话框，从中选择绿色，如图 6-13 所示。选择好颜色后，在"选择颜色"对话框中单击"确定"按钮。

（8）单击"新建图层"按钮 ，在列表框中输入该新建层的名称为"03 层-粗虚线"。

（9）单击"03 层-粗虚线"图层的颜色图标，打开"选择颜色"对话框，从中选择黄色，单击"确定"按钮。

（10）单击"03 层-粗虚线"图层的线型名称，打开"选择线型"对话框，选择已加载的线型为"ACAD_ISO02W100"（虚线），如图 6-14 所示，单击"确定"按钮。

（11）单击"03 层-粗虚线"图层的线宽单元格，打开"线宽"对话框，选择线宽为 0.35 mm，单击"确定"按钮。

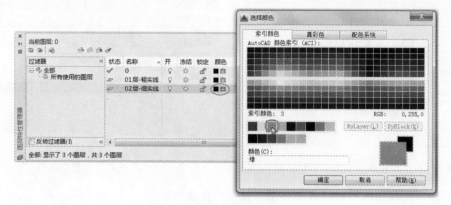

图 6-13　设置指定图层的颜色

图 6-14　设置指定图层的线型

（12）以此类似，继续增加并定义其他所需的图层，设置好的图层如图 6-15 所示。其中，在定义"06 层-粗点画线"和"07 层-细双点画线"的颜色时使用了 RGB 值来定义颜色，其方法是在打开的"选择颜色"对话框中切换至"真彩色"选项卡，从"颜色模式"下拉列表框中选择"RGB"，接着分别设置"红（R）""绿（G）"和"蓝（B）"数值即可。"05 层-细点画线"的线型可以选"CENTER2"，"06 层-粗点画线"的线型可以选"ACAD_ISO10W100"。完成相关图层设置后，可以在列表框中选择其中一个常用的命名图层，单击"置为当前"按钮，从而将选定图层设置为当前图层，将在当前图层上绘制创建的对象。

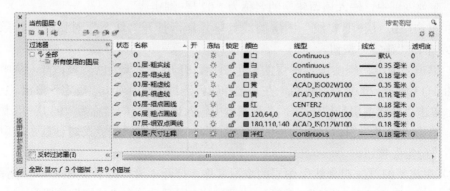

图 6-15　设置好的图层

（13）关闭"图层特性管理器"对话框，结束图层的设置工作。

（14）在"快速访问"工具栏中单击"另存为"按钮，在指定的位置将该文件保存为"ZJBC_标准.DWG"。

6.3　设置文字样式

在机械制图中，除了必要的图形外，还需要用文字、数字和字母等来说明机件的大小、技术要求和其他描述性内容。国家标准规定图样中书写字体必须做到：字体工整、笔画清楚、间隔均匀、排列整齐。

6.3.1　字体要求

（1）字号。字体的号数用来表示字体高度（代号用小写字母 h 来表示），如 5 号字的高度为 5 mm。字体高度的公称尺寸系列：1.8 mm、2.5 mm、3.5 mm、5 mm、7 mm、10 mm、14 mm、20 mm。

（2）汉字要求。汉字应采用长仿宋体并采用国务院正式公布推行的简化字。图样中汉字的高度不应小于 3.5 mm。图样表格中的字体一般可采用五号宋体（亦可使用合适字号的规范字体），各行之间的距离不小于 2 mm。汉字通常采用直体。

（3）数字和字母。按笔画宽度情况来分，数字和字母分为 A 型和 B 型两类，A 型字体的笔画宽度为字高的 1/14，B 型字体的笔画宽度为字高的 1/10，即 B 型字体比 A 型字体的笔画要粗一点。在同一张图纸上，只允许选用同一种类型的字体。数字和字母可写成斜体或直体，常用斜体。斜体字的字头向右倾斜，与水平基准线成 75°角。

（4）字体的综合应用规定。用作指数、分数、极限偏差、注脚等的数字及字母，一般应采用小一号的字体；图样中的数学符号、物理量符号、计算单位符号以及其他符号、代号，应分别符合国家有关法令和标准的规定。

6.3.2　定制标准的文字样式

在 AutoCAD 2016 中提供了符合国家制图标准的中文字体"gbcbig.shx"，以及符合国家制图标准的英文字体"gbenor.shx"（用于标注直体）和"gbeitc.shx"（用于标注斜体）。

定制符合国家标准要求的文字样式的步骤如下。

（1）打开"ZJBC_标准.DWG"文件。

（2）在功能区"默认"选项卡的"注释"面板中单击"文字样式"按钮，或者从菜单栏中选择"格式"→"文字样式"命令，弹出"文字样式"对话框，如图 6-16 所示。

（3）在"文字样式"对话框中单击"新建"按钮，弹出"新建文字样式"对话框。

（4）在"新建文字样式"对话框的"样式名"文本框中输入"WZ-X3.5"，如图 6-17 所示，然后单击"确定"按钮。

（5）在"文字样式"对话框的"字体"选项组中，从左边的下拉列表中选择"gbeitc.shx"。

（6）确保选中"使用大字体"复选框，接着在"大字体"下拉列表框中选择"gbcbig.shx"，在"大小"选项组的"高度"文本框中设置字体高度为 3.5，如图 6-18 所示。

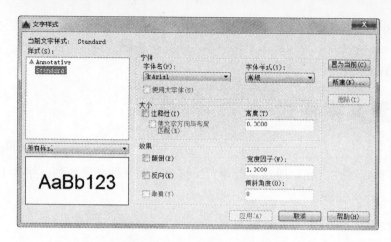

图 6-16 "文字样式"对话框

图 6-17 输入样式名

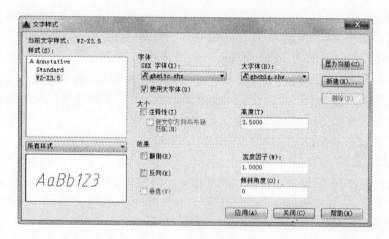

图 6-18 定制文字样式

（7）在"文字样式"对话框中单击"应用"按钮，完成该新文字样式的定制操作。

（8）以此类似，创建一个名为"WZ-3.5"的文字样式，该文字样式使用的 SHX 字体为"gbenor.shx"，大字体为"gbcbig.shx"，字体高度为 3.5，如图 6-19 所示。

（9）使用同样的方法，分别创建名为"WZ-X5""WZ-5"的文字样式。"WZ-X5"文字样式设置与"WZ-X3.5"文字样式的不同之处仅在于文字高度，前者文字高度为 5；"WZ-5"文字样式设置与"WZ-3.5"文字样式的不同之处也仅在于文字高度，前者文字高度为 5。还可以创建其他可能用到的文字样式。

（10）在"文字样式"对话框的"样式"列表中选择"WZ-X3.5"文字样式，单击位于对话框右侧区域的"置为当前"按钮，从而将"WZ-X3.5"文字样式设置为当前文字样式。

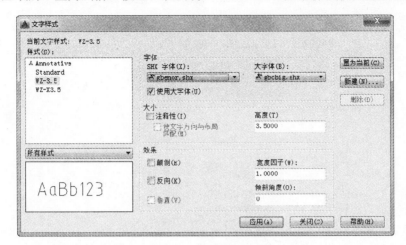

图 6-19　新建文字样式

（11）在"文字样式"对话框中单击"关闭"按钮。

（12）在"快速访问"工具栏中单击"保存"按钮 💾。

6.4　设置尺寸标注样式

继续使用"ZJBC_标准.DWG"文件，在此基础上设置尺寸标注样式。设置尺寸标注样式的具体步骤如下。

（1）先将"08 层-尺寸注释"图层设置为当前图层，接着单击"标注样式"工具按钮，或者从菜单栏中选择"格式"→"标注样式"命令，打开如图 6-20 所示的"标注样式管理器"对话框。

（2）在"标注样式管理器"对话框右侧单击"新建"按钮，弹出"创建新标注样式"对话框，输入新样式名为"ZJBZ-X3.5"，基础样式为"ISO-25"，如图 6-21 所示。

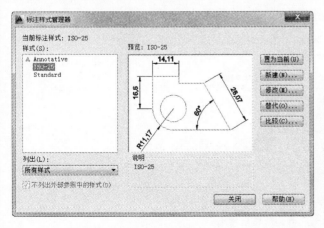

图 6-20　"标注样式管理器"对话框

图 6-21　创建新标注样式

（3）在"创建新标注样式"对话框中单击"继续"按钮，打开如图 6-22 所示的对话框。

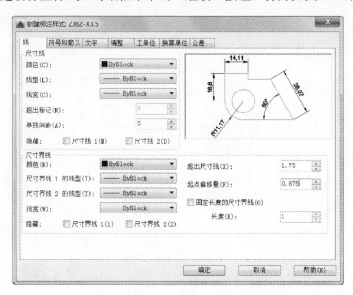

图 6-22 "新建标注样式"对话框

（4）单击"线"选项卡，对尺寸线、尺寸界线进行设置。在"尺寸线"选项组中，输入基线间距为"5"；在"尺寸界线"选项组中，设置"超出尺寸线"数值为"1.75"，并将"起点偏移量"设为"0.875"，其他选项默认。

（5）单击"符号和箭头"选项卡，在"箭头"选项组中将"箭头大小"设置为"3"；在"圆心标记"选项组中将标记大小设置为"3.5"，在"弧长符号"选项组中选择"标注文字的前缀"单选按钮，其他选项如图 6-23 所示。

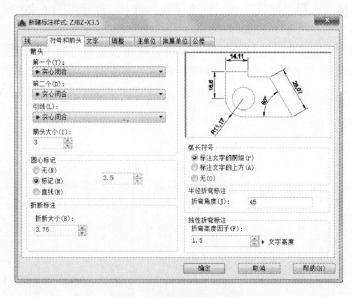

图 6-23 定制符号与箭头

（6）单击"文字"选项卡。在"文字外观"选项组中，从"文字样式"下拉列表框中选择标注文字所使用的文字样式为"WZ-X3.5"（已经自定义好的一种文字样式）；在"文字位置"选项组中将"从尺寸线偏移"的参数值设置为"0.875"，"文字对齐"选项为"与尺寸线对齐"，如图6-24所示。

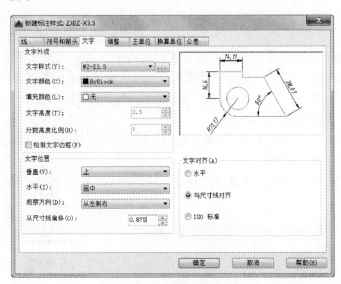

图6-24　定制标注文字

（7）单击"主单位"选项卡。在"线性标注"选项组中，从"小数分隔符"下拉列表框中选择"'.'（句号)"，如图6-25所示。

图6-25　设置主单位

（8）在"新建标注样式：ZJBZ-X3.5"对话框中单击"确定"按钮，返回到"标注样式管理器"对话框。

（9）在"样式"列表中选择"ZJBZ-X3.5"样式，在该对话框右部单击"置为当前"按

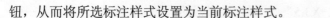

钮，从而将所选标注样式设置为当前标注样式。

（10）在"标注样式管理器"对话框中单击"关闭"按钮。

上述设置的尺寸标注样式"ZJBZ-X3.5"基本上符合 GB 的标注要求，然而该样式中的角度尺寸文本并没有写成水平方向。国家标准要求标注角度的数字一律写成水平方向，一般注写在尺寸线的中断处，必要时也可以引出标注，或将数字书写在尺寸线的上方。如果需要将角度尺寸文本统一写成水平方向，并放置在尺寸线的中断处，那么需要在尺寸标注样式"ZJBZ-X3.5"的基础上，设置一个专门适用于角度标注的子样式，其具体的设置步骤如下。

（1）单击"标注样式"工具按钮，或者从菜单栏中选择"格式"→"标注样式"命令，打开"标注样式管理器"对话框。

（2）在"样式"列表中，选择"ZJBZ-X3.5"样式。在对话框右部单击"新建"按钮，弹出"创建新标注样式"对话框。

（3）在"用于"下拉列表框中选择"角度标注"选项，如图 6-26 所示，然后单击"继续"按钮。

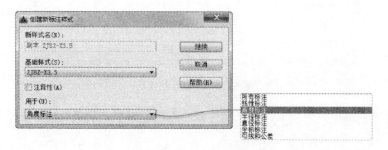

图 6-26   选择子样式用途

（4）在打开的"新建标注样式：ZJBZ-X3.5：角度"对话框中，单击"文字"选项卡。在该选项卡的"文字对齐"选项组中选择"水平"单选按钮，如图 6-27 所示。

图 6-27   设置角度标注的文字对齐

（5）单击"确定"按钮。

（6）返回到"标注样式管理器"对话框。在"样式"列表框中选择"ZJBZ-X3.5"样式，单击对话框右部的"置为当前"按钮。

（7）单击"关闭"按钮，完成该尺寸标注样式的设置。

说明：可以使用相同的方法，在上述"ZJBZ-X3.5"标注样式的基础上设置其他子样式，譬如分别设置专门用于半径标注和直径标注的子样式，这两种子样式的文字对齐选项都选择"ISO 标准"。

另外，用户可以建立合适的"ZJBZ-X5"标注样式及其子样式，文字样式选定为"WZ-X5"，即适用于字高为 5 的标注样式及其子样式。

对尺寸标注样式、文字样式和图层设置完之后，可以在这些设置的基础上创建一个 AutoCAD 图形样板，方便调用。创建 AutoCAD 图形样板的步骤如下。

（1）在"快速访问"工具栏中单击"另存为"按钮 ，或者从菜单栏中选择"文件"→"另存为"命令，弹出"图形另存为"对话框。

（2）在"文件类型"下拉列表框中选择"AutoCAD 图形样板（*.dwt）"选项，AutoCAD 2016 自动将当前文件夹指向"Template"文件夹，在"文件名"框中输入"ZJ 标准图形样板"，如图 6-28 所示。

（3）单击"保存"按钮，系统弹出"样板选项"对话框，将"测量单位"选项设置为"公制"，可在对话框中输入样板文件的说明信息，如输入"标准公制的企业图形样板（博创设计坊），已设置图层、文字样式和尺寸标注样式等"内容，如图 6-29 所示。

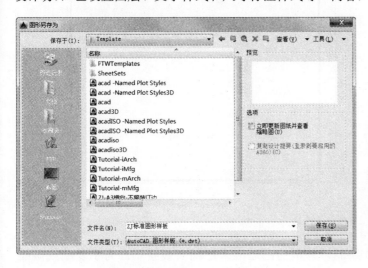

图 6-28 "图形另存为"对话框

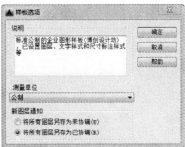

图 6-29 输入样板说明

（4）在"样板选项"对话框中单击"确定"按钮，完成该图形样板的创建。

6.5　标准图纸图框的设计

机械图纸的幅面是有规定的，常用的基本图纸幅面有 A0、A1、A2、A3 和 A4 号。标准图纸幅面的图框格式还分为两种，一种留有装订边，另一种不留装订边。同一个产品通常只采用同一种图框格式。

6.5.1　标准图纸幅面

根据 GB/T 14689-2008 的规定，绘制技术图样时优先采用 A0、A1、A2、A3 和 A4 号基本图纸幅面，它们的幅面尺寸及对应的幅面代号如表 6-3 所示。

表 6-3　基本标准图纸幅面尺寸及对应的幅面代号　　　　　（单位：mm）

幅面代号	A0	A1	A2	A3	A4
B×L	841×1189	594×841	420×594	297×420	210×297
a	25				
e	20		10		
c	10			5	

表中，a、e、c、B、L 的含义如图 6-30 和图 6-31 所示。其中，需要装订的图样，其图框格式如图 6-30 所示；不需要装订的图样，其图框格式如图 6-31 所示。

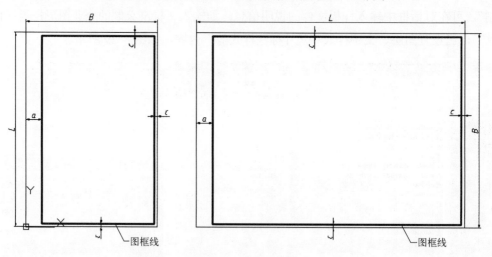

图 6-30　需装订的图框

图框线（内）应采用粗实线绘制，外框的图边应采用细实线绘制。为了复制或微缩摄影时便于定位，可以在图纸各边长的中点处用粗实线（线宽不小于 0.5 mm）分别画出对中符号，对中符号线从图边深入图框内约 5 mm，或画到标题栏的边框为止，如图 6-32 所示。

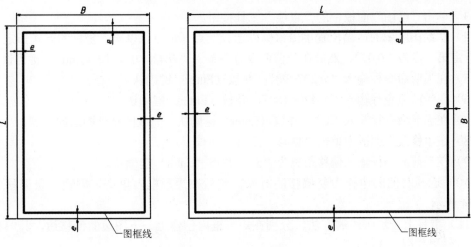

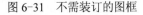

图 6-31　不需装订的图框

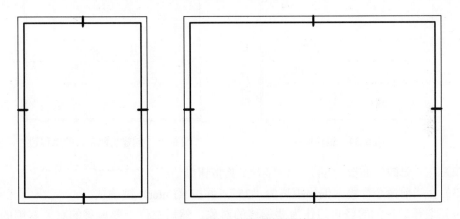

图 6-32　带有对中符号线的图框

6.5.2　绘制标准图框

下面介绍在 AutoCAD 2016 中绘制标准图框的方法，以绘制横向 A3 幅面且需要装订的图框为例进行说明。该范例的具体操作步骤如下。

（1）单击"新建"按钮，或者从菜单栏中选择"文件"→"新建"命令，接着在打开的对话框中以使用样板的方式来创建新图形，在这里选择"ZJ 标准图形样板.dwt"文件来新建一个图形文件。

（2）确保使用"草图与注释"工作空间，并在功能区"默认"选项卡的"图层"面板中，从"图层控制"下拉列表框中选择"02 层-细实线"层，如图 6-33 所示。

图 6-33　选择图层

（3）单击"绘图"面板中的"直线"工具按钮 。

（4）在绘图区域的适当位置单击鼠标以选择一点（也可以以输入坐标的方式指定一点，例如指定第一点为"0,0"），然后在当前命令行中输入"@420<0"，按〈Enter〉键确认。

（5）在当前命令行输入"@297<90"，并按〈Enter〉键确认。

（6）在当前命令行输入"@420<180"，并按〈Enter〉键确认。

（7）在当前命令行输入"C"，并按〈Enter〉键确认，完成图框外图边的绘制。

（8）在"修改"面板中单击"偏移"工具按钮 。

（9）在当前命令行输入偏移距离为"5"，并按〈Enter〉键确认。

（10）选择右侧的边作为要偏移的对象，然后在矩形框内单击，创建一条偏移边，如图 6-34 所示。

（11）重复上一步所述的方法，分别在矩形框内创建上、下图边的偏移边，其偏移距离均为 5，结果如图 6-35 所示。

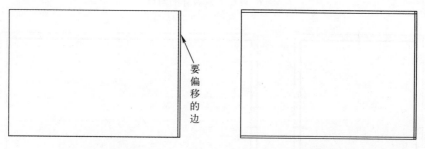

图 6-34　偏移操作　　　　　图 6-35　创建另两条边的偏移边

（12）在"修改"面板中单击"偏移"工具按钮 。

（13）在当前命令行输入偏移距离为"25"，并按〈Enter〉键确认。

（14）选择最左侧的竖直边作为要偏移的对象，然后在位于要偏移的对象右侧的矩形框内单击，创建一条偏移边，如图 6-36 所示。

（15）使用"修改"面板中的"修剪"工具按钮 ，将不需要的线段删除掉，修剪后的效果如图 6-37 所示。

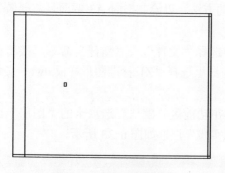

图 6-36　创建左侧偏移边

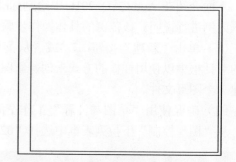

图 6-37　修剪

（16）退出"修剪"命令后，选择内侧的 4 条图框线，然后在"图层"面板中选择"01层-粗实线"层。

完成该图框的设计，可以继续绘制其他标准尺寸的图框。

在本例中，图框的图框线采用 0.35 mm 的粗实线来绘制，外图边则可以采用 0.18 mm 的细实线来绘制。将绘制好图框的文件另存为 AutoCAD 2016 的样板图形文件，如将其另存为"ZJ 标准图形样板_A3.dwt"。

6.6 标题栏的设计

在机械制图中，每一张图纸都应该配置标题栏，以反映图纸的基本信息，作为指导制造加工的基本依据。在标准 GB/T 10609.1-2008《技术制图 标题栏》中给出了一种新的标题栏格式举例，如图 6-38 所示。新标准主要增加了"投影符号"标注的方法、概念和位置，增加了"投影符号"标注实例及一些文字上的修改。至于企业、设计团队采用何种格式的标题栏，需要根据自身情况和使用习惯等因素而定，推荐使用新标准中标题栏格式举例。

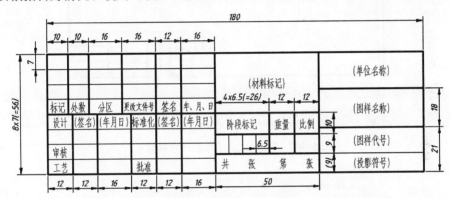

图 6-38 标题栏格式举例

6.6.1 调用已有标题栏的样板文件

用户可以在 AutoCAD 2016 系统中配置许多带有标题栏的样板文件，例如配置符合我国标准推荐使用的标题栏样板。

用户可以调用一个带有标题栏的样板文件作为新文件的模板。方法：在"快速访问"工具栏中单击"新建"按钮，在打开的对话框中选择需要的一个图形样板文件"*.dwt"（该样板文件需要自己根据相关标准来创建，以备所需时调用），如图 6-39 所示，然后单击"确定"按钮，从而创建一个新图形文件，如图 6-40 所示。

通常标题栏带有属性定义以方便填写。填写标题栏最简单的方法是双击标题栏，打开如图 6-41 所示的"增强属性编辑器"对话框，在"属性"选项卡中修改相应的标记值即可。

图 6-39 使用样板文件

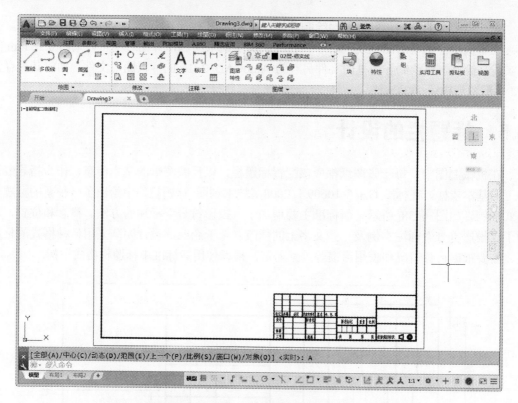

图 6-40　调用自定义的模板（带标题栏）

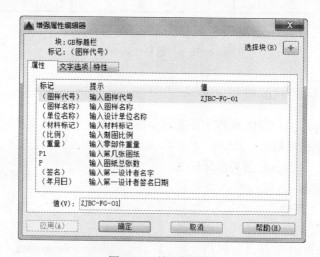

图 6-41　填写标题栏

6.6.2　自定义标题栏

　　事实上，每个公司都会根据实际情况而采用最符合自己要求的标题栏，有些用户甚至为了使图框内的制图空间显得更大，采用精简的自定义标题栏，如图 6-42 所示。

在 AutoCAD 2016 中，通常将标题栏创建为独立的图形文件，并将其生成一个图块，在需要的时候，可以将该图块插入到当前图形之中。在这个创建过程中，注意设置标题栏中的文字属性，这样，当将标题栏作为图块插入到其他图形中时，可以很方便地根据需要填写或

（图样名称）	比例		（图样代号）
	重量		
设计		材料	共 张 第 张
审核			紫荆工业设计创意机构
批准			博创设计坊（深圳）

图 6-42　自定义标题栏

修改标题栏中的项目。例如，对于固定的（不需要更改的）文字，如公司、部门名称等，可以使用"MTEXT"（多行文字）或"DTEXT"（单行文字）命令书写；而对于需要更改的文字，如图样名称、材料标记、比例、重量等，可以使用"ATTDEF"命令或"DDATTDEF"命令定义属性。下面介绍绘制自定义标题栏的具体操作步骤。

1. 绘制标题栏线框

（1）打开本书配套光盘上的"ZJ 标准图形样板_A3.dwt"。

（2）在图形区域适当的地方绘制如图 6-43 所示的标题栏线框。使用的绘制和修改命令建议采用直线（LINE）命令、偏移（OFFSET）命令和修剪（TRIM）命令，标题栏的外框为粗实线，框内的内部线为细实线。

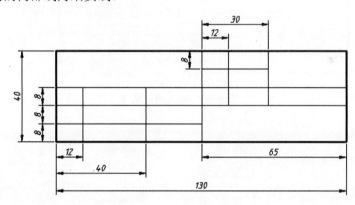

图 6-43　绘制标题栏线框

2. 设置标题栏固定文字

标题栏中的标注文字主要分为两种，一种是固定的文字，另一种则是可变的文字（例如，会随零件的不同而改变文字的内容）。下面以填写公司设计部门为例介绍固定文字（栏目）的设置方法。

（1）使用"草图与注释"工作空间，在功能区"默认"选项卡的"注释"面板中，从"文字样式"下拉列表框中选择"WZ-5"，如图 6-44 所示。从"图层"面板的"图层"下拉列表框中选择所需的图层作为当前图层。

（2）在功能区"默认"选项卡的"注释"面板中单击"多行文字"工具按钮**A**。

（3）在标题栏中依次指定所需框格的左上角点和右下角点，则功能区出现"文字编辑器"上下文选项卡，在输入框中输入两行文字，第一行文字为"紫荆工业设计创意机构"，第二行文字为"博创设计坊（深圳）"，如图 6-45 所示。

（4）在功能区"文字编辑器"上下文选项卡的"段落"面板中单击"居中"按钮，接

着单击"对正"按钮，从出现的下拉菜单中选择"正中 MC"命令，如图 6-46 所示。

图 6-44　指定文字样式

图 6-45　输入两行文字

图 6-46　居中设置与指定对正方式

（5）单击"关闭文字编辑器"按钮，填写的一处栏目文字效果如图 6-47 所示。

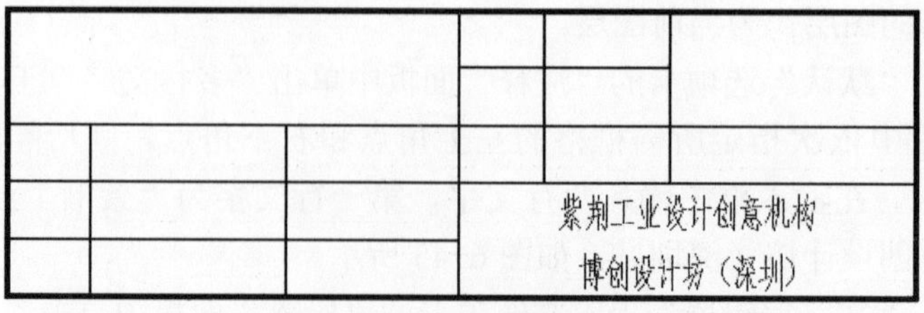

图 6-47　填写效果

（6）重复上述步骤 2 至步骤 5 所述的方法，设置其他固定的栏目文字，注意各框格内的文字样式均选用"WZ-5"。完成后的文字如图 6-48 所示。

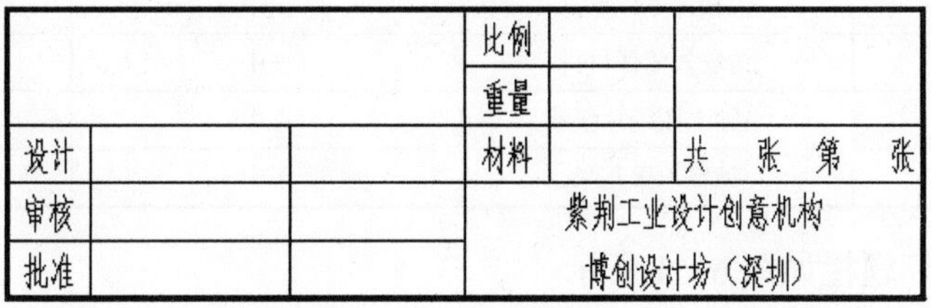

图 6-48　填写固定位置

3．设置标题栏可变文字

下面以设置"图样名称"框为例，介绍设置标题栏可变文字的方法。

（1）在功能区"默认"选项卡的"块"面板中单击"定义属性"按钮，或者从菜单栏中选择"绘图"→"块"→"定义属性"命令，弹出"属性定义"对话框。

（2）在"属性"选项组的"标记"文本框中输入"（图样名称）"，在"提示"文本框中输入"请输入图样名称"；在"文字设置"选项组中，从"对正"下拉列表框中选择"正中"选项，从"文字样式"下拉列表框中选择"WZ-7"选项；在"插入点"选项组中勾选"在屏幕上指定"复选框，如图 6-49 所示。

（3）在"属性定义"对话框中单击"确定"按钮。

（4）在绘图区域的标题栏中选择插入点，如图 6-50 所示，可以使用移动命令来对文本位置进行微调。

图 6-49　"属性定义"对话框 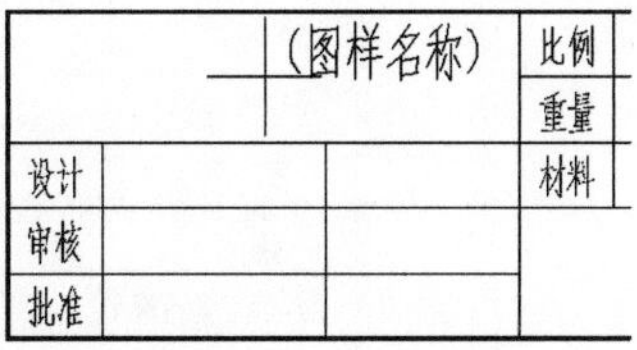　　　　　　　　图 6-50　定义插入点

（5）重复单击"定义属性"按钮，继续定义其他的属性，如表 6-4 所示。

表 6-4　标题栏属性

属 性 标 记	属 性 提 示	对 正 选 项	文 字 样 式
（图样名称）	请输入图样名称	正中	WZ-7
（图样代号）	请输入图样代号	正中	WZ-5
（比例）	请输入图样比例	正中	WZ-5

（续）

属 性 标 记	属 性 提 示	对 正 选 项	文 字 样 式
（重量）	请输入零件重量	正中	WZ-5
（材料）	请输入零件材料	正中	WZ-5
（P）	请输入图纸总张数	正中	WZ-5
（P1）	请输入第几张	正中	WZ-5

定义属性后的标题栏如图 6-51 所示。

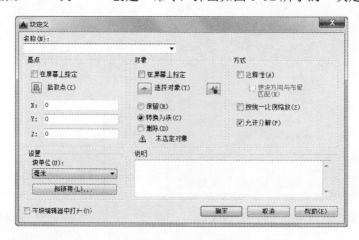

图 6-51　定义标题栏属性

说明：没有填写文字的框格，譬如"设计""审核"和"批准"右侧对应的两个框格是留给相应的设计人员或者负责人员手写签名的，一般情况下，前一个空框格用来签写名字，后一个空框格用来签写日期。

4．创建块

（1）在功能区"默认"选项卡的"块"面板中单击"创建块"工具按钮🔲，或者从菜单栏中选择"绘图"→"块"→"创建"命令，弹出如图 6-52 所示的"块定义"对话框。

图 6-52　"块定义"对话框

（2）在"名称"文本框中输入"博创自定义标题栏"。

（3）单击"对象"选项组中的"选择对象"按钮 ➕，框选整个标题栏，单击〈Enter〉键确认，并确保选中"转换为块"单选按钮。

（4）单击"基点"选项组中的"拾取点"按钮🔳，选择标题栏的右下角点作为块插入时的基点。

（5）单击"块定义"对话框中的"确定"按钮，系统自动打开如图 6-53 所示的"编辑属性"对话框。

图 6-53 "编辑属性"对话框

（6）直接单击"编辑属性"对话框中的"确定"按钮。

（7）单击"移动"按钮✥，将转换为块的标题栏移动到图框线的右下角位置，注意以标题栏的块基点为放置基点，放置好标题栏的图框如图 6-54 所示。

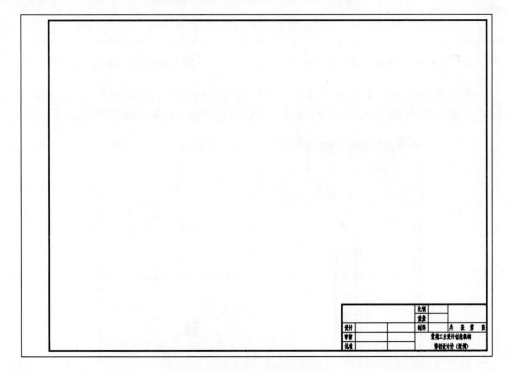

图 6-54 自定义的 A3 幅面

6.6.3 使用表格创建标题栏

本节介绍另外一种更简捷的绘制标题栏的方法，即使用 AutoCAD 2016 中的增强表格功能绘制标题栏。

1. 设置表格样式

在使用创建表格命令之前，可以先设置好表格样式。表格样式主要用来控制表格基本形状和间距等样式的一组设置。

设置用来绘制标题栏和明细栏的表格样式的方法及步骤如下（以"草图与注释"工作空间为操作界面）。

（1）在功能区"默认"选项卡的"注释"溢出面板中单击"表格样式"按钮 ，或者在菜单栏中选择"格式"→"表格样式"命令，打开如图 6-55 所示的"表格样式"对话框。

（2）在"表格样式"对话框中单击"新建"按钮，打开如图 6-56 所示的"创建新的表格样式"对话框。

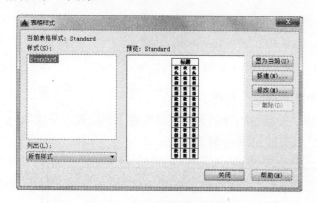

图 6-55 "表格样式"对话框

图 6-56 "创建新的表格样式"对话框

（3）在"新样式名"文本框中输入"博创自定义标题栏和明细栏"，单击"继续"按钮，打开如图 6-57 所示的"新建表格样式：博创自定义标题栏和明细栏"对话框。

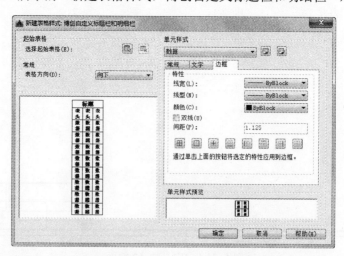

图 6-57 "新建表格样式：博创自定义标题栏和明细栏"对话框

（4）在"单元样式"选项组的下拉列表框中选择"数据"选项。

（5）在"单元样式"选项组的"常规"选项卡中，从"对齐"列表框中选择"正中"选项，其他设置如图 6-58a 所示；切换到"文字"选项卡，设置如图 6-58b 所示的选项。

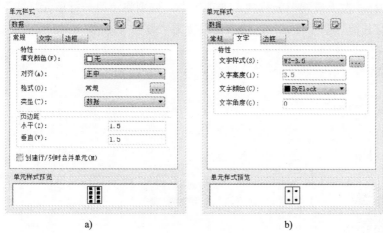

a)　　　　　　　　　　　b)

图 6-58　定制单元样式

a) 设置对齐选项　b) 设置文字特性

（6）用户可以根据实际设计情况，设置边框等参数及选项，还可以分别对表头和标题的单元样式进行相应设置。

（7）单击"确定"按钮，返回到"表格样式"对话框。

（8）在"表格样式"对话框中单击"置为当前"按钮，将"博创自定义标题栏和明细栏"表格样式设置为当前的表格样式。

（9）在"表格样式"对话框中单击"关闭"按钮。

2．创建表格

（1）在功能区"默认"选项卡的"注释"面板中单击"表格"按钮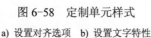，或者从菜单栏中选择"绘图"→"表格"命令，打开如图 6-59 所示的"插入表格"对话框。

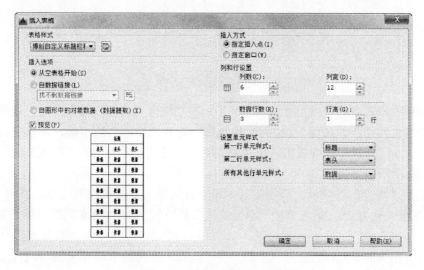

图 6-59　"插入表格"对话框

（2）在"插入方式"选项组中选择"指定插入点"单选按钮。

（3）在"列和行设置"选项组中，将列数设置为 6 列，将数据行设置为 3 行，列宽为 12，行高为 1 行；在"设置单元样式"选项组中，分别将"第一行单元样式""第二行单元样式"和"所有其他行单元样式"的选项均设置为"数据"，如图 6-60 所示。

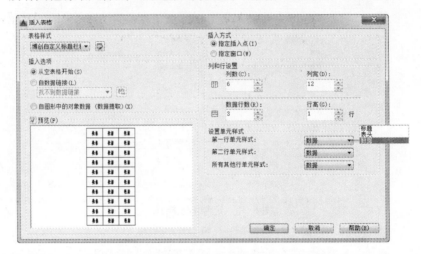

图 6-60 设置插入方式、列和行设置及单元样式

（4）单击"插入表格"对话框中的"确定"按钮。

（5）在绘图区域指定插入点位置，指定插入点后，出现如图 6-61 所示的空表格和文字编辑器。直接在文字编辑器中单击"关闭文字编辑器"按钮 ✖。

图 6-61 确定插入点后

（6）根据用户需要的表格尺寸编辑空表格。在功能区"视图"选项卡的"选项板"面板中单击"特性"按钮，或按〈Ctrl+1〉快捷键，打开"特性"选项板，单击表格第一行第二列单元格，在"特性"选项板中，将"单元宽度"的值设置为 28，"单元高度"值设置为 8，如图 6-62 所示。

（7）利用"特性"选项板，分别将其他每一行的单元高度都设置为 8，并将第 3 列的"单元宽度"值设置为 25，第 5 列的"单元宽度"值设置为 18，第 6 列的"单元宽度"值设置为 35。

（8）合并相关的单元格。使用〈Shift〉键，选择左上角的 6 个单元格（两行三列共 6 个单元格），在功能区"表格"上下文选项卡的"合并"面板中单击"合并单元"按钮 以打开"合并"下拉菜单，如图 6-63 所示，从中选择"合并全部"命令。

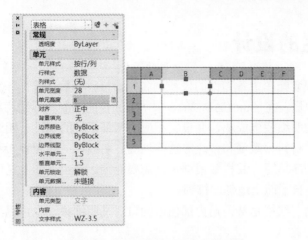

图 6-62　修改单元格的行高和宽度

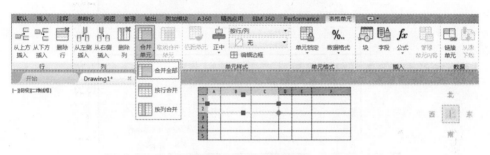

图 6-63　合并单元格

（9）使用同样的方法合并其他单元格，合并后的标题栏表格如图 6-64 所示。

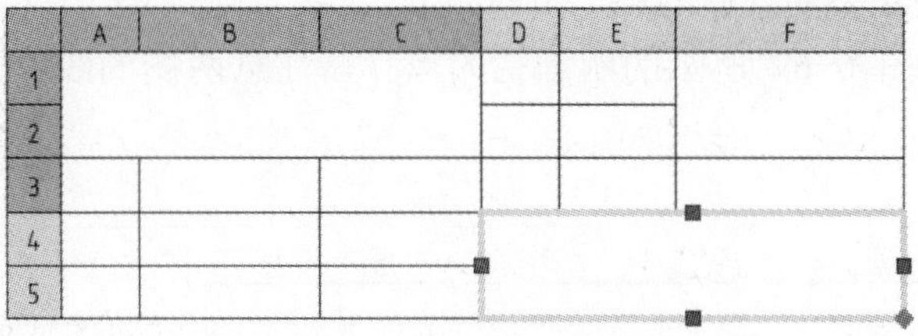

图 6-64　合并单元格后的标题栏表格

（10）在标题栏表格中输入文字。方法是双击需要输入文字的单元格，打开文字编辑器，按照规定输入所需文字，还可通过文字编辑器修改合并单元格处的文字高度。完成后的标题栏如图 6-65 所示。

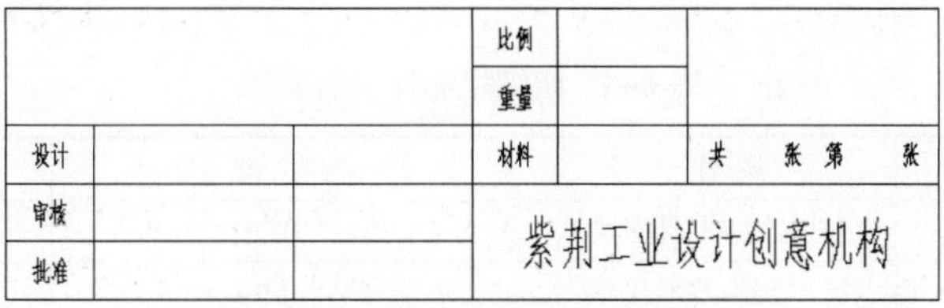

图 6-65　使用表格完成的标题栏

6.7　明细栏的设计

明细栏主要反映装配图中各零件的代号、名称、材料和数量等更详细的信息。在装配图中，一般应配置明细栏。在 AutoCAD 2016 中，明细栏的绘制和标题栏的绘制类似，可以将包含相关定义属性的明细栏生成块，并设置相应的明细栏块的属性。明细栏的栏目一般包括序号、代号、名称、材料、数量和备注等这些表列。明细栏一般配置在装配图中标题栏的上方，按由下而上的顺序填写，其栏数根据设计需要而定。当由下而上延伸位置不够时，可以紧靠在标题栏的左边自下而上地延伸排列。

图 6-66 所示的明细栏是某公司内部使用的自定义明细栏，也可以采用 GB/T 10609.2-2009 所规定的明细栏格式。

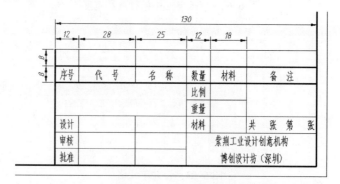

图 6-66　自定义明细栏

图 6-66 所示的自定义明细栏的设计步骤如下。

（1）首先绘制如图 6-67 所示的明细栏的单行，注意两侧的线框为粗实线，其余为细实线。

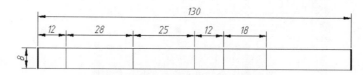

图 6-67　绘制自定义明细栏的线框

（2）从功能区"默认"选项卡的"块"溢出面板中单击"属性定义"按钮，或者从菜单栏中选择"绘图"→"块"→"定义属性"命令，在弹出"属性定义"对话框中设置如表 6-5 所示的属性。

表 6-5　明细栏零件列的属性

属性标记	属性提示	对正选项	文字样式
（序号）	输入零件序号	正中	WZ-5
（代号）	输入零件代号	正中	WZ-5
（名称）	输入零件名称	正中	WZ-5

（续）

属 性 标 记	属 性 提 示	对 正 选 项	文 字 样 式
（数量）	输入零件数量	正中	WZ-5
（材料）	输入零件材料	正中	WZ-5
（备注）	输入零件备注信息	正中	WZ-5

完成属性定义的单行（零件行）明细栏如图 6-68 所示。

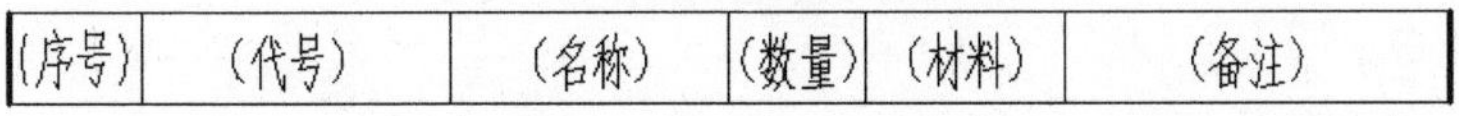

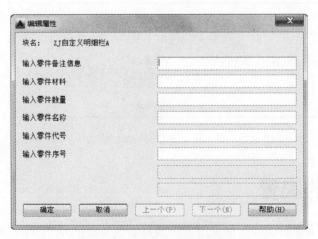

图 6-68　定义可变文本

（3）在功能区"默认"选项卡的"块"面板中单击"创建块"工具按钮🔲，或者从菜单栏中选择"绘图"→"块"→"创建"命令，弹出"块定义"对话框。

（4）在"名称"文本框中输入"ZJ 自定义明细栏 A"。

（5）单击"对象"选项组中选择"转换为块"单选按钮，单击"选择对象"按钮➕，框选整个明细栏，单击〈Enter〉键确定。

（6）单击"基点"选项组中的"拾取点"按钮🔲，选择明细栏行的右下角点作为块插入时的基点。

（7）单击"块定义"对话框中的"确定"按钮，系统自动打开如图 6-69 所示的"编辑属性"对话框。

图 6-69　"编辑属性"对话框

（8）在"编辑属性"对话框中单击"确定"按钮。

以后需要该明细栏时，可以在功能区"默认"选项卡的"块"面板中单击"插入块"工具按钮🔲并选择"更多选项"命令，打开如图 6-70 所示的"插入"对话框。从"名称"下拉列表框中选择"ZJ 自定义明细栏 A"，并设定其参数，单击"确定"按钮，接着定义插入点后，系统弹出"编辑属性"对话框，从中根据提示输入相应的文本或参数，即可完成一个零件项目行的信息填写，注意第一次需要相应地输入"备注""材料""数量""名称""代号"和"序号"。

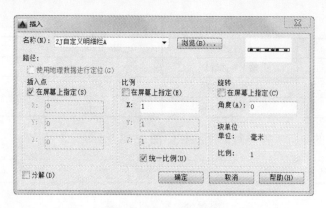

图 6-70 "插入"对话框

也可以使用表格来创建明细栏，请读者自己按照 6.6.3 节介绍的方法来实践。

GB/T 10609.2-2009 所规定的一个明细栏举例格式如图 6-71 所示。

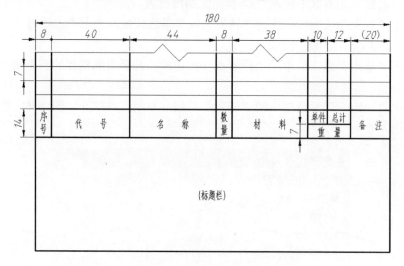

图 6-71 国家标准推荐的明细栏格式（举例）

6.8 视图的配置

国际上大多数国家对工程图样采用第一角投影法（画法），也有一些国家（包括欧美一些发达国家）则采用第三角投影法（画法）。所以在进行绘制工程图样之前，应该根据工作需要或者技术交流需要，确定采用哪种视图投影画法。下面介绍这两种视图画法的差异。

众所周知，两个相互垂直的投影面可把三维空间分成 4 个分角空间，我们将这 4 个分角按照数学象限角的定义来命名，分别为第一象限角、第二象限角、第三象限角和第四象限角，可分别简称为第一角、第二角、第三角和第四角。机件放在第一象限角表达称为第一角投影法，而机件放在第三象限角表达则为第三角投影法。其中第一角画法是把被表达的机件放在投影面与观察者之间，而第三角画法则是将投影面放在机件与观察者之间，两者的视图名称是相同的，且都是用正投影法获得的；两者的不同之处主要在于视图配置的位置上，如

图 6-72 所示。第三角画法将俯视图放置在主视图的正上方，而将仰视图放置在主视图的正下方，将左视图放置在主视图的正左方，将右视图放置在主视图的正右方。而第一角画法则是将俯视图放置在主视图的正下方，而将仰视图放置在主视图的正上方，将左视图放置在主视图的正右方，将右视图放置在主视图的正左方。

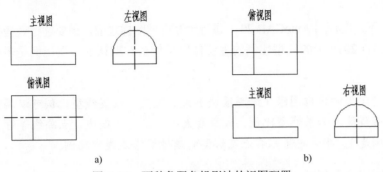

图 6-72　两种象限角投影法的视图配置

a) 第一角画法三视图配置　b) 第三角画法三视图配置

注意：在第一角投影法和第三角投影法中，观察者、物体和投影面的相对位置不同，第一角投影是"观察者→物体→投影面"，第三角投影是"观察者→投影面→物体"。

我国国家标准规定采用第一角投影法（画法）。当工作需要时，如在合同或协议约定下，也可以采用第三角投影法（画法）。第一角投影法的标志符号和第三角投影法的标志符号如图 6-73 所示。当采用第三角投影法时，需要将 ISO 国际标准中规定的第三角画法标志符号注明在标题栏附近或注明在特定标题栏的某个表格中。必要时，为了不引起误会，当采用第一角画法时，也可注明第一角投影法的标志符号。

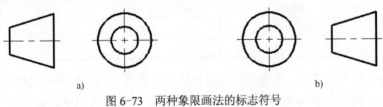

图 6-73　两种象限画法的标志符号

a) 第一角投影法　b) 第三角投影法

6.9　本章小结

工程制图是一项严谨而细致的工作。所完成的机械图样是进行机械设计和产品制造的重要资料，是进行技术思想交流的语言。对于机械图样的图形画法、尺寸标注等，都需要严格遵守一定的规范。

为了规范工程图的格式，在绘制工程图图形之前应该进行一些准备工作与设置。本章主要介绍在 AutoCAD 2016 中，如何进行绘图前的一些准备工作，这些准备工作包括设置图层、设置文字样式、设置尺寸标注样式、建立标准图框、设计标题栏和明细栏等内容。

另外，在绘制工程图样之前，应该根据工作需要或者技术交流的需要，决定采用哪种视图画法，即选择第一角画法或者第三角画法。

6.10　思考与练习

1. 总结一下，在使用 AutoCAD 2016 进行绘制机械图样之前，需要进行哪些准备工作？

2. AutoCAD 2016 中的线型比例的主要作用是什么？默认的线型比例是多少？如何设置线型比例？

提示： 线型比例须根据图限（绘图区域）大小设置，设置线型比例可以调整虚线、点画线等线型的疏密程度。如果线型比例太大或者太小，都会使虚线、点画线等看上去是实线。默认的线型比例是 1，用户也可以在选定线型的属性里修改线型比例。

3. 在 AutoCAD 2016 中，图层特性包括哪些方面？

4. 什么是第一角画法？第一角画法与第三角画法有什么异同之处？如何区别外来的工程图样是采用哪种象限角画法？

5. 请按照表 6-6，在 AutoCAD 2016 中设置图层（仅供练习）。

表 6-6　设置图层特性

层　名	线型名称	线　宽	颜色
粗实线	粗实线	0.3	黑色/白色
细实线	细实线	0.15	黑色/白色
波浪线	波浪线	0.15	红色
中心线	细点画线	0.15	红色
细虚线	细虚线	0.15	绿色
细双点画线	细双点画线	0.15	黄色
标注及剖面线	细实线	0.15	红色

6. 根据自己的设计需要，采用两种方法设计一个适合自己使用的标题栏和明细栏。

7. 为了方便图样复制和微缩摄影的定位，应在图纸各边长的中点处画出对中符号，想一想对中符号应该怎么绘制？

8. 为了明确绘图与看图时图纸的方向，可在图纸的下边对中符号处画出一个方向符号，该方向符号是用细实线绘制的等边三角形，其大小和所处位置如图 6-74 所示。请绘制 A3 横向的图纸图框，并添加标题栏、对中符号以及方向符号。

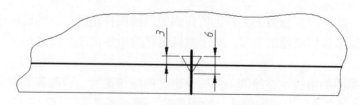

图 6-74　方向符号的大小及所处位置

第 7 章　典型机械零件设计

本章主要介绍利用 AutoCAD 2016 快速绘制典型机械零件的方法，目的是使读者在最短的时间内掌握各类典型零件的基本绘制方法。

本章首先讲解机械零件的设计方法和零件图的相关内容，然后对轴、齿轮、带轮、弹簧、花键、箱体、套筒等几类典型零件进行详细介绍。

7.1　机械零件的设计方法

机械零件的常规设计方法，归纳起来可分为理论设计、经验设计、模型实验设计、计算机辅助及虚拟设计等。

1．理论设计

理论设计是指根据长期总结出来的设计理论和实验数据所进行的设计。

2．经验设计

经验设计是指根据对某类零件已有的设计与使用实践而归纳出来的经验关系式，或根据设计者本人的工作经验用类比的办法所进行的设计。

这种设计方法适用于一些使用要求变动不大并且结构形状已经典型化的零件，如箱体、机架、传动零件等。

3．模型实验设计

把初步设计的零、部件或机器作为小模型或小尺寸的样机，经过实验的手段对其各方面的特性进行检验，再根据实验结果对设计进行逐步的修改，从而完善设计模型。这种设计方法就是常说的模型实验设计。

模型实验设计适用于一些尺寸巨大，且结构有很复杂的重要零件。

4．计算机辅助及虚拟设计

计算机辅助及虚拟设计是指利用日新月异的计算机图形处理技术来进行机械零件的设计，包括零件的工程图绘制、三维建模、虚拟制造、仿真试验以及动力学分析等。在设计过程中，需要结合理论设计与经验设计的优点。

这种设计方法是现在最常用的设计方法，它能够极大地提高设计效率，缩短设计周期。使用 AutoCAD 2016 进行机械零件的设计就属于这种设计方法。

下面介绍零件图的内容、绘制思路以及如何在 AutoCAD 2016 中绘制典型机械零件的工程图样。

7.2　零件图概述

零件图是指表达零件的图样，它是设计部门提交给生产部门的重要技术文件。它能基本反映出设计者的意图，并表达出机器或部件对零件的要求，也是制造和检验零件的重要依据。在绘制零件图时一定要考虑到结构和制造的可能性与合理性。图 7-1 所示的图样是某公司实际使用的一张典型的零件图。

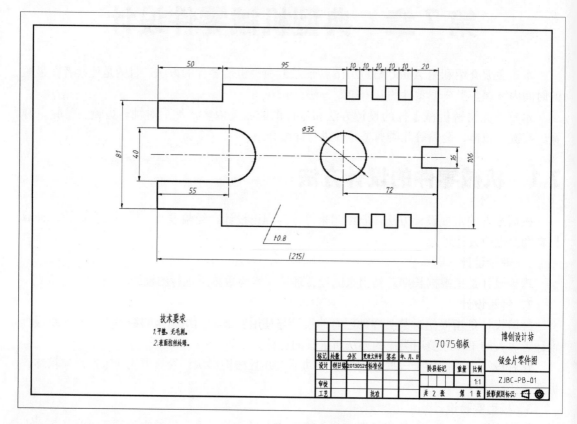

图 7-1　某公司的零件图

7.2.1　零件图的内容

一张完整的零件图，一般应具有下列内容。

1. 视图

采用一组视图，如三视图、剖视图、局部放大图等，用以完整、清晰地表达零件的结构和形状。

2. 全部尺寸

全部尺寸用以正确、完整、清晰、合理地表达零件各部分的特征和各部分之间相对位置。

3. 技术要求

技术要求用以表示或说明零件在加工、检验过程中所需的要求，如尺寸公差、形状和位置公差、表面粗糙度、材料、热处理、硬度及其他要求。

4. 标题栏

它的主要功能是明确表示出零件的名称、材料、图样编号、比例、制图人、日期等。

7.2.2 确定零件图的表达方案

零件图是制造和检验零件用的图样，它的核心内容是如何用一组图形清晰、完整地表达零件。在确定零件图的表达方案时，主要考虑两个方面，一是看图方便，二是画图简便。只有考虑了这两个方面，才能较好地确定绘制零件图的表达方案，表达方案包括主视图的选择、视图数量和表达方法的选择等。

1. 主视图的选择

画图和看图一般多从主视图开始，可以说主视图是一组图形的核心。在选择主视图时，应该考虑的问题有：主视图的投影方向、零件主视图的位置等。主视图的投影方向应该能够反映出零件的形状特征，即在该零件的主视图上能较清楚和较多地表达出该零件的结构形状，以及各结构形状之间相互位置关系。而零件主视图的位置，一般应根据零件的两种情况来确定，一是零件的工作位置（或自然位置），二是零件的加工位置。此外，确定主视图的位置还要考虑其他视图的合理布局，做到充分利用有限的图纸空间。

2. 视图数量的选择

在选定主视图之后，还要进一步确定视图的数量。例如，一些由锥体、圆柱体、球体、环体等同轴回转体组合而成的零件，它们的形状和位置关系简单，只要选择一个视图（也就是主视图），并注上尺寸，就可以完整、清晰地表达零件了；一些由具有同方向（或不同方向）但同轴的几个回转的基本形体（特别是不完整的）组合而成的零件，虽然形体较简单，但位置关系还是比较复杂的，使用一个视图往往不能够表达完整，此时需要增加一个视图。还有很多较复杂的零件，常需要 3 个视图甚至更多的视图来表达。

3. 表达方法的选择

表达方法的选择主要分下面 3 个方面：

（1）零件的内、外部结构形状。

在绘制零件图时，通常要处理如何表达零件的内、外部结构形状的问题。如果零件的某一方向有对称平面时，可采用半剖视图来表达；对于外部结构简单并且无对称平面的零件，可采用全剖视图；对于无对称平面，而外部结构形状与内部结构形状都很复杂的零件，如果投影不重叠，可以采用局部剖视图表达；如果投影重叠，则可以采用分别表达的方式。

（2）集中与分散的表达方式。

这主要是为了看图方便。如果在一个方向仅有一部分结构没有表达清楚时，可以采用一个分散图形表达，如斜视图、局部视图、局部剖视图等，以便更加清晰完整地表达图形。对于一些斜视图、局部视图等分散表达的图形，如果处于同一方向时，可以适当地集中起来，优先采用基本视图。

（3）是否采用虚线表达。

在通常情况下，尽量少使用虚线表达看不见的轮廓线。如果零件上的某部分机构的大小已经确定，仅形状或位置没有表达完全，并且在不会造成读图困难时可以采用虚线来表达。

7.2.3 绘制零件图的基本思路

下面介绍一下绘制零件图的基本步骤，根据零件图的内容可以看出，在零件图中最主要的是如何利用尽可能少的视图来表达最完整的零件信息，只有这样才能提高绘图效率和工作水平。

首先，要了解零件的特征，根据零件的特征来确定零件视图的选择。当然，在很多时候是在没有实体模型的情况下绘制零件的，这时需要大量的实际经验作为设计依据，而这些经验需要我们慢慢积累。当确定零件的显示视图后，就要定出基准，这是绘图的参照。常用的绘图基准有中心线、端面线等。

确定绘图基准之后，就进入轮廓的绘制阶段，利用 AutoCAD 2016 提供的基本绘图、编辑（修改）工具或命令，比如平移、复制、阵列等工具或命令来确定零件各视图的轮廓线。然后对各视图进行详细的绘制、修改，删除多余的线段，添加倒角、倒圆角、剖面线等细节，以此来确定各视图的最终轮廓。

完成了各视图的绘制之后，就需要对绘制好的各视图进行尺寸标注。尺寸标注的方式应该尽可能完整地表达零件信息。

最后根据需要补充技术要求或者完善标注信息（包括表面粗糙度、尺寸公差、形位公差、材料及其热处理和表面处理等）、填写标题栏等。

7.3 轴类零件设计

轴类零件是组成机器的主要零件之一。按照承受载荷的不同，轴类零件可以分为转轴、心轴和传动轴 3 类。

7.3.1 轴类零件的结构设计要点

轴类零件的结构设计是根据轴上零件的安装、定位以及轴的制造工艺等方面的要求，合理地确定轴的结构形式与尺寸。轴类零件的结构设计包括定出轴类零件的合理外形和全部结构尺寸。

轴类零件的结构主要取决于下列因素。
- 轴在机器中的安装位置和形式。
- 轴上安装的零件的类型、尺寸、数量以及和轴联接的方法。
- 载荷的性质、大小、方向及分布情况。
- 轴的加工工艺等。

由于影响轴类零件的结构因素很多，且其结构形式又要随着具体情况的不同而有所不同，所以轴类零件没有标准的结构形式。在设计时，应该根据不同情况进行具体的分析。总之，轴类零件的结构都应满足：轴和装在轴上的零件要有准确的工作位置；轴上的零件应便于装卸和调整；轴应具有良好的制造工艺性等。

7.3.2 轴类零件的绘制

对于轴类零件，除了上面的孔和键槽结构外，大都是由回转体组成，在实体建模中通常使用两种方法来实现，一种是旋转方法，另一种是阶梯拉伸法，这给平面绘制带来了启迪。在 AutoCAD 2016 中，轴类零件的画法同样可以分为以下两种方法。

方法一如下。

（1）画出轴线及轴的各端面作为基准线。

（2）用"OFFSET"和"TRIM"命令等进行编辑处理。

方法二如下。

（1）画出轴线及轴的一半轮廓。

（2）沿轴线镜像已绘制的轮廓线来形成完整的轮廓线。

由于轴的回转体（即旋转体）特性，绘制轴类零件时，只需在主视图中表示出轴的轮廓。如果轴上还具有键槽或者其他特征时，则可以采用剖视图等方法来表达具体的细节。

下面通过一个简单的例子对上述两种方法进行详细的说明。

在本例中，要绘制的轴类零件的实体模型如图 7-2 所示。

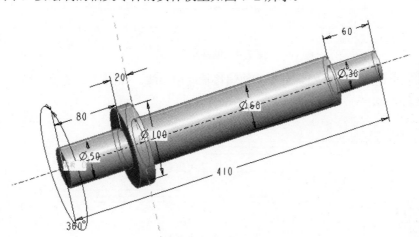

图 7-2　简单的轴类零件

按照方法一绘制该轴类零件的具体操作步骤如下。

（1）绘制中心线。为将要绘制的中心线选定适宜图层，然后在"绘图"面板中单击"直线"工具按钮，或者从菜单栏中选择"绘图"→"直线"命令。

说明： 在绘图的过程中，单击〈F8〉键打开正交模式可以提高绘图效率。

命令:_line

指定第一个点: 　　　　　　　　　　//在绘图区域中任意单击一点

指定下一点或 [放弃(U)]: ＜正交 开＞410↙　//将光标置于第一点右侧，在正交模式下输入水平中心线

　　　　　　　　　　　　　　　　　　　的长度尺寸

单击右键并选择"确认"选项，绘制的第一条中心线如图 7-3 所示。

———————————————————————————

图 7-3　绘制第一条中心线

（2）偏移操作。在"修改"面板中单击"偏移"工具按钮，或者从菜单栏中选择"修改"→"偏移"命令，又或者在命令窗口输入"OFFSET"并按〈Enter〉键，接着根据命令行的提示信息，执行如下操作。

命令:_offset

当前设置: 删除源=否　图层=源　OFFSETGAPTYPE=0

指定偏移距离或 [通过(T)/删除(E)/图层(L)] <通过>: 18↙   //直接输入偏移距离

选择要偏移的对象，或 [退出(E)/放弃(U)] <退出>:   //单击选择中心线

指定要偏移的那一侧上的点，或 [退出(E)/多个(M)/放弃(U)] <退出>:

//在水平中心线的上侧区域单击任意一点

选择要偏移的对象，或 [退出(E)/放弃(U)] <退出>:↙

偏移操作后的结果如图 7-4 所示。

图 7-4　偏移操作结果

（3）依照上述方法，分别绘制出其他偏移辅助中心线。如图 7-5 所示，图中给出了相关的偏移距离。

图 7-5　绘制其他线

（4）绘制竖直的特征线。为了下一步操作方便，直接选择"01 层-粗实线"图层，然后在左侧绘制一条竖直线，如图 7-6 所示。

图 7-6　绘制左侧的竖直线

在"修改"面板或"修改"工具栏中单击"偏移"工具按钮，或者从菜单栏中选择"修改"→"偏移"命令，通过偏移的方式创建如图 7-7 所示的其他竖直线，图中并没有标注出偏移距离，右侧的 4 条竖直线与最左侧竖直线的距离分别为 80、100、350 和 410。

（5）修剪图形。利用修剪命令"TRIM"，或者直接在"修改"工具栏中单击"修剪"按钮来修剪线段，并可使用键盘上的〈Delete〉键辅助删除不需要的线段，从而编辑出完整的轴的轮廓形状，如图 7-8 所示。

图 7-7　绘制其他竖直线

图 7-8　修剪编辑的结果

（6）调整线型。使用偏移操作得到的水平线都是属于中心线（细点画线）的样式。现在要把这些偏移而得的中心线调整为粗实线。方法是先选中这些中心线，然后从"图层"面板的"图层"下拉列表框中选择"01层-粗实线"图层就可以了，如图 7-9 所示。最后可以适当拉长轴的中心线，使中心线的两端均向外伸出 2～5 mm。

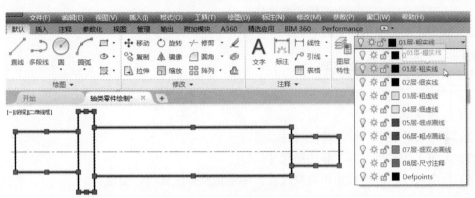

图 7-9　调整线型

按照方法二绘制该轴类零件的具体操作步骤如下。

（1）绘制出轴的半个轮廓。由于轴的轮廓特性，可以利用直线工具或多段线工具直接绘制，由轮廓尺寸确定它的外形，绘图时首先打开正交模式（可使用〈F8〉键打开正交模式），可以先绘制中心线作为参考基准，然后调整好图层，直接在"01 层-粗实线"图层上绘制轴的半边轮廓，如图 7-10 所示。

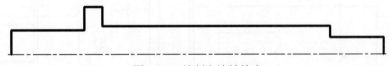

图 7-10　绘制半边轴轮廓

（2）镜像操作。在"修改"面板中单击"镜像"工具按钮，或者在命令窗口的"键入命令"提示下输入"MIRROR"并按〈Enter〉键。具体的命令行操作如下。

命令:_mirror

选择对象: 指定对角点: 找到 9 个　　　　　　　//选择中心线上部的所有粗实线

选择对象: ↙　　　　　　　　　　　　　　　　//按〈Enter〉键

指定镜像线的第一点:　　　　　　　　　　　　//选择水平中心线上的一个端点

指定镜像线的第二点:　　　　　　　　　　　　//选择水平中心线上的另外一个端点

要删除源对象吗? [是(Y)/否(N)] <N>:↙　　　　//按〈Enter〉键，确认保留原线段

镜像操作后的效果如图 7-11 所示。

（3）补充轮廓线。修补一下不完整的线段，绘制结果如图 7-12 所示。

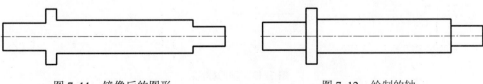

图 7-11　镜像后的图形　　　　　　　　　　图 7-12　绘制的轴

（4）调整中心线。确保中心线的两端均向外伸出 2～5 mm，必要时可以通过"特性"选项板来修改一下中心线的线型比例。

以上是轴的绘制方法，对于轴上键槽的绘制方法与上述方法基本相同。

轴上键槽的画法简述如下。

（1）通过平移方式来确定键槽的参考线。

（2）确定轮廓后修剪多余线条。

7.3.3 尺寸标注的典型示例

一般情况下，用户可按照以下步骤标注零件的尺寸。

（1）选择基准。

（2）考虑设计要求，标注功能尺寸。

（3）考虑工艺要求，标注非功能尺寸。

（4）补全尺寸、检查尺寸和调整尺寸，尽量做到标注规范、整洁。

说明： 功能尺寸是指那些影响产品工作性能、精度及互换性的重要尺寸。

图 7-13 示例的是一个轴的典型标注，具体标注方法参见前面章节的内容。

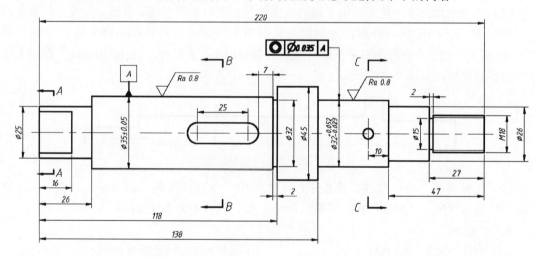

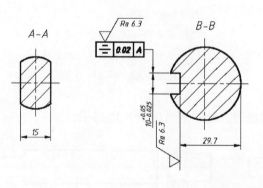

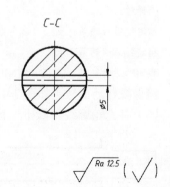

图 7-13　轴的标注

下面以一个轴的典型示例（本书配套光盘的"chapter7"文件夹里提供了"轴标注示例源素材"练习文件）介绍尺寸公差的标注方法和过程。标注好基本尺寸的轴的零件图如图 7-14 所示，假设给Φ50、Φ30 的尺寸添加尺寸公差，其具体操作步骤如下。

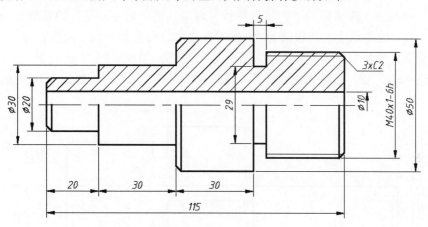

图 7-14 轴的典型示例

（1）按〈Ctrl+1〉快捷键，或者单击"特性"按钮，从而打开"特性"选项板，接着在绘图区域中选择Φ50 的尺寸。

（2）在"特性"选项板中查找到"公差"特性区域并展开该区域，如图 7-15 所示。

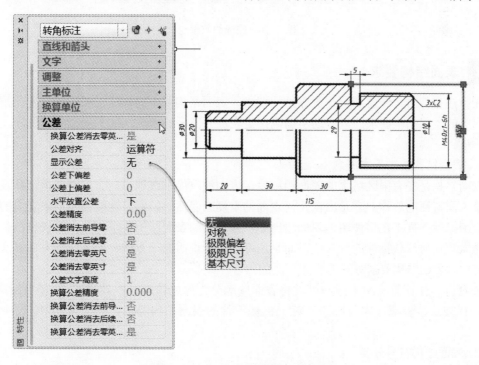

图 7-15 打开对应的"特性"选项板

（3）在"公差"特性区域，将"显示公差"的值设置为"对称"选项，将公差的上偏差值设置为"0.15"，而下偏差也自动跟着默认为"0.15"，公差精度为"0.00"。

（4）在绘图区域的空白处单击，并按〈Esc〉键直到取消选中该尺寸。至此，完成设置此尺寸公差。

（5）单击图形左侧的Φ30的尺寸，则"特性"选项板中显示该尺寸的特性内容。

（6）在"特性"选项板的"公差"特性区域中，将"显示公差"的值设置为"极限偏差"选项，将"公差精度"值设置为"0.000"，接着将公差的下偏差值设置为"0.051"，公差的上偏差值设置为"0.065"，"公差文字高度"设置为"0.8"。

（7）按〈Esc〉键，接着关闭"特性"选项板，完成的公差标注如图7-16所示。

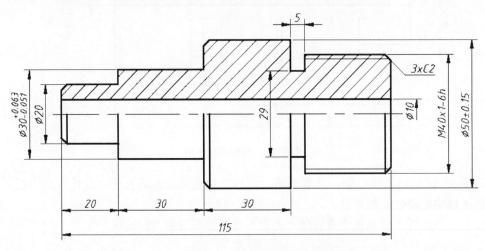

图 7-16　完成的效果

7.3.4　表面结构要求

在标注零件时，经常要标注表面结构要求，表面结构要求的标注需要满足一定的规范。零件图上的表面结构要求注写有助于明确指定表面完工后的状况，便于安排生产工序，保证产品质量。

1．表面结构要求基本概念

表面结构是在有限区域上的表面粗糙度、表面波纹度、纹理方向、表面几何形状及表面缺陷等表面特征的总称，它是出自几何表面的重复或偶然的偏差，这些偏差形成表面的三维形貌。国家标准规定在零件图上须标注出零件各表面的表面结构要求，其中不仅包括直接反应表面微观几何形状特性的参数值，而且还可以包括说明加工方法、加工纹理方向以及表面镀覆前后的表面结构要求等其他更为广泛的内容。

按测量和计算方法的不同，可以将表面轮廓分为原始轮廓（P 轮廓）、粗糙度轮廓（R 轮廓）和波纹度轮廓（W 轮廓），对于机械零件的表面结构要求，一般采用 R 轮廓参数评定。

2．表面结构符号分类

按照 GB/T 131-2006，表面结构符号的含义如表 7-1 所示。表面结构符号分为基本图形符号、扩展图形符号和完整图形符号。其中，基本图形符号由两条不等长的与标注表面成 60°夹角的直线构成，如果基本图形符号与补充的或辅助的说明一起使用，则不需要进一步说明为了获得指定的表面是否应去除材料或不去除材料；对表面结构有指定要求（去除材料或不去除材料）的图形符号，简称为扩展符号；对基本图形符号或扩展图形符号扩充后的图形符号，简称完整符号，用于对表面结构有补充要求的标注。

表 7-1　表面结构符号的含义

序　号	符　号	名　称	定义与说明	备　注
1		基本图形符号	对表面结构有要求的图形符号，简称基本符号	基本图形符号由两条不等长的与标注表面成 60°夹角的直线构成，基本图形符号仅用于简化代号标注，没有补充说明时不能单独使用
2		表示去除材料的扩展图形符号	在基本图形符号上加一短横，表示指定表面是用去除材料的方法获得，如通过机械加工获得的表面	例如：车、铣、钻、磨、剪切、抛光、腐蚀、电火花加工、气割
3		表示不去除材料的扩展图形符号	在基本图形符号上加一个圆圈，表示指定表面是用不去除材料方法获得	例如：锻、铸、冲压变形、热轧、冷轧、粉末冶金等，或者是用于保持原供应状况的表面（包括保持上道工序形成的表面）
4		允许任何工艺的完整图形符号	当要求标注表面结构特征的补充信息时，在允许任何工艺图形符号的长边上加一横线	如果要在报告和合同的文本中用文字表达该符号时，则用 APA 表示
5		去除材料的完整图形符号	当要求标注表面结构特征的补充信息时，在去除材料图形符号的长边上加一横线	如果要在报告和合同的文本中用文字表达该符号时，则用 MRR 表示
6		不去除材料的完整图形符号	当要求标注表面结构特征的补充信息时，在不去除材料图形符号的长边上加一横线	如果要在报告和合同的文本中用文字表达该符号时，则用 NMR 表示

当在图样某个视图上构成封闭轮廓的各表面有相同的表面结构要求时，应该在相应完整图形符号上加一个小圆圈，标注在图样中工件的封闭轮廓线上，如图 7-17 所示，注意此类表面结构符号是指对图形中封闭轮廓的各面的共同要求（不包括前后面）。如果标注会引起歧义，则各表面应该分别标注。

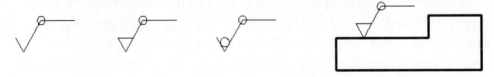

图 7-17　工件轮廓各表面的图形符号

3．表面结构符号的画法

表面结构图形符号的画法示例如图 7-18 所示。图形符号和附加标注的推荐尺寸（含 H_1 和 H_2）如表 7-2 所示。

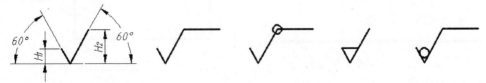

图 7-18　表面结构符号的画法示例

表 7-2　图形符号和附加标注的尺寸（推荐）

数字和字母高度 h（见 GB/T 14690）	2.5	3.5	5	7	10	14	20
符号线宽 d'	0.25	0.35	0.5	0.7	1	1.4	2
字母线宽 d							
高度 H_1	3.5	5	7	10	14	20	28
高度 H_2（最小值）	7.5	10.5	15	21	30	42	60
H_2 取决于标注内容							

4．表面结构完整图形符号的组成

为了明确表面结构要求，除了标注表面结构参数和数值外，必要时应标注补充要求，包括传输带、取样长度、加工工艺、表面纹理及方向、加工余量等。为了保证表面的功能特征，应对表面结构参数规定不同要求。

在完整符号中，对表面结构的单一要求和补充要求应注写在如图 7-19 所示的指定位置。

（1）位置 a：注写表面结构的单一要求，或注写第一个表面结构要求。在注写时，应该注意的是为了避免误解，在参数代号和极限值之间应插入空格。

（2）位置 b：注写第二个表面结构要求。如果要注写第三个或更多个表面结构要求，图形符号应在垂直方向扩大，以空出足够的空间。扩大图形符号时，a 和 b 的位置随之上移。

（3）位置 c：注写加工方法。注写加工方法、表面处理、涂层或其他加工工艺要求等，如车、磨、镀等加工表面。

（4）位置 d：注写表面纹理方向符号。纹理方向是指表面纹理的主要方向，通常由加工工艺决定。一般表面不需要标注。符号"="表示纹理平行于视图所在的投影面，符号"⊥"表示纹理垂直于视图所在的投影面，符号"╳"表示纹理呈两斜向交叉且与视图所在的投影面相交，符号"**M**"表示纹理呈多方向，符号"**C**"表示纹理呈近似同心圆且圆心与表面中心相关，符号"**R**"表示纹理呈近似放射状且与表面圆心相关，符号"**P**"表示纹理呈微粒、凸起，无方向。如果表面纹理不能清楚地用这些符号表示，必要时，可以在图样上加注说明。

（5）位置 e：注写所要求的加工余量，以毫米为单位给出数值。

5．表面结构要求在图样和其他技术产品文件中的注法

表面结构要求对每一个表面一般只标注一次，并尽可能注在相应的尺寸及其公差的同一个视图上。除非另有说明，所标注的表面结构要求是对完工零件表面的要求。

（1）总的原则是根据 GB/T 4458.4 的规定，使表面结构的注写和读取方向与尺寸的注写和读取方向一致，如图 7-20 所示。

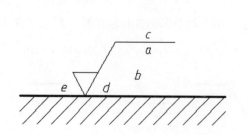

图 7-19　补充要求的注写位置（a～e）

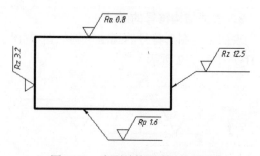

图 7-20　表面结构要求的注写方向

（2）表面结构要求可标注在轮廓线上，其符号应从材料外指向并接触表面。必要时，表面结构符号也可以用带箭头或黑点的指引线引出标注。在 AutoCAD 2016 中，可以使用"LEADER"命令来创建带箭头的指引线。

（3）在不致引起误解时，表面结构要求可以标注在给定的尺寸线上。

（4）表面结构要求可以标注在形位公差框格的上方。

（5）表面结构要求可以直接标注在延长线上，或用带箭头的指引线引出标注。

（6）圆柱和棱柱表面的表面结构要求只标注一次。如果每个棱柱表面有不同的表面结构要求，则应该分别单独标注。

（7）表面结构要求的简化注法。

如果在工件的多数（包括全部）表面有相同的表面结构要求，则其表面结构要求可统一标注在图样的标题栏附近。此时（除全部表面有相关要求的情况外），表面结构要求的符号后面应有：在圆括号内给出无任何其他标注的基本符号，在圆括号内给出不同的表面结构要求。不同的表面结构要求应直接标注在图形中。

当多个表面具有相同的表面结构要求或图纸空间有限时，可以根据情况采用以下简化注法。

● 用带字母的完整符号的简化注法：可以用带字母的完整符号，以等式的形式，在图形或标题栏附近，对有相同表面结构要求的表面进行简化标注。

● 只用表面结构符号的简化注法：可以用基本或扩展图形符号，以等式的形式给出对多个表面共同的表面结构要求。

（8）由几种不同的工艺方法获得的同一表面，当需要明确每种工艺方法的表面结构要求时，可以同时在图样中给出镀覆前后的表面结构要求，镀覆后的表面结构要求可标注在与轮廓线平行的具有一定间距的虚线上。

需要用户注意的是：新标准规定的 Ra 和 Rz 的写法是大小写斜体字，a 和 z 不是下角标；必须标出 Ra 和 Rz 等参数代号，不得省略；在图形上标注表面结构要求时，通常用完整符号，如果要标注底面和右侧面，则需通过指引线引出；新标准中对所谓的"其余"和"全部"的注写方式和位置已完全改变；除加工方法"车"或"铣"等仍然用汉字标注外，别的内容都可用符号、数字等标注，减少了注写汉字的概率；旧标准中的符号 R_y 不再使用，新标准中的 Rz 替换了原标准中的 R_y 定义。

表面结构的高度参数 Ra 可参考表 7-3 来选定。

表 7-3 表面粗糙度数值 Ra 及其应用

$Ra/\mu m$	表 面 特 征	主要加工方法	应 用 场 合
0.012	雾状镜面	研磨、抛光、超级精细研磨等	精密量具的表面、极重要零件的摩擦面
0.025	镜状光泽面		
0.05	亮光泽面		
0.1	暗光泽面		
0.2	不可辨加工痕迹方向	精车、精铰、精拉、精镗、精磨等精加工	要求很好密合的接触面，如与滚动轴承配合的表面、锥销孔等；相对运动速度较高的接触面，如滑动轴承的配合表面、齿轮轮齿的工作表面等
0.4	微辨加工痕迹方向		
0.8	可辨加工痕迹方向		

（续）

$Ra/\mu m$	表 面 特 征	主要加工方法	应 用 场 合
1.6	看不见加工痕迹	精车、精铣、精刨、铰、镗、粗磨等	相对运动速度不高的接触面，如支架孔、带轮轴孔的工作表面等；没有相对运动的零件接触面，如箱、盖、套筒要求紧贴的表面、键和键槽工作表面
3.2	微见加工痕迹		
6.3	可见加工痕迹		
12.5	微见刀痕	粗车、刨、立铣、平铣、钻	不接触表面、不重要的接触面，如螺纹孔、倒角、机座底面等
25	可见刀痕	粗车、粗铣、粗刨、钻、粗纹锉刀和粗砂轮加工	粗糙度最低的加工面，一般很少使用
50、100	明显可见刀痕		

　　注写表面结构要求的典型图例如图 7-21 所示。在该图例中，注意不同位置表面结构要求符号的注法（包括表面结构要求的注写方向）。右下角的标注为大多数表面有相同表面结构要求的简化注法，在圆括号内给出无任何其他标注的基本符号。

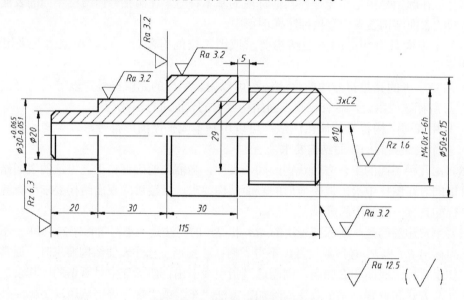

图 7-21　表面结构要求标注图例

　　在 AutoCAD 2016 中，若要给图形标注表面结构要求，则可以先使用绘图工具按照标准中的尺寸要求来绘制一个需要的表面结构完整图形符号（以去除材料的为例），注写相应参数值，接着通过复制、移动、旋转、缩放等编辑操作，按照放置规范在需要的位置添上表面结构要求标注。在特定位置，还需要创建满足要求的指引线，从而在该指引线上添加表面结构要求标注。用这种方法注写表面结构要求会比较麻烦，因此如何快速地注写表面结构要求也就成了备受关注的问题。

　　绘制图样时，为了不用每次都对文件进行重复设置，所以选择使用第一次制作的图形样板（模板）。同样可以用这种思路来解决注写表面结构要求的问题，不过不是制作图形样板（模板），而是使用 AutoCAD 2016 中的一个重要功能模块——图形块，该图形块包括相关的属性定义。

　　为表面结构图形符号创建图形块的方法简述如下（结合实例）。

（1）按照标准绘制好一个表面结构完整图形符号（以适用于数字和字母高度 $h=3.5$ 的并且属于去除材料类型的表面结构完整图形符号为例），如图 7-22 所示，图中高度 H_2 的最小值应该为 10.5，在这里 H_2 取 11.5，L 取 12.5。

（2）单击"定义属性"按钮 ，或者从菜单栏中选择"绘图"→"块"→"定义属性"命令，系统弹出"属性定义"对话框。

（3）在"属性定义"对话框的"属性"选项组中，在"标记"文本框中输入"a"，在"提示"选项组中输入"注写表面结构的单一要求"，接着在"文字设置"选项组中分别设定"对正"选项和"文字样式"选项，在"插入点"选项组中选中"在屏幕上指定"复选框，如图 7-23 所示，然后单击"确定"按钮。

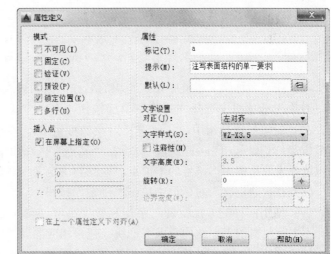

图 7-22　绘制表面结构完整图形符号示例　　　　图 7-23　"属性定义"对话框

（4）移动鼠标，在如图 7-24a 所示的横线下方适当位置处放置标记"a"（其标记默认以大写字母显示）。

（5）按照步骤（2）～步骤（4）的方法，继续创建其他几个属性定义，如图 7-24b 所示。

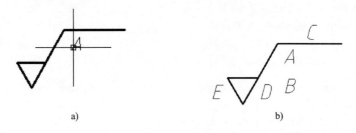

a)　　　　　　　　　　　　　　　b)

图 7-24　创建属性定义

a) 指定 a 的注写位置　b) 共创建好 5 个属性定义

（6）单击"创建块"按钮 ，或者从菜单栏中选择"绘图"→"块"→"创建"命令，系统弹出如图 7-25 所示的"块定义"对话框。

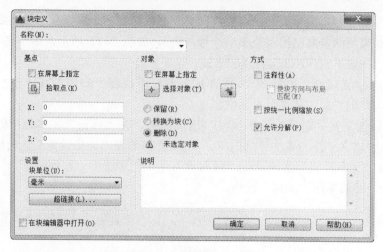

图 7-25 "块定义"对话框

（7）在"名称"文本框中输入新块的名称，例如输入"表面结构要求 h3.5-去除材料"，在"对象"选项组中选择"删除"单选按钮，在"方式"选项组中选中"允许分解"复选框。在"对象"选项组中单击"选择对象"按钮 ，在绘图区域框选表面结构符号和全部属性定义标记，按〈Enter〉键。接着在"基点"选项组中单击"拾取点"按钮 ，在绘图区域选择表面结构图形符号的下顶点，返回"块定义"对话框。

（8）在"块定义"对话框中单击"确定"按钮。

（9）使用同样的方法，针对字母和数字高度 h=3.5 的情形，继续创建适宜允许任何工艺、不去除材料的表面结构要求图形块（包含相应的属性定义）。

创建好所需的表面结构要求图形块（包含属性定义）后，便可以在机械零件图中很方便地插入所需的表面结构图形符号，并注写相应的参数值。还可以根据需要对插入的图形块进行缩放、旋转和打散等编辑操作，直到满足设计要求。

下面的操作范例说明了如何在图样中插入合适的表面结构图形符号和注写参数值。

（1）单击"插入"按钮 并接着选择"更多选项"命令，或者从菜单栏中选择"插入"→"块"命令，系统弹出"插入"对话框，如图 7-26 所示。

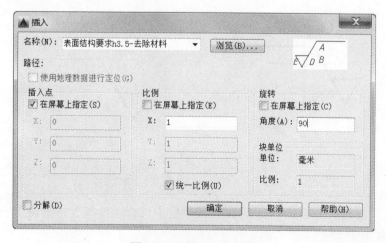

图 7-26 "插入"对话框

（2）从"名称"文本框中选择预先定义好的块的名称"表面结构要求 h3.5-去除材料"，在"插入点"选项组中确保选中"在屏幕上指定"复选框，在"比例"选项组中确保选中"统一比例"复选框，"X"值为 1，在"旋转"选项组中确保清除"在屏幕上指定"复选框，并设置旋转角度值，例如将旋转角度值设置为"90"，然后单击"确定"按钮。

（3）在零件图中指定一个合适的位置来放置该表面结构图形符号。

（4）在系统弹出的如图 7-27 所示的"编辑属性"对话框中填写相关的参数值，例如在"注写表面结构的单一要求"框中输入"Rz 6.3"，注意参数代号"Rz"和数字"6.3"之间应该留有一个空格。

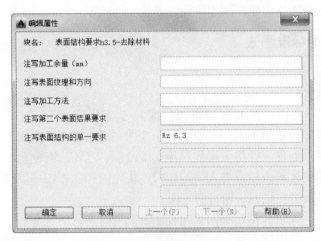

图 7-27　"编辑属性"对话框

（5）在"编辑属性"对话框中单击"确定"按钮，从而完成注写一处表面结构的要求，如图 7-28 所示。

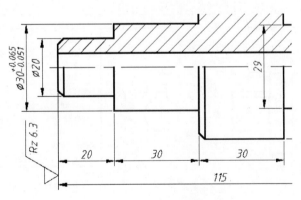

图 7-28　完成一处表面结构要求

知识点拨： 如果需要创建带箭头的指引线，那么可以按照以下的操作来进行。

命令: LEADER↙

指定引线起点:

指定下一点:　<正交 关>

指定下一点或 [注释(A)/格式(F)/放弃(U)] <注释>: <正交 开>

指定下一点或 [注释(A)/格式(F)/放弃(U)] <注释>:✓

输入注释文字的第一行 <选项>:✓

输入注释选项 [公差(T)/副本(C)/块(B)/无(N)/多行文字(M)] <多行文字>: N✓

7.4 齿轮设计

齿轮在机器中是传递动力和运动的零件，齿轮传动可以完成减速、增速、变向、换向等动作。常见的齿轮分为圆柱齿轮、圆锥齿轮、涡轮和蜗杆等。

7.4.1 常用齿轮的标准画法

GB 规定的齿轮的画法如下。

1. 圆柱齿轮的画法

齿顶圆（线）、分度圆（线）和齿根圆（线）分别用粗实线、细点画线、细实线来表示，其中齿根圆（线）可省略不画。一般将一个视图画成剖视图，当剖切平面通过齿轮的轴线时，轮齿一般按不剖处理，并将齿根线用粗实线绘制。当轮齿有倒角时，在端面视图上倒角圆规定不画。若齿轮为斜齿轮或者人字齿轮时，齿轮的径向视图可以画成半剖视图或者局部剖视图，并绘制三条细实线表示轮齿的方向。

在齿轮零件图中，除了包括足够的齿轮视图及制造时所需的尺寸和技术要求之外，还需要注意：齿顶圆直径、分度圆直径及有关齿轮的基本尺寸必须直接在图形中注出（特殊情况除外），齿根圆直径规定不注；在图样右上角，应该绘制一个齿轮参数表，专门集中注写齿轮的模数、齿数、齿形角、精度等级等基本参数。

如图 7-29 所示为一个典型的直齿圆柱齿轮零件图。

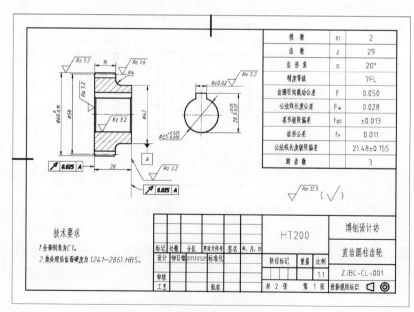

图 7-29　直齿圆柱齿轮零件图

2．圆锥齿轮的画法

圆锥齿轮的主视图常用剖视图。一般在其中一个视图中采用粗实线来绘制圆锥齿轮的大端及小端的齿顶圆，用细点画线来绘制大端的分度圆。若轮齿为人字形或圆弧形时，可选择半剖的方式来绘制主视图，并绘制 3 条平行的细实线表示齿轮的方向。

如图 7-30 所示为日本某公司开发的机器的一个圆锥齿轮零件图。

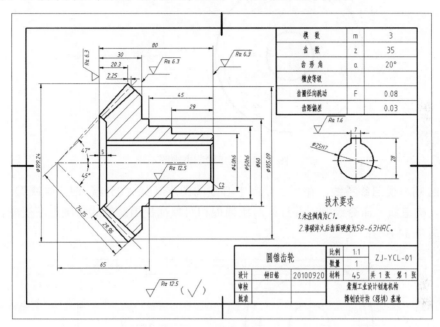

图 7-30　圆锥齿轮零件图

7.4.2 绘制圆柱齿轮的实例

本节以圆柱齿轮为例进行说明，例子中所使用的零件实体模型如图 7-31 所示。该圆柱齿轮视图的图形尺寸如图 7-32 所示，其具体绘制步骤如下。操作该范例的绘图工作空间将采用"草图与注释"工作空间。

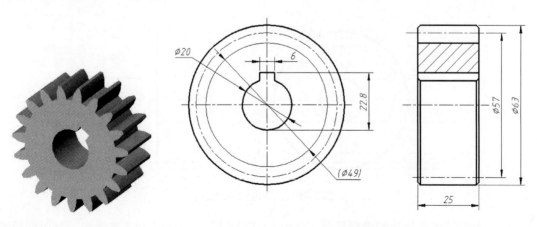

图 7-31　圆柱齿轮　　　　图 7-32　圆柱齿轮视图的图形尺寸

（1）以垂直于齿轮轴线的投影面视图作为主视图进行绘制。首先绘制中心线，确定参考点。按照国标要求，分别用粗实线、细实线、细点画线来绘制齿顶圆、齿根圆和分度圆，并用粗实线绘制轮毂孔，如图 7-33 所示。

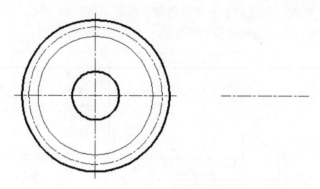

图 7-33　初步绘制主视图

（2）绘制左视图参考线。在用于绘制中心线的图层（如"05 层-细点画线"）上，使用"XLINE"（构造线）命令绘制，并打开对象捕捉和对象捕捉追踪模式来确定左视图各参考线位置，如图 7-34 所示。

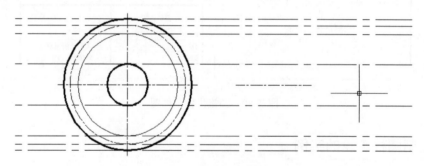

图 7-34　绘制左视图参考线

（3）在用户绘制粗实线的图层（如 01 层-粗实线）上绘制左视图齿轮两条端面线。如图 7-35 所示。

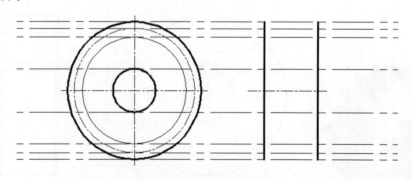

图 7-35　绘制齿轮端面线

（4）根据轮毂孔尺寸和键槽尺寸，利用"OFFSET"命令确定相关参考线，并根据投影关系将孔的上水平参考线稍微往下平移，平移到键槽的垂直参考线与孔圆的相交处，如图 7-36 所示。

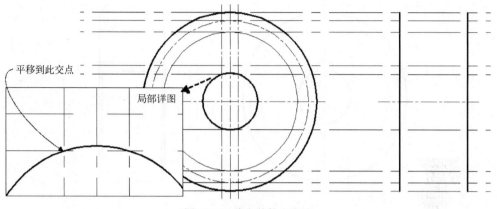

图 7-36　确定其他参考线

（5）左视图采用半剖画法，其中半剖时需要用粗实线表示齿顶圆轮廓线和齿根圆轮廓线，即采用相应的图层（如"01 层-粗实线"）；使用直线工具并按投影关系，分别连接交点；在左视图中指定位置绘制中心线来表示分度圆（线）。初步绘制出左视图的轮廓图形如图 7-37 所示。

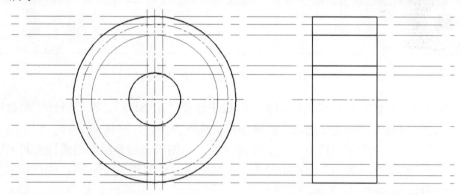

图 7-37　初步绘制左视图的轮廓图形

（6）在主视图中用粗实线连接出键槽轮廓，如图 7-38 所示。

（7）删除相关的参考线，如图 7-39 所示。

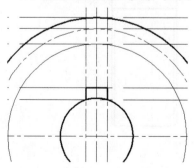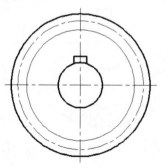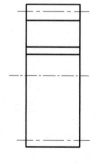

图 7-38　绘制主视图中的键槽轮廓　　　　　　　图 7-39　删除参考线

（8）添加倒角，补全倒角的轮廓线并修剪图形，完成全部倒角结构的效果如图 7-40 所示。

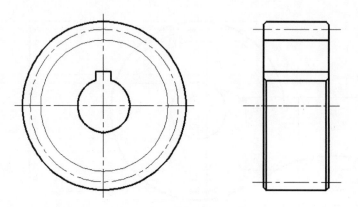

图 7-40　倒角、修剪后的效果

（9）绘制剖面线。选择绘制剖面线的图层，接着从菜单栏中选择"绘图"→"图案填充"命令，或者在"绘图"面板中单击"图案填充"工具按钮，打开如图 7-41 所示的"图案填充创建"选项卡。

图 7-41　打开"图案填充创建"选项卡

在"图案填充创建"选项卡的"图案"面板中选择"ANSI31"，在"特性"面板中设置角度为"0"，比例为"1"，在"选项"面板中默认选中"关联"按钮。

在"边界"面板中单击"拾取点"工具按钮，在图形中需要绘制剖面线的封闭区域内单击鼠标左键。然后在"关闭"面板中单击"关闭图案填充创建"按钮，即在指定的区域内绘制了剖面线，如图 7-42 所示。

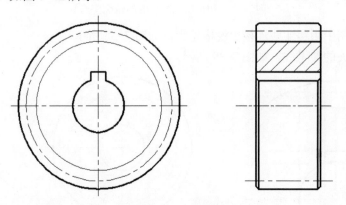

图 7-42　绘制剖面线

至此，完成了该圆柱齿轮的两个视图的绘制。

接着，进行标注尺寸、插入图框、填写标题栏等操作，完成该简单的圆柱齿轮的零件图，如图 7-43 所示。

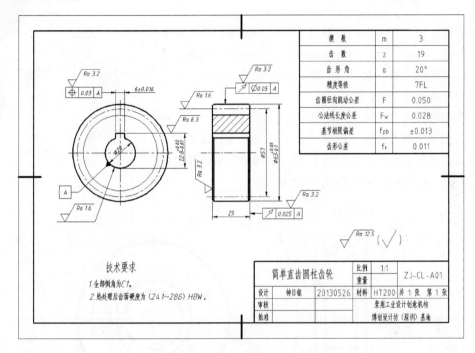

模　数	m	3
齿　数	z	19
齿形角	a	20°
精度等级		7FL
齿圈径向跳动公差	F	0.050
公法线长度公差	Fw	0.028
基节极限偏差	fpb	±0.013
齿形公差	ff	0.011

简单直齿圆柱齿轮				比例	1:1		ZJ-CL-A01	
				重量				
设计	钟日铭	20130526		材料	HT200	共 1 张	第 1 张	
审核						荆工业设计创意机构		
批准						博创设计坊（深圳）基地		

技术要求

1. 全部倒角为C1。
2. 热处理后齿面硬度为 (241～286) HBW。

图 7-43　完成的圆柱齿轮零件图

如果有兴趣，读者可以按照如图 7-44 所示的圆柱齿轮（图中开启了线宽显示）进行上机练习，并使图面规范整洁，注意以点画线表示的中心线的线型比例可以适当缩小。在该练习中，读者还可以练习为相关尺寸设置尺寸公差，在图样中添加几何形位公差以及注写表面结构要求等。

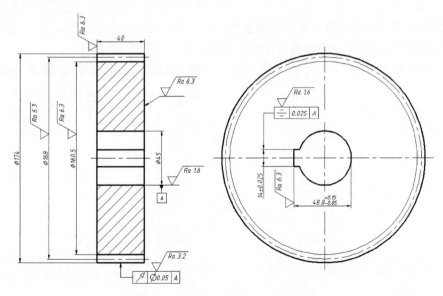

图 7-44　齿轮零件图的上机操作图样

7.5　带轮设计

在滚道等传动机构中经常要用到带传动，所以带传动的设计也就成了机械工作者的必学内容。在带传动机构中，主要机构是带轮，本节以图 7-45 所示的实体模型为例，介绍带轮的零件图绘制方法。

由于带轮具有回转体的基本特征，因此可以采用两个视图来表示它的结构，主视图选择平行于带轮轴线的投影面，左视图选择垂直于带轮轴线的投影面。主视图可采取剖视图的方法来表示带轮的结构，如图 7-46 所示。

图 7-45　带轮

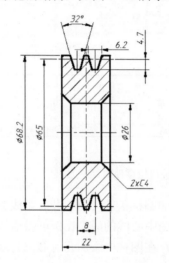
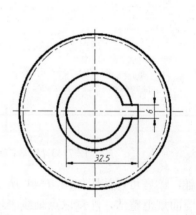

图 7-46　带轮图形

如图 7-46 所示的带轮零件图的绘制步骤如下。

（1）绘制主要中心线，确定两个视图的大概位置，如图 7-47 所示。

（2）利用"OFFSET"（偏移）工具/命令，绘制主视图的主要辅助线，如图 7-48 所示。

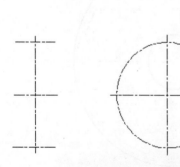

图 7-47　绘制主要中心线

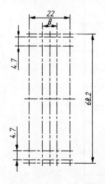
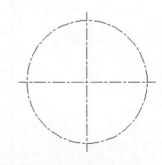

图 7-48　绘制主视图（左边）的主要辅助线

（3）在主视图中绘制第一个 V 型槽截面。首先，选择一个 V 型槽（轮槽）截面的辅助线，如图 7-49a 所示；接着利用"OFFSET"（偏移）工具/命令，分别在该辅助线的两侧创建偏距为 3.1 mm 的辅助线，如图 7-49b 所示。

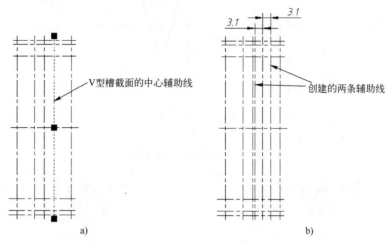

图 7-49　创建两辅助线

a) 选择辅助线　b) 偏移结果

接着，选择"01 层-粗实线"层，执行直线绘制操作，绘制轮槽截面的一条斜线，过程如下。

命令: LINE✓

指定第一点:　　　　　　　　　　　　　//选择如图 7-50 所示的 A 点

指定下一点或 [放弃(U)]: @10<-106✓　　//输入"@10<-106"，按〈Enter〉键

指定下一点或 [放弃(U)]: ✓　　　　　　//按〈Enter〉键

绘制的斜线如图 7-51 所示，利用镜像工具/命令，绘制对称的另一条斜线，如图 7-52 所示。

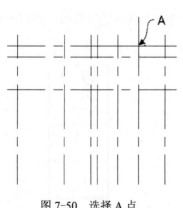

图 7-50　选择 A 点

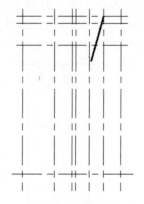

图 7-51　绘制斜线

（4）使用镜像工具/命令，绘制其他轮槽的截面轮廓线，如图 7-53 所示。

（5）利用"OFFSET"（偏移）工具/命令，在主视图中绘制中心孔截面轮廓线的两条辅助线，如图 7-54 所示。

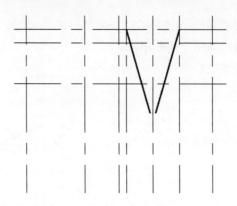

图 7-52　绘制另一条斜线

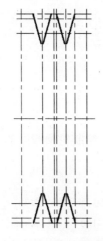

图 7-53　绘制其他轮槽斜轮廓线

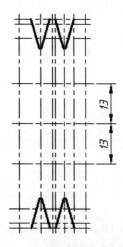

图 7-54　绘制两条辅助线

（6）在"01 层-粗实线"图层中，使用直线工具/命令，有序地连接相关交点，从而绘制出主视图的轮廓，如图 7-55 所示。

（7）删除不需要的辅助线，利用"TRIM"命令对主视图进行修剪，并打断相应的中心线，完成效果如图 7-56 所示。

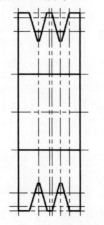

图 7-55　绘制出主视图的轮廓

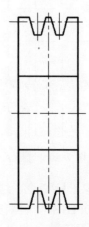

图 7-56　编辑后的效果

（8）在主视图中进行倒角操作，如图 7-57 所示（即创建不修剪的 4 处倒角）。接着补全倒角的轮廓线，删除多余的线段，如图 7-58 所示。

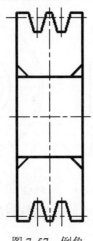

图 7-57　倒角

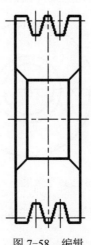

图 7-58　编辑

（9）利用"XLINE"（构造线）命令和"OFFSET"（偏移）命令绘制左视图的辅助线，如图 7-59 所示。

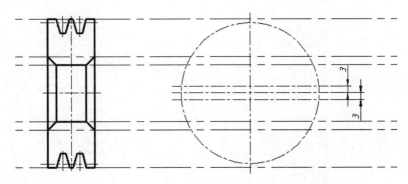

图 7-59　绘制辅助线

（10）根据辅助线对左视图进行主要轮廓线的绘制，并使用"XLINE"（构造线）命令和"OFFSET"（偏移）命令绘制相应的两条竖直辅助线，如图 7-60 所示。

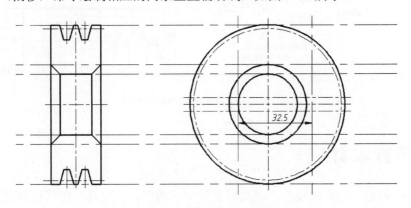

图 7-60　绘制左视图的主要轮廓线

（11）在左视图中绘制键槽，并删除不需要的辅助线，效果如图 7-61 所示。

（12）单击"填充图案"按钮，绘制剖面线，如图 7-62 所示，注意剖面线的图层设置。

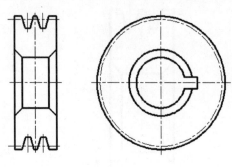

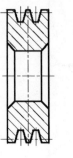
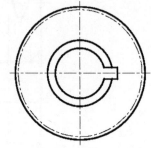

图 7-61　过程效果　　　　　　　　　　图 7-62　绘制剖面线

（13）接下去是标注尺寸、插入图框、填写标题栏、添加技术要求等工作，在此不再详细讲解。

图 7-63 是较为复杂的带轮零件图。

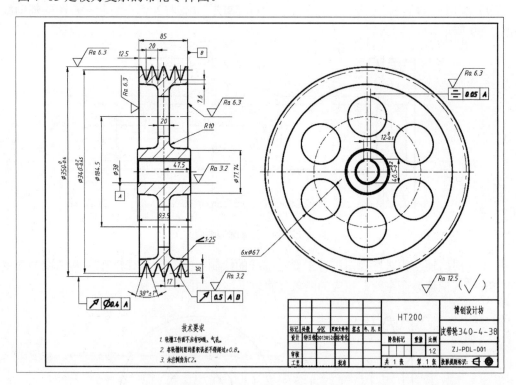

图 7-63　生产用的某带轮零件图

7.6　弹簧设计

弹簧是一种常见的机械零件，在机械设计中应用广泛，它是一种可以储能和变形的零件，可用于压牢、拉紧其他零件，并可用于减震、测力、夹紧等装置或设备中。

常用的弹簧有螺旋弹簧、板弹簧、平面涡卷弹簧、碟形弹簧等，其中最常用的是圆柱螺旋弹簧。根据受力的不同，圆柱螺旋弹簧又可以分为：压缩弹簧、拉伸弹簧和扭转弹簧，如图 7-64 所示。

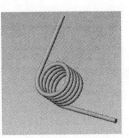

图 7-64　三种典型的螺旋弹簧

7.6.1　圆柱螺旋压缩弹簧的参数与其画法

要了解圆柱螺旋压缩弹簧的典型画法，首先需要了解圆柱螺旋压缩弹簧的如下参数，下面以图 7-65 为例进行说明。

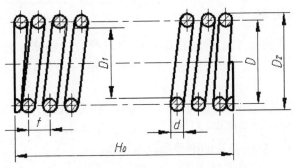

图 7-65　圆柱螺旋压缩弹簧

（1）弹簧丝直径（线径）d：指用于缠绕弹簧的钢丝直径。

（2）弹簧的节距 t：是指除了弹簧两端的支承圈外，相邻两圈截面中心的轴向距离。

（3）弹簧的内径 D_1、外径 D_2 和中径 D：弹簧的内径 D_1 是指弹簧的内圈直径；弹簧的外径 D_2 是指弹簧的外圈直径；弹簧的中径 D 是指弹簧内径和外径的平均值，即 $D=(D_1+D_2)/2$，同时弹簧的中径 $D=D_2-d$。

（4）弹簧丝展开长度 L：是指用于缠绕弹簧的钢丝长度。

（5）弹簧的支承圈数 n_0、有效圈数 n 和总圈数 n_1。一般情况下，压缩弹簧的两端是磨平（或锻平）和并紧的。并且磨平的各圈仅起支承和定位作用，这部分的弹簧圈被称为支承圈。最常见弹簧的支承圈为 2 圈，其他常见的支承圈有 1.5 圈和 2.5 圈。除了两端的支承圈外，中间各圈具有相等的节距，此为有效圈数 n。有效圈数 $n=$ 总圈数 n_1- 支承圈数 n_0。

（6）自由长度 H_0：是指弹簧在没有负载作用时的自然长度。自由长度的计算公式为 $H_0=nt+(n_0-0.5)d$，n_0 为支承圈数。当支承圈为 2.5 时，自由长度 $H_0=nt+2d$；当支承圈为 2 时，自由长度 $H_0=nt+1.5d$；当支承圈为 1.5 时，自由长度 $H_0=nt+d$。

单个圆柱螺旋压缩弹簧的画法规则主要有以下几点。

- 不论弹簧的支承圈为多少，均可按支承圈为 2.5 时的画法进行绘制。
- 在平行于螺旋弹簧轴线投影面的视图中，其各圈的轮廓应画为直线。
- 有效圈数在 4 圈以上的螺旋弹簧中间部分可以省略。圆柱螺旋弹簧的中部省略后，允许适当缩短图形的长度，截锥涡卷弹簧中部省略后用细实线相连。
- 右旋螺旋弹簧在图上一定要画成右旋；左旋弹簧可以画成左旋也可以画成右旋，但必须在图上注明"LH"或者"左旋"字样。即螺旋弹簧均可画出右旋，对必须保证的旋向要求应在"技术要求"中注明。
- 可按全剖视的方式绘制，也可以不采用全剖视的方式来绘制。当不采用全剖视的方式来绘制时，一般需要在支承圈部分绘制一两个弹簧丝（线径）剖面。
- 弹簧的参数应直接标注在图形上，若直接标注有困难，可以在技术要求中注明。当需要标明弹簧的机械性能时，必须用图解表示。

在装配图中画螺旋弹簧时，在剖面视图中允许只画出弹簧丝剖面区域，当弹簧丝直径在图形上等于或小于 2 mm 时，可将弹簧丝剖面全部涂黑，或者采用示意画法。机件被弹簧遮挡的轮廓一般不画，而未被弹簧遮挡的部分画到弹簧的外轮廓线处，当其在弹簧的省略部分时，画到弹簧的中径处。

7.6.2 绘制弹簧的实例

现在介绍圆柱弹簧的绘制实例。在该实例中，弹簧的规格和技术参数：有效圈数 n 为 6，支承圈数 n_0 为 2.5，弹簧线径 d 为 $\Phi6$ mm，外径 D_2 为 $\Phi42$ mm，节距 t 为 12 mm，右旋。

该弹簧平面工程图的绘制步骤如下（新建 dwg 格式的图形文件时，可选用本书提供的配套图形样板文件"/博创制图样板/ ZJ-A4 竖向-留装订边.dwt"）。

（1）由弹簧的参数，算出弹簧的中径和自由长度。

弹簧中径 D=外径 D_2-弹簧线径 d=42 mm-6 mm=36 mm。

弹簧的自由长度 H_0=nt+2.5d=6*12+(2.5-0.5)*6=72+12=84 mm

（2）根据弹簧的自由长度 H_0=84 mm、弹簧的中径 D=36 mm，在绘图区域绘制出如图 7-66a 所示的图形，注意各段图形的线型，图形的主要尺寸如图 7-66b 所示。

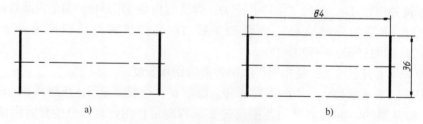

图 7-66　绘制弹簧框架

a）绘制图形　b）图形的参考尺寸

（3）主要根据弹簧的线径 d，绘制支承圈部分弹簧钢丝的截面（断面），如图 7-67a 所示。为了便于说明，图 7-67b 给出了支承圈部分弹簧钢丝的相关尺寸关系。

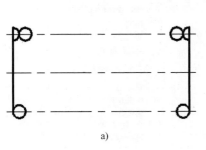 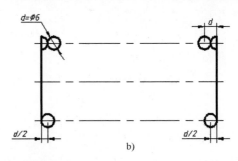

图 7-67　绘制支承圈部分

a) 绘制支承圈部分　b) 支承圈部分的尺寸关系

（4）根据节距 t，绘制有效圈部分弹簧钢丝的截面（断面），如图 7-68a 所示。为了便于说明，图 7-68b 给出了有效圈部分的尺寸关系，注意圆 5 和圆 6 的绘制技巧：从圆 1、圆 2 之间的中点作垂线与另一侧中心线相交，再从圆 3、圆 4 之间的中点作垂线与另一侧中心线相交，然后以相应交点分别绘制圆 5 和圆 6。

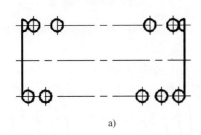 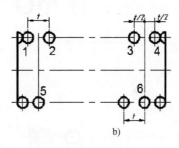

图 7-68　绘制部分有效圈

a) 绘制部分的有效圈　b) 有效圈部分的尺寸关系

（5）按右旋方向做出相应圆的公切线，如图 7-69 所示。在画公切线的时候，注意巧妙使用临时捕捉替代的"切点"功能，即按〈Shift〉键的同时单击鼠标右键，接着从弹出的快捷菜单中选择"切点"命令，如图 7-70 所示。如果调用了"对象捕捉"工具栏，那么可以使用该工具栏中的"相切"工具按钮 ○。以下是绘制其中两个圆的一条公切线的操作说明。

命令: _line	//单击"直线"按钮 ✏
指定第一个点: _tan 到	//将鼠标置于绘图区域中，按〈Shift〉键的同时单击鼠标右键，接着从弹出的快捷菜单中选择"切点"命令，然后在图形窗口中选择所需一个圆，注意选择圆的大致切点位置
指定下一点或 [放弃(U)]: _tan 到	//按〈Shift〉键的同时单击鼠标右键，接着从弹出的快捷菜单中选择"切点"命令，然后在图形窗口中选择所需的一个圆
指定下一点或 [放弃(U)]: ↙	

（6）绘制剖面线，并修改弹簧的起始端的细节，如图 7-71 所示。

（7）标注主要尺寸，注写基准和标注形位公差，如图 7-72 所示。

（8）注写表面结构要求，效果如图 7-73 所示。

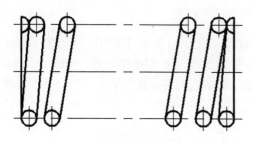

图 7-69　绘制公切线

图 7-70　使用捕捉替代的快捷菜单

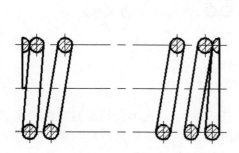

图 7-71　绘制剖面线、修改细节

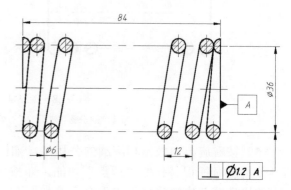

图 7-72　标注主要尺寸

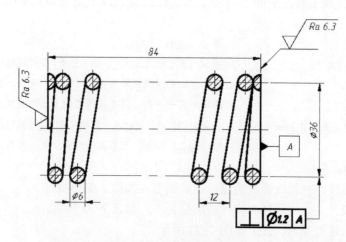

图 7-73　注写表面结构要求

（9）插入图框、填写标题栏、加注技术要求等，完成的零件图如图 7-74 所示。

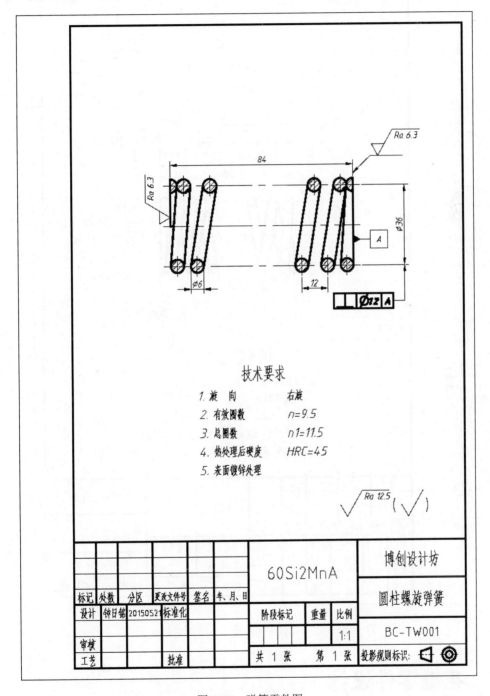

技术要求

1. 旋　向　　　　　右旋
2. 有效圈数　　　　n=9.5
3. 总圈数　　　　　n1=11.5
4. 热处理后硬度　　HRC=45
5. 表面镀锌处理

$\sqrt{Ra\,12.5}\,(\sqrt{\ })$

标记	处数	分区	更改文件号	签名	年、月、日				60Si2MnA		博创设计坊	
设计	钟日铭		20150521	标准化							圆柱螺旋弹簧	
						阶段标记		重量	比例			
审核									1:1		BC-TW001	
工艺			批准			共 1 张		第 1 张	投影规则标识			◁ ◎

图 7-74　弹簧零件图

如图 7-74 所示是使用全剖视的方式绘制的弹簧视图，而如图 7-75 所示（螺旋压缩弹簧工作图图例示例）是不使用全剖视方式绘制的压缩弹簧视图，读者应该掌握这两种不同的绘制方式。该示例压缩弹簧的端部形式为 YI 型，两端面并紧，每端磨平。

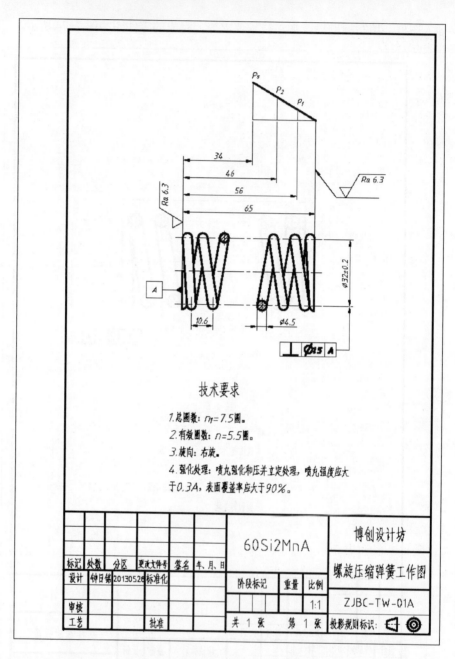

图 7-75　螺旋压缩弹簧工作图图例示例

7.7　花键零件设计

花键是一种常用的标准要素，它的主要性状特点是在轴或孔的表面上等距分布有相同的键齿。花键的齿形有矩形和渐开线性等，其中矩形花键应用最广。

花键结构在外圆柱（或外圆锥）表面上的称为外花键，花键结构在内圆柱孔（或内圆锥孔）表面上的称为内花键。

7.7.1 花键零件的画法

下面主要介绍矩形花键的画法及其尺寸标注的方式。

1. 外花键

在平行于外花键轴线的投影面视图中，大径 D 用粗实线绘制，小径 d 用细实线绘制，工作长度 L 的终止端和尾部轮廓均用细实线绘制，并与轴线垂直；尾部末端画成与轴线成30°的斜线，必要时可按实际情况画出，该斜线采用细实线，如图 7-76 所示。

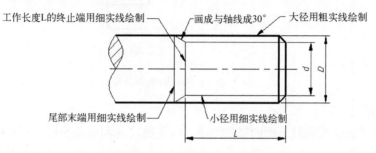

图 7-76　外花键的画法 1

在垂直于花键轴线的投影面的视图中，花键的小径应该为细实线，大径为粗实线，倒角圆按规定可不进行绘制，如图 7-77 所示。

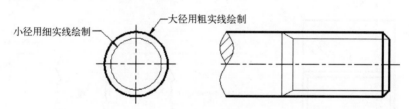

图 7-77　外花键的画法 2

用户可以采用断面图来表示外花键的性状。在断面图中可以画出全部齿形，也可以画出一部分齿形（外花键未画齿处大径用粗实线圆表示，未画齿处小径用细实线圆表示），当只画出部分齿形时需要注明键数（齿数），如图 7-78 所示。

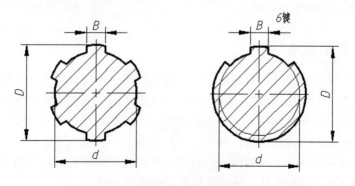

图 7-78　外花键的断面画法

在绘制外花键件时，还有另外一种情况需要注意，就是当花键轴内部具有某种结构时，通常需要在平行于花键轴线的投影面视图中采用局部剖视图来表达，键齿按不剖绘制，并且在局部剖视图中，花键的内径（小径）用粗实线表示，如图 7-79 所示。

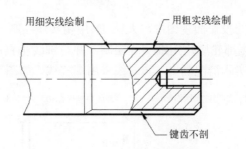

用细实线绘制　用粗实线绘制

键齿不剖

图 7-79　花键件的局部剖视

2．内花键

在平行于花键轴线的投影面的剖视图中，内花键大径和小径均用粗实线绘制，并且键齿按不剖绘制，如图 7-80 所示。在垂直于花键轴线的投影面的视图中，可以画出内花键的全部齿形，也可以只画出一部分齿形并注明键数（齿数），如图 7-81 所示。画出部分齿形时，未画齿处大径用细实线圆表示，小径用粗实线圆表示。

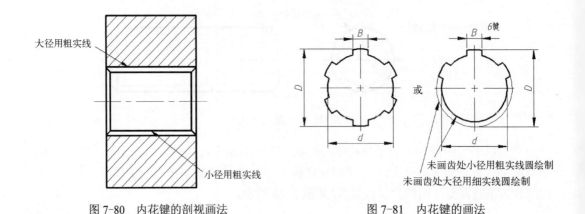

大径用粗实线

小径用粗实线

图 7-80　内花键的剖视画法

或

6键

未画齿处小径用粗实线圆绘制
未画齿处大径用细实线圆绘制

图 7-81　内花键的画法

7.7.2　花键零件的注法

花键零件的尺寸标注方法主要有两种。一种是在图中使用标注工具分别标注出花键的公称尺寸，例如大径 D、小径 d、键宽 B 和工作长度 L 的尺寸，并要表示出花键齿数，如图 7-78 和图 7-81 所示。另外一种标注方法是在图中指引出花键的标记代号，包括表明花键类型的图形符号、花键标记和工作长度等，如图 7-82 所示。一般情况下，矩形花键的标记代号的注写格式：键数(N)×小径(d)×大径(D)×键宽(B)，指引线应该从花键的大径引出。需要时，可将花键的公差带代号、标准编号等一同注写在指引线上。

对于外花键长度的注法：一般标注工作长度 L，亦可再加尾部长度或全长。

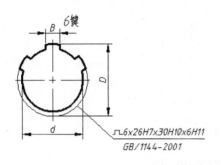

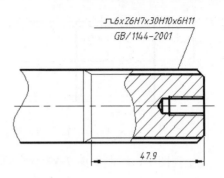

图 7-82 花键零件的标记代号注法

7.7.3 花键零件的绘制实例

本节以最常用的外花键零件为例，说明花键零件的绘制方法，花键的实体模型如图 7-83 所示。

该花键的零件图按如下步骤进行绘制。

（1）选择的表达方案为以平行于花键轴线的投影面视图为主视图，以垂直于轴线的投影面视图作为左视图。

（2）绘制用作视图定位基准的中心线，如图 7-84 所示。

图 7-83 花键的实体模型

图 7-84 绘制定位中心线

（3）在主视图中，用粗实线绘制最左侧的轮廓线（长 30 mm），然后使用"OFFSET"命令分别绘制出花键工作长度处的终止端和零件的最右侧轮廓线，注意将终止端的轮廓线改为细实线，如图 7-85 所示。

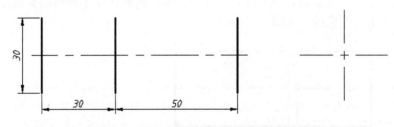

图 7-85 绘制主视图的垂直方向上的主要轮廓

（4）在主视图中，通过"OFFSET"命令分别确定外花键的大径和小径，如图 7-86 所示。

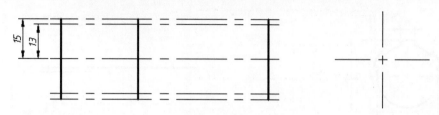

图 7-86　确定花键的大、小径

（5）在主视图中，绘制如图 7-87 所示的与轴线成 30°的斜线，绘制过程如下。

命令: _line

指定第一个点:　　　　　　　　　　//选择如图 7-87 所示的 A 点

指定下一点或 [放弃(U)]: @8<30✓　　//输入 "@8<30"，按〈Enter〉键确认

指定下一点或 [放弃(U)]: ✓　　　　//按〈Enter〉键

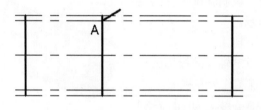

图 7-87　绘制一条斜线

（6）在主视图中，以镜像的方法绘制另外一条斜线，如图 7-88 所示。

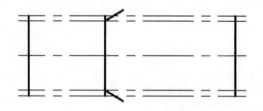

图 7-88　镜像斜线

　　（7）在主视图中，根据绘制的辅助线，使用直线工具/命令来绘制相关轮廓线，并将不需要的辅助线删除掉，注意设置或更改相关线的线型，比如花键小径用细实线，外径用粗实线，花键尾部末端用细实线。如图 7-89 所示。

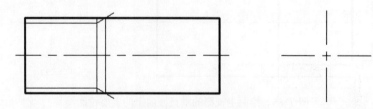

图 7-89　绘制相关线

　　（8）在主视图创建规格为 *C2* 的倒角，补齐线段，并通过修剪工具将多余的线段修剪掉，结果如图 7-90 所示。

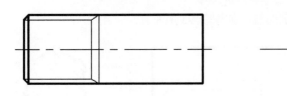

图 7-90　绘制完主视图

（9）在左视图中，用粗直线分别绘制直径为 30 mm 和 26 mm 的同心圆，如图 7-91 所示。

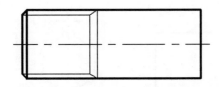

图 7-91　在左视图中绘制两个圆

（10）使用"OFFSET"命令绘制键齿的两条辅助线，如图 7-92 所示。

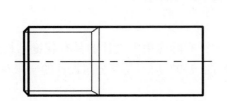
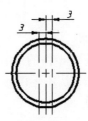

图 7-92　绘制两条辅助线

（11）连接线段，删除辅助线，并通过"TRIM"命令修剪出第一个键齿，如图 7-93 所示。

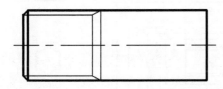

图 7-93　绘制出第一个键齿

（12）利用环形阵列（⬚）的方式来阵列出其他 5 个键齿，删除多余的线段，如图 7-94 所示。

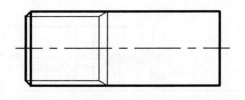
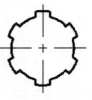

图 7-94　绘制其他键齿

（13）在左视图中添加剖面线，如图 7-95 所示。

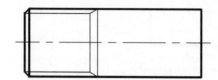

图 7-95　添加剖面线

（14）标注尺寸，如图 7-96 所示。

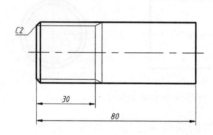
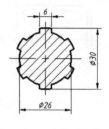

图 7-96　标注尺寸

（15）其他省略。

以上是简单花键零件的绘制实例，在实际应用中设计的具有花键结构的零件将会更复杂，但基本的绘制方法还是相同的。如图 7-97 所示是某公司设计的一张花键零件图，读者可以尝试着画一画。

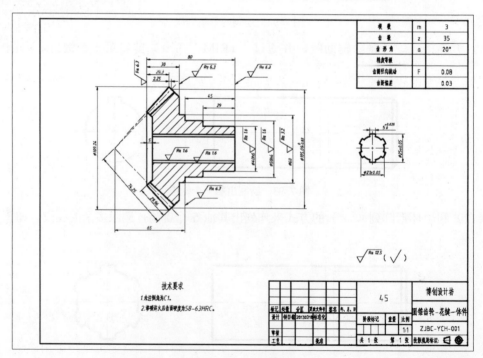

图 7-97　花键零件图

7.8 箱体设计

箱体类零件一般起着支承、容纳、定位和密封等作用，因此，这类零件多数是中空的壳体，具有内腔和薄壁特征；此外还常具有轴孔、轴承孔、凸台和肋板等结构。为了方便其他配套零件的安装或箱体自身在机器上的安装，常设计具有安装底板、法兰、安装孔和螺纹孔等结构；为了防止尘埃、污物进入箱体，通常需要给箱体设计密封结构，例如，安装密封毡圈、密封垫片的结构；多数箱体内安装有运动零、部件，为了润滑，箱体内常盛有润滑油，因此箱壁部分常设计有供安装箱盖、轴承盖、油标、油塞等零件的凸缘、凸台、凹坑、螺孔等结构。

箱体零件的结构形状一般都比较复杂，通常需要多个基本视图来进行表达，常采用剖视图表示箱体的内部结构。当外部结构形状简单而内部结构形状复杂，并且具有对称平面时，一般可对该平面的一侧进行半剖视处理；当外部结构形状复杂而内部结构形状简单，可考虑采用局部剖视的方式，对于较简单一些的内部结构形状，可采用虚线来表示；当内外结构形状都比较复杂时，可采用局部剖视，或者增加视图分别来表达内、外部的结构形状，甚至可以采用局部视图、断面等方式来辅助表达。总之，要采用尽量少的视图、尽量简单的视图，来进行箱体的零件图设计。

本节所采用的箱体零件的三维模型如图 7-98 所示。下面介绍如何设计该箱体零件的零件图，在绘制过程中可以通过在状态栏中单击"显示/隐藏线宽"按钮▇来隐藏线宽。

（1）从主视图入手，用"LINE""OFFSET""TRIM"等命令画出主视图的重要轴线、端面辅助线等，这些线条就构成了主视图的布局线，如图 7-99 所示。

（2）将主视图分成若干部分，然后以布局线作为制图基准线，使用"绘图"面板和"修改"面板中的相关工具按钮，画出各部分的细节特征，并根据投影关系调整各线条的线型，如图 7-100 所示。

图 7-98 箱体零件

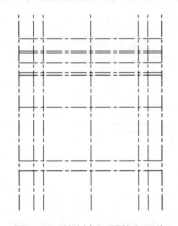

图 7-99 绘制主视图的布局线

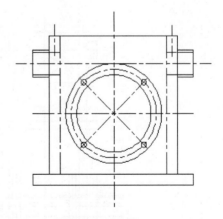

图 7-100 初步画出主视图

（3）用"XLINE"（构造线）命令，从主视图画出各关键位置的水平投影构造线，然后再绘制左视图的重要端面线和定位中心线。绘制的这些线条就构成了左视图的布局线，如图 7-101 所示。

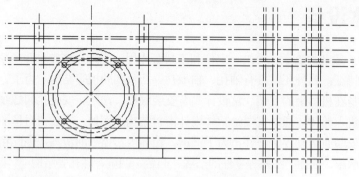

图 7-101　绘制左视图的构造线

（4）将左视图分成若干部分，再以布局线作为绘图的基准线，使用相关工具按钮画出各部分的细节特征，如图 7-102 所示。

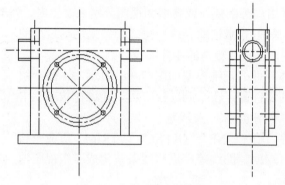

图 7-102　初步绘制左视图

（5）考虑主视图、左视图对俯视图的投影关系，绘制出俯视图所需各条辅助线，参考效果如图 7-103 所示。

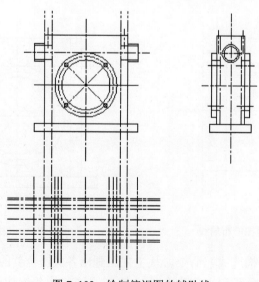

图 7-103　绘制俯视图的辅助线

（6）将俯视图分成若干部分，然后根据投影关系逐步画出俯视图中的各部分的细节特征，并注意线型的调整和视图位置的调整，得到的效果如图 7-104 所示。

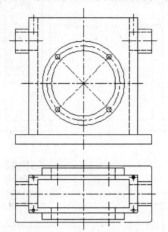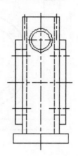

图 7-104　初步完成的三视图

（7）步骤 6 完成的 3 个视图基本上能够将该箱体零件表达清楚，但还不是最佳的表达方案，比如图中过多地使用了虚线。考虑到该箱体零件具有对称平面，可以在主视图、左视图中采用半剖视来表达其内部结构形状。操作方法很简单，就是分别将主视图、左视图中的位于对称平面（投影为中心线）一侧的虚线全部改为粗实线，而另一侧相关的虚线可以删掉，然后修剪、去掉多余的线段，再画上剖面线，如图 7-105 所示。

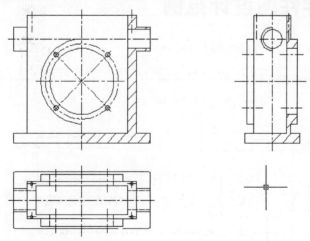

图 7-105　采用半剖视

　　说明：由于箱体零件多为铸造件，一般需要考虑加工工艺所带来的倒圆角特征，因此可以在步骤 7 未画上剖面线之前，对相关的轮廓线进行倒圆角操作，并删除倒圆角后留下来的多余线段，然后再绘制剖面线。

（8）进行尺寸标注。箱体零件的定位尺寸比较多，在标注尺寸时一定要把这些定位尺寸标注得合理，容易读懂，如图 7-106 所示。图中添加了图框和标题栏，并通过在状态栏中单击"显示/隐藏线宽"按钮 来显示线宽。

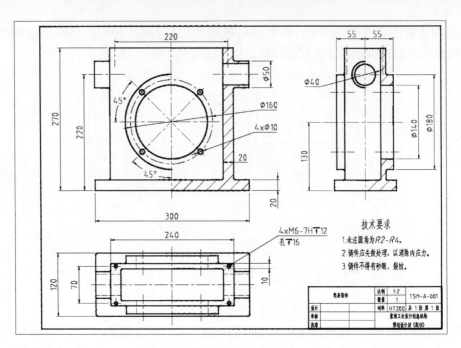

图 7-106　标注尺寸

（9）其他省略。

7.9　钣金零件图设计范例

本实例完成的钣金片零件图如图 7-107 所示。

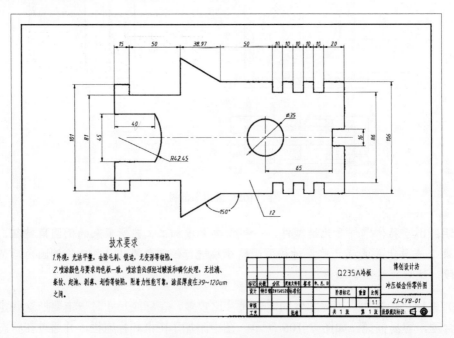

图 7-107　钣金片零件图

钣金件是具有指定厚度的一类特殊零件，其厚度可以在视图中用指引线的方式引出标注。下面介绍具体的绘制方法及步骤。

（1）在"快速访问"工具栏中单击"新建"按钮，接着在弹出来的对话框中单击"浏览"按钮，选择"ZJ-A3 横向-不留装订边"文件（该文件位于配套光盘的"博创制图样板"文件夹中），然后单击"打开"按钮。本例使用"草图与注释"工作空间进行图形绘制。

（2）在"快速访问"工具栏中单击"另存为"按钮，或者从菜单栏中选择"文件"→"另存为"命令，将其另存为"钣金片零件图.dwg"。

（3）在"图层"面板的"图层"下拉列表框中选择"05 层-细点画线"层，并在状态栏中设置启用"正交"模式。

（4）单击"直线"按钮，在图框内绘制如图 7-108 所示的 3 条中心线。其中，两条竖直中心线之间的距离为 65 mm。

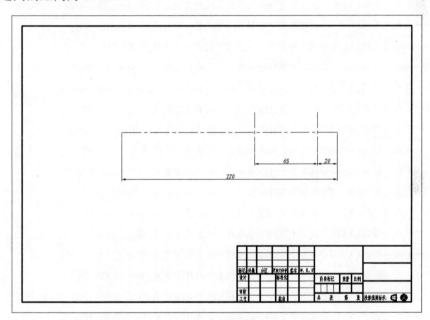

图 7-108　绘制两根中心线

（5）选择所绘制的 3 条中心线，从"快速访问"工具栏中单击"特性"按钮，打开"特性"选项板。在"特性"选项板的"常规"选项区域，将线型比例设置为 0.8，如图 7-109所示。然后将"特性"选项板关闭，并按〈Esc〉键取消中心线的选择状态。

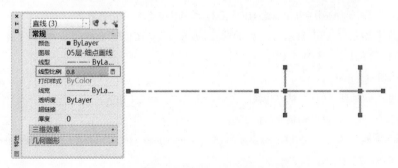

图 7-109　设置中心线的线型比例

知识点拨： 如果先使用"特性"选项板将其中的一条中心线的线型比例设置为 0.8，那么可以单击"特性匹配"按钮📇进行操作，来使其他中心线的线型比例也匹配为 0.8。

（6）将"01 层-粗实线"层设置为当前活动图层。

（7）单击"多段线"按钮➴，根据命令提示，进行下列操作。

命令: _pline

指定起点:_int 于   //选择右侧竖直中心线和水平中心线的交点

当前线宽为 0.0000

指定下一个点或 [圆弧(A)/半宽(H)/长度(L)/放弃(U)/宽度(W)]: @8<90↙

指定下一点或 [圆弧(A)/闭合(C)/半宽(H)/长度(L)/放弃(U)/宽度(W)]: @12<0↙

指定下一点或 [圆弧(A)/闭合(C)/半宽(H)/长度(L)/放弃(U)/宽度(W)]: @45<90↙

指定下一点或 [圆弧(A)/闭合(C)/半宽(H)/长度(L)/放弃(U)/宽度(W)]: @20<180↙

指定下一点或 [圆弧(A)/闭合(C)/半宽(H)/长度(L)/放弃(U)/宽度(W)]: @10<270↙

指定下一点或 [圆弧(A)/闭合(C)/半宽(H)/长度(L)/放弃(U)/宽度(W)]: @10<180↙

指定下一点或 [圆弧(A)/闭合(C)/半宽(H)/长度(L)/放弃(U)/宽度(W)]: @10<90↙

指定下一点或 [圆弧(A)/闭合(C)/半宽(H)/长度(L)/放弃(U)/宽度(W)]: @10<180↙

指定下一点或 [圆弧(A)/闭合(C)/半宽(H)/长度(L)/放弃(U)/宽度(W)]: @10<270↙

指定下一点或 [圆弧(A)/闭合(C)/半宽(H)/长度(L)/放弃(U)/宽度(W)]: @10<180↙

指定下一点或 [圆弧(A)/闭合(C)/半宽(H)/长度(L)/放弃(U)/宽度(W)]: @10<90↙

指定下一点或 [圆弧(A)/闭合(C)/半宽(H)/长度(L)/放弃(U)/宽度(W)]: @10<180↙

指定下一点或 [圆弧(A)/闭合(C)/半宽(H)/长度(L)/放弃(U)/宽度(W)]: @10<270↙

指定下一点或 [圆弧(A)/闭合(C)/半宽(H)/长度(L)/放弃(U)/宽度(W)]: @10<180↙

指定下一点或 [圆弧(A)/闭合(C)/半宽(H)/长度(L)/放弃(U)/宽度(W)]: @10<90↙

指定下一点或 [圆弧(A)/闭合(C)/半宽(H)/长度(L)/放弃(U)/宽度(W)]: @50<180↙

指定下一点或 [圆弧(A)/闭合(C)/半宽(H)/长度(L)/放弃(U)/宽度(W)]: @45<150↙

指定下一点或 [圆弧(A)/闭合(C)/半宽(H)/长度(L)/放弃(U)/宽度(W)]: @35<270↙

指定下一点或 [圆弧(A)/闭合(C)/半宽(H)/长度(L)/放弃(U)/宽度(W)]: @50<180↙

指定下一点或 [圆弧(A)/闭合(C)/半宽(H)/长度(L)/放弃(U)/宽度(W)]: @10<90↙

指定下一点或 [圆弧(A)/闭合(C)/半宽(H)/长度(L)/放弃(U)/宽度(W)]: @15<180↙

指定下一点或 [圆弧(A)/闭合(C)/半宽(H)/长度(L)/放弃(U)/宽度(W)]: @28<270↙

指定下一点或 [圆弧(A)/闭合(C)/半宽(H)/长度(L)/放弃(U)/宽度(W)]: @40<0↙

指定下一点或 [圆弧(A)/闭合(C)/半宽(H)/长度(L)/放弃(U)/宽度(W)]: A↙

指定圆弧的端点(按住 Ctrl 键以切换方向)或 [角度(A)/圆心(CE)/闭合(CL)/方向(D)/半宽(H)/直线(L)/半径(R)/第二个点(S)/放弃(U)/宽度(W)]: CE↙

指定圆弧的圆心: @-36,-22.5↙

指定圆弧的端点(按住〈Ctrl〉键以切换方向)或 [角度(A)/长度(L)]: A↙

指定夹角(按住〈Ctrl〉键以切换方向): -180↙

指定圆弧的端点(按住〈Ctrl〉键以切换方向)或 [角度(A)/圆心(CE)/闭合(CL)/方向(D)/半宽(H)/直线(L)/半径(R)/第二个点(S)/放弃(U)/宽度(W)]: ↙

绘制的二维多段线如图 7-110 所示（图中已经删除了最右侧的竖直中心线）。

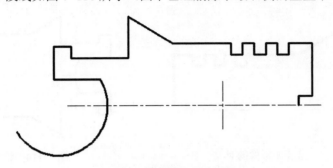

图 7-110 绘制的二维多段线

（8）单击"修剪"按钮 ，根据命令提示来执行下列操作。

命令:_trim

当前设置:投影=UCS，边=延伸

选择剪切边...

选择对象或 <全部选择>:↙ //按〈Enter〉键

选择要修剪的对象，或按住 Shift 键选择要延伸的对象，或

[栏选(F)/窗交(C)/投影(P)/边(E)/删除(R)/放弃(U)]: //单击如图 7-111 所示的圆弧段

选择要修剪的对象，或按住 Shift 键选择要延伸的对象，或

[栏选(F)/窗交(C)/投影(P)/边(E)/删除(R)/放弃(U)]: ↙

修剪结果如图 7-112 所示。

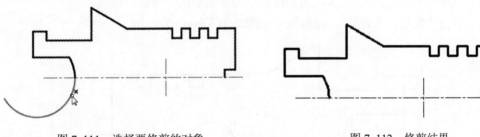

图 7-111 选择要修剪的对象　　　　　　图 7-112 修剪结果

（9）单击"镜像"按钮 ，根据命令提示来执行下列操作。

命令:_mirror

选择对象: 找到 1 个 //选择多段线，如图 7-113 所示

选择对象: ↙

指定镜像线的第一点: //在水平中心线上选择左端点

指定镜像线的第二点: //在水平中心线上选择右端点

要删除源对象吗? [是(Y)/否(N)] <N>:↙ //不删除源对象

镜像结果如图 7-114 所示。

（10）单击"圆：圆心，半径"按钮 ，以两条中心线的交点作为圆心，绘制一个直径为 35 mm 的圆，如图 7-115 所示。为了便于捕捉到两条中心线的交点，可以在"指定圆的圆心"提示下，按<Shift>键的同时单击鼠标右键，接着从弹出的快捷菜单中选择"交点"命

令，然后选择所需的交点。

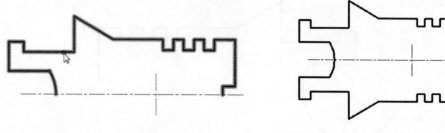

图 7-113　选择要镜像的对象　　　　　　　图 7-114　镜像结果

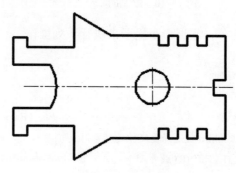

图 7-115　绘制圆

（11）将"08 层-尺寸注释"图层设置为当前活动图层，并将当前标注样式设置为图形样板提供的"ZJBZ-X5"标注样式（该图形样板已经定制好的一种标注样式）。

（12）单击"线性"按钮 ，分别标注如图 7-116 所示的尺寸。

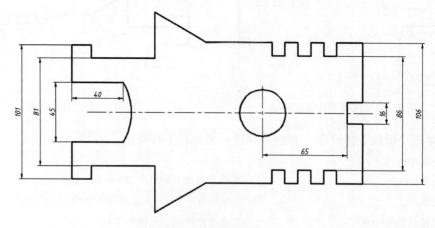

图 7-116　标注部分线性尺寸

（13）单击"线性"按钮 ，根据命令提示进行下列操作。

命令:_dimlinear

指定第一个尺寸界线原点或 <选择对象>:　　　　　　　　　//选择如图 7-117 所示的点 1

指定第二条尺寸界线原点:　　　　　　　　　　　　　　　//选择如图 7-117 所示的点 2

指定尺寸线位置或 [多行文字(M)/文字(T)/角度(A)/水平(H)/垂直(V)/旋转(R)]:

//指定尺寸线放置位置如图 7-118 所示

标注文字 = 20

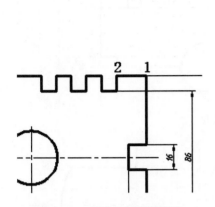

图 7-117　指定两延伸线原点

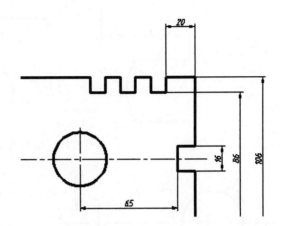

图 7-118　创建一处线性尺寸

（14）在功能区"注释"选项卡的"标注"面板中单击"连续标注"按钮 ，系统自动以上一创建的线性尺寸为基准，执行下列操作。

命令: _dimcontinue

指定第二条尺寸界线原点或 [放弃(U)/选择(S)] <选择>:　　　//选择如图 7-119 所示的顶点 3

标注文字 = 10

指定第二条尺寸界线原点或 [放弃(U)/选择(S)] <选择>:　　　//选择如图 7-119 所示的顶点 4

标注文字 = 10

指定第二条尺寸界线原点或 [放弃(U)/选择(S)] <选择>:　　　//选择如图 7-119 所示的顶点 5

标注文字 = 10

指定第二条尺寸界线原点或 [放弃(U)/选择(S)] <选择>:　　　//选择如图 7-119 所示的顶点 6

标注文字 = 10

指定第二条尺寸界线原点或 [放弃(U)/选择(S)] <选择>:　　　//选择如图 7-119 所示的顶点 7

标注文字 = 10

指定第二条尺寸界线原点或 [放弃(U)/选择(S)] <选择>:　　　//选择如图 7-119 所示的顶点 8

标注文字 = 50

指定第二条尺寸界线原点或 [放弃(U)/选择(S)] <选择>:　　　//选择如图 7-119 所示的顶点 9

标注文字 = 38.97

指定第二条尺寸界线原点或 [放弃(U)/选择(S)] <选择>:　　　//选择如图 7-119 所示的顶点 10

标注文字 = 50

指定第二条尺寸界线原点或 [放弃(U)/选择(S)] <选择>:　　　//选择如图 7-119 所示的顶点 11

标注文字 = 15

指定第二条尺寸界线原点或 [放弃(U)/选择(S)] <选择>:↙

选择连续标注: ↙

（15）单击"标注直径"按钮 ，创建如图 7-120 所示的直径尺寸。接着单击"标注半径"按钮 ，标注如图 7-121 所示的半径尺寸。

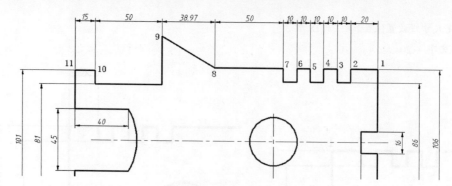

图 7-119　标注连续尺寸

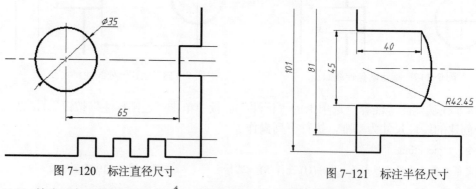

图 7-120　标注直径尺寸　　　　　　　　　图 7-121　标注半径尺寸

（16）单击"标注角度"按钮△，创建如图 7-122 所示的角度尺寸。

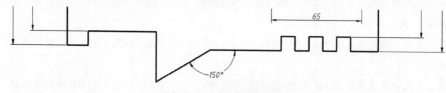

图 7-122　创建角度尺寸

（17）标注厚度尺寸。使用直线工具绘制引线，接着单击"多行文字"按钮 **A** 在引线适当位置处加注厚度值，注意在厚度尺寸数字前加注符号"t"，如图 7-123 所示。

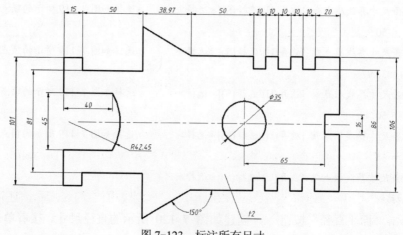

图 7-123　标注所有尺寸

（18）填写标题栏。双击标题栏，弹出"增强属性编辑器"对话框，从中设置各标记对应的值，如图 7-124 所示，然后单击"增强属性编辑器"对话框中的"确定"按钮。

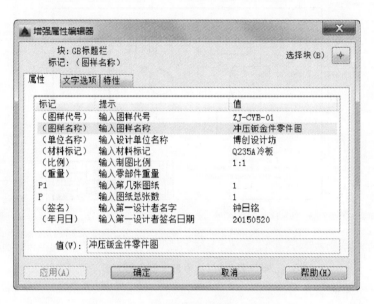

图 7-124 "增强属性编辑器"对话框

填写好基本信息的标题栏如图 7-125 所示。

标记	处数	分区	更改文件号	签名	年、月、日		Q235A冷板			博创设计坊
设计	钟日铭	20150520	标准化							冲压钣金件零件图
							阶段标记	重量	比例	
审核									1:1	ZJ-CYB-01
工艺			批准				共 1 张		第 1 张	投影规则标识:

图 7-125 填写好基本信息的标题栏

（19）在命令行中输入"Z"或者"ZOOM"，进行以下操作。

命令: ZOOM↙

指定窗口的角点，输入比例因子 (nX 或 nXP)，或者 [全部(A)/中心(C)/动态(D)/范围(E)/上一个(P)/比例(S)/窗口(W)/对象(O)] <实时>: A↙

该零件图自动调整以全部显示在当前窗口屏幕中，效果如图 7-126 所示，还可以在图纸中添加技术要求等其他内容。

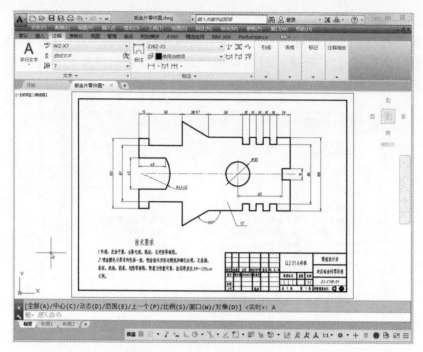

图 7-126　显示零件图的全部图形

（20）保存文件。

7.10　套筒零件设计范例

套筒零件通常具有和轴类零件相似的结构，可以为中空的，在其零件图表达上通常采用全剖视图，外加适当的断面图或指定位置和方向的若干剖视图。

本节范例的套筒零件参考尺寸如图 7-127 所示。

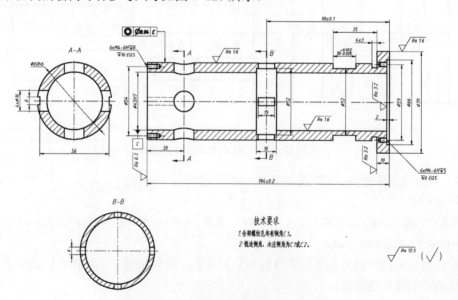

图 7-127　套筒零件的相关尺寸及注释

下面介绍该套筒零件图具体的绘制方法及步骤。

（1）单击"新建"按钮，接着在弹出来的对话框中单击"浏览"按钮，选择"ZJ-A3横向-不留装订边"文件（该文件位于配套光盘的"博创制图样板"文件夹中），然后单击"打开"按钮。本例选择"草图与注释"工作空间进行绘图操作。

（2）另存文件。在"快速访问"工具栏中单击"另存为"按钮，或者从菜单栏中选择"文件"→"另存为"命令，将其另存为"套筒零件图.dwg"。

（3）在功能区"默认"选项卡的"图层"面板的"图层"下拉列表框中选择"05 层-细点画线"图层，并在状态栏中设置启用"正交"模式，打开线宽显示模式。

（4）绘制中心线。单击"直线"按钮，按照以下命令行操作来绘制如图 7-128 所示的中心线。

命令: _line 指定第一点: 142,190✓

指定下一点或 [放弃(U)]: @200<0✓

指定下一点或 [放弃(U)]: ✓

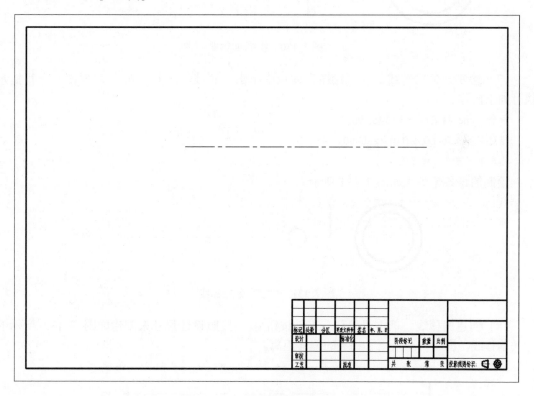

图 7-128　绘制主视图的水平中心线

（5）将"01 层-粗实线"层设置为当前图层。

（6）绘制若干个圆。在"绘图"面板中单击"圆：圆心，半径"工具按钮，根据命令行提示进行如下操作。

命令: _circle 指定圆的圆心或 [三点(3P)/两点(2P)/切点、切点、半径(T)]: 92,190✓

指定圆的半径或 [直径(D)] <30.0000>: D✓

指定圆的直径 <60.0000>: 60✓

绘制的第一个圆如图 7-129 所示。

图 7-129　绘制第一个圆

使用同样的方法，绘制其他两个圆（直径分别为 45 mm 和 16 mm），其中最小圆的圆心坐标为"175,190"，如图 7-130 所示。

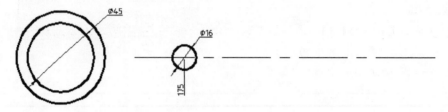

图 7-130　绘制两个圆

（7）绘制一条轮廓线。在"绘图"面板中单击"直线"工具按钮，根据命令行提示执行如下操作。

命令: _line 指定第一点: 145,190↙

指定下一点或 [放弃(U)]: @30<90↙

指定下一点或 [放弃(U)]: ↙

绘制的该条轮廓线如图 7-131 所示。

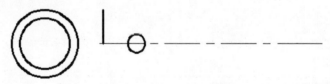

图 7-131　绘制一条轮廓线

（8）创建偏移线。单击"偏移"工具按钮，按照设计尺寸来创建如图 7-132 所示的相关偏移线，图中特意给出了相关的偏移距离。

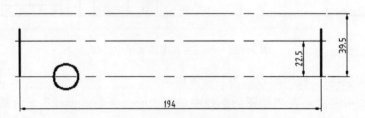

图 7-132　创建偏移线

（9）延伸直线。单击"延伸"按钮，根据命令行提示执行如下操作。

命令: _extend

当前设置:投影=UCS，边=延伸

选择边界的边...

选择对象或 <全部选择>: 找到 1 个　　　　　　　//选择如图 7-133 所示的中心线作为边界的边

选择对象: ✓

选择要延伸的对象，或按住〈Shift〉键选择要修剪的对象，或

[栏选(F)/窗交(C)/投影(P)/边(E)/放弃(U)]:　　　　//选择如图 7-133 所示的要延伸的对象

选择要延伸的对象，或按住〈Shift〉键选择要修剪的对象，或

[栏选(F)/窗交(C)/投影(P)/边(E)/放弃(U)]: ✓

延伸结果如图 7-134 所示。

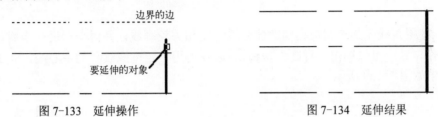

图 7-133　延伸操作　　　　　　　　　　　图 7-134　延伸结果

（10）创建偏移线。单击"偏移"工具按钮 🖳，按照设计尺寸来创建如图 7-135 所示的相关偏移线，图中特意给出了相关的偏移距离。

图 7-135　创建偏移线

（11）使用直线工具按钮根据辅助线绘制相关轮廓线，如图 7-136 所示。

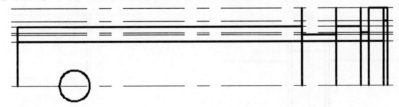

图 7-136　绘制相关轮廓线

（12）将不再需要的偏移辅助线删掉，并使用"修剪"工具按钮 ✐ 来初次修整图形，结果如图 7-137 所示。

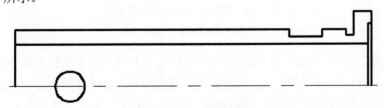

图 7-137　初次修整图形

（13）创建偏移线。单击"偏移"工具按钮⌐₋，按照设计尺寸来创建如图 7-138 所示的相关偏移线，图中特意给出了相关的偏移距离。

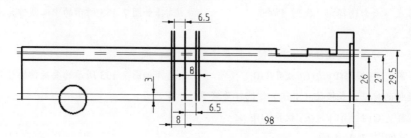

图 7-138 绘制相关偏移辅助线

（14）使用直线工具按钮根据辅助偏移线绘制相关轮廓线，并对图形进行修剪、打断和删除等操作，其中可以单击"打断"按钮⌐□以获得用于定位螺纹孔的中心线，完成此步骤的操作结果如图 7-139 所示。

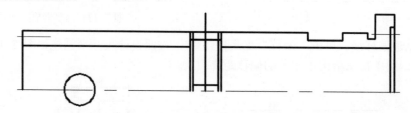

图 7-139 本步骤操作结果

（15）更改选定直线的线型并调整其长度。选择如图 7-140a 所示的直线，接着在"图层"工具栏的"图层控制"下拉列表框中选择"05 层-细点画线"图层（中心线层），从而将该直线的线型设置为细点画线（中心线）。然后将该中心线适当拉长，以获得如图 7-140b 所示的效果。

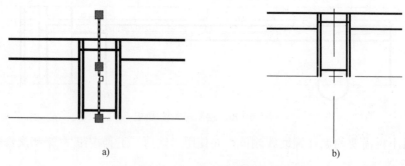

图 7-140 修改选定中心线的线型等

a) 选择要编辑的直线   b) 修改效果

（16）选择所有的中心线，从功能区"视图"选项卡的"选项板"面板中单击"特性"按钮▦，打开"特性"选项板，在"常规"选项区域中将线型比例更改为 0.5 或 0.375，如图 7-141 所示，然后关闭"特性"选项板。

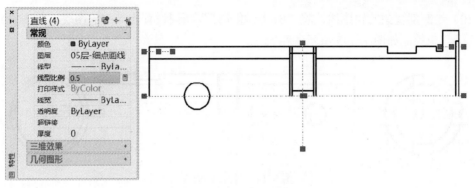

图 7-141　修改中心线的线型比例

（17）绘制同心的两个圆，如图 7-142 所示，其圆心位于主视图主水平中心线的延长线上。

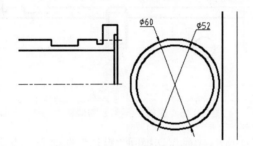

图 7-142　绘制同心的两个圆

（18）补全两个剖视图的中心线，如图 7-143 所示。将"05 层-细点画线"层（中心线层）设置为当前的图层，执行直线工具并结合对象捕捉、对象捕捉追踪等功能来绘制两个剖视图的中心线，然后将这些中心线的线型比例均设置为 0.5 或 0.375（注意视图中的所有中心线的线型比例都需要相同）。

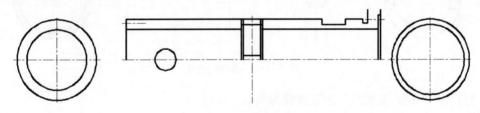

图 7-143　修改线型比例

（19）创建偏移线。单击"偏移"工具按钮，按照设计尺寸来创建如图 7-144 所示的相关偏移线，图中特意给出了相关的偏移距离。

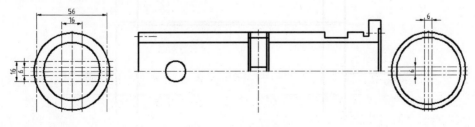

图 7-144　创建偏移线

（20）绘制剖视图的轮廓线。将"01 层-粗实线"图层设置为当前的图层，单击"直线"工具按钮╱来绘制如图 7-145 所示的粗实线。

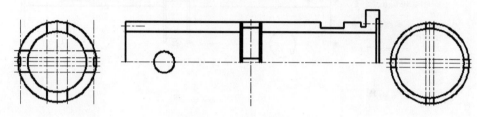

图 7-145　绘制轮廓线

（21）将不再需要的偏移中心线删掉，结果如图 7-146 所示。

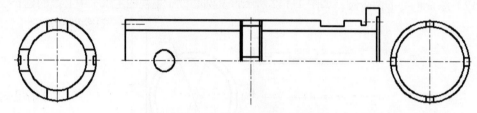

图 7-146　删掉不再需要的偏移中心线

（22）绘制构造线。在功能区中确保切换回"默认"选项卡，从"图层"面板的"图层"下拉列表框中选择"16 层-中心线"层设置为当前的图层，该图层将用来放置构造线。接着单击"构造线"按钮╱，分别绘制如图 7-147 所示的一系列构造线。

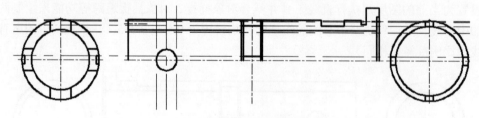

图 7-147　绘制构造线

（23）将"01 层-粗实线"图层设置为当前的图层。

（24）使用直线工具绘制如图 7-148 所示的两条轮廓线。

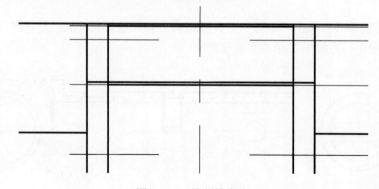

图 7-148　绘制轮廓线

（25）修剪图形。单击"修剪工具"按钮，将图形修剪成如图 7-149 所示的效果。

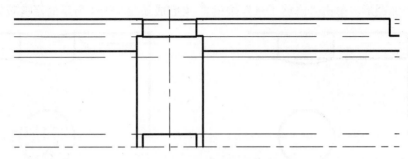

图 7-149　修剪图形的效果

（26）通过指定 3 点创建圆弧。在"绘图"面板中单击"圆弧：三点"按钮，依次选定如图 7-150 所示的交点 1、交点 2 和交点 3 来绘制一条圆弧。其中交点 1 和交点 3 均是由相应竖直构造线与轮廓线相交的点。

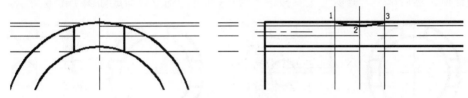

图 7-150　绘制圆弧

（27）继续通过指定 3 点来创建圆弧。在"绘图"面板中单击"圆弧：三点"按钮，依次选定如图 7-151 所示的交点 4、交点 5 和交点 6 来绘制另一条圆弧。

图 7-151　绘制第二条圆弧

（28）关闭放置构造线的图层。在"图层"面板的"图层"下拉列表框中单击"16 层-中心线"层的第一个开关图标，使其变为表示"关"状态的图标，如图 7-152 所示。

图 7-152　关闭"构造线"层

（29）分别单击"直线"按钮 ╱ 并选择相应交点来完成如图 7-153 的两条轮廓线段。

（30）修剪图形。单击"修剪工具"按钮 ╱ 来完成如图 7-154 所示的修剪效果。

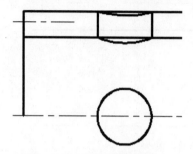
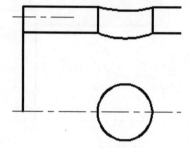

图 7-153　完成两条轮廓线　　　　　　　　　图 7-154　修剪图形

（31）绘制以虚线表示的线段并修剪图形。将"04 层-细虚线"层设置为当前图层，接着使用直线工具并结合对象追踪等功能来完成如图 7-155 所示的一条虚线，注意可以修改虚线的线型比例。然后单击"修剪"工具按钮 ╱ 将这部分的图形修剪成如图 7-156 所示。

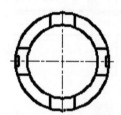
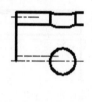
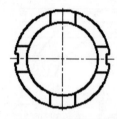
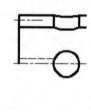

图 7-155　绘制虚线　　　　　　　　　　图 7-156　修剪图形

完成该步骤后，将"01 层-粗实线"图层设置为当前图层。

（32）绘制如图 7-157 所示的图形，注意相关线型的选择。

（33）绘制如图 7-158 所示的图形，注意相关线型的选择。

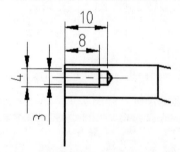
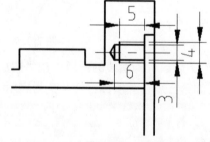

图 7-157　绘制一个螺纹孔图形　　　　　　图 7-158　绘制第二个螺纹孔图形

（34）镜像图形。单击"镜像"工具按钮 ◭，根据命令行的提示执行如下操作。

命令：_mirror

选择对象：指定对角点：找到 51 个

选择对象：找到 1 个，总计 52 个　　　　//选择如图 7-159 所示的图形

选择对象：↙

指定镜像线的第一点：：　　　　　　　　//在主视图中选择主水平中心线的一个端点

指定镜像线的第二点：　　　　　　　　　//在主视图中选择主水平中心线的另一个端点

要删除源对象吗？[是(Y)/否(N)] <否>:✓

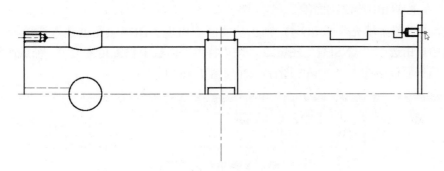

图 7-159　选择要镜像的图形

镜像结果如图 7-160 所示。

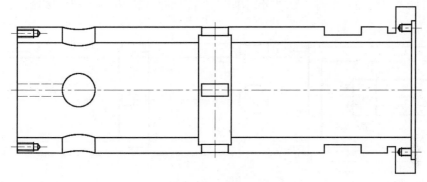

图 7-160　镜像结果

（35）单击"移动"按钮✛，调整两个剖视图的放置位置，效果如图 7-161 所示。

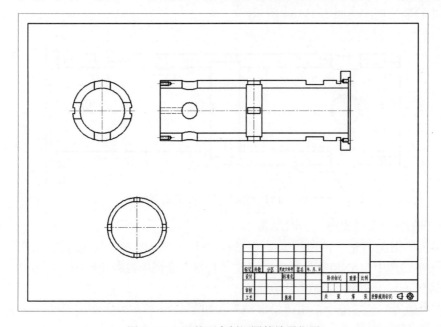

图 7-161　调整两个剖视图的放置位置

（36）将"08层-尺寸注释"层设置为当前图层。

（37）在主视图中绘制剖面线。

1）单击"图案填充"按钮，则在功能区中出现"图案填充创建"选项卡，在"图案"面板中单击选中"ANSI31"图案，在"特性"面板中设置角度为 0，缩放比例为 1，并在"选项"面板中选中"关联"图标，如图 7-162 所示。

图 7-162 "图案填充创建"选项卡

2）在"边界"选项组中单击"拾取点"按钮，分别在要绘制剖面线的区域内合适位置处单击，如图 7-163 所示（先分别在图中 1、2、3、4、5、6、7、8 几个较大的区域内单击，接着再放大视图在 4 个螺纹孔处分别单击要打上剖面线的相应的狭小区域）。

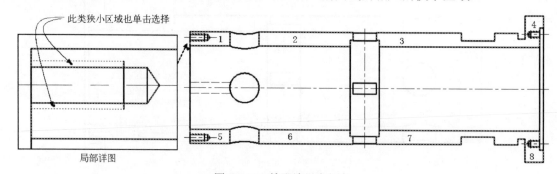

图 7-163 拾取边界内部点

3）在"图案填充创建"选项卡的"关闭"面板中单击"关闭图案填充创建"按钮，在主视图中绘制的剖面线如图 7-164 所示。

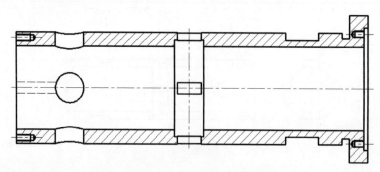

图 7-164 绘制主视图中的剖面线

（38）在另两个剖视图中绘制剖面线。

1）单击"图案填充"按钮，则在功能区中出现"图案填充创建"选项卡，在"图案"面板中单击选中"ANSI31"图案，在"特性"面板中设置角度为 0，缩放比例为 1，并在"选项"面板中选中"关联"图标。

2）在"边界"选项组中单击"拾取点"按钮，分别在要绘制剖面线的区域 1、区域 2、区域 3 和区域 4 内单击，如图 7-165a 所示。

3）单击"关闭图案填充创建"按钮❌，完成在该视图中绘制的剖面线如图 7-165b 所示。

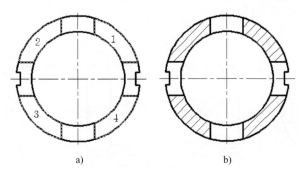

a) b)

图 7-165　绘制剖面线

a) 选择边界内部点　b) 完成的剖面线

4）使用同样的方法在另一个视图中绘制规格和参数相同的剖面线，如图 7-166 所示。

（39）复制中心线。单击"复制"工具按钮，根据命令行提示执行如下操作。

命令: _copy

选择对象: 找到 1 个　　　　　//选择如图 7-167 所示的竖直中心线

选择对象: ↙

当前设置:　复制模式 = 单个

指定基点或 [位移(D)/模式(O)/多个(M)] <位移>://选择该竖直中心线的中点作为基点

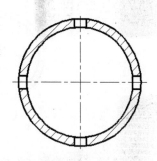

图 7-166　绘制剖面线

指定第二个点或 [阵列(A)] <使用第一个点作为位移>:　//选择如图 7-168 所示的圆心

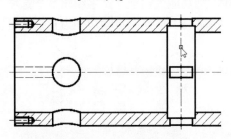

图 7-167　选择竖直的中心线

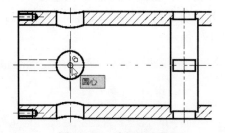

图 7-168　选择圆心位置

（40）在功能区"默认"选项卡的"注释"溢出面板中设置相关的样式，如图 7-169 所示。

图 7-169　设置相关的样式

（41）标注尺寸。使用相关的标注工具初步标注如图 7-170 所示的尺寸。

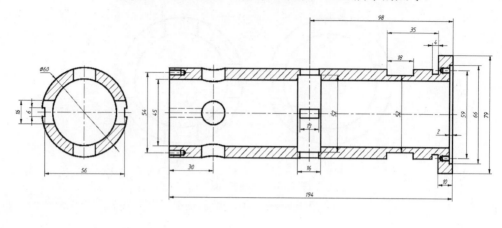
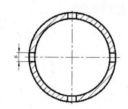
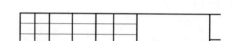

图 7-170　标注相关尺寸

（42）为相关尺寸添加前缀或后缀，以其中一个尺寸为例进行步骤说明。

1）在命令窗口的"键入命令"提示下输入"ED"或"TEXTEDIT"（"ED"为"TEXTEDIT"的命令别名简写），按〈Enter〉键确认。

2）选择主视图中最右侧的数值为 79 的尺寸，则功能区出现"文字编辑器"选项卡，确保输入光标位于尺寸测量值之前，输入"%%c"控制码以使系统自动切换为直径符号输入，如图 7-171 所示。

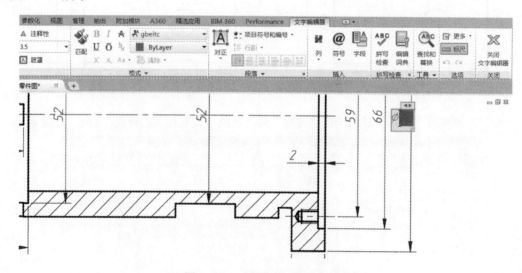

图 7-171　为指定尺寸添加前缀

3）在"文字编辑器"选项卡中单击"关闭文字编辑器"按钮 ✕。

接着继续执行"TEXTEDIT"命令并选择要编辑的注释来进行修改或设置操作。

完成该大步骤后的尺寸标注效果如图 7-172 所示。

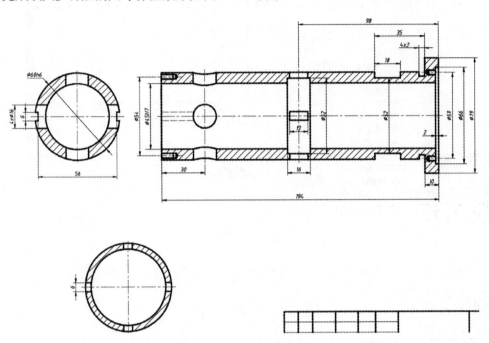

图 7-172 编辑标注文本

知识点拨： 用户也可以在创建尺寸标注的过程中，通过在"[多行文字(M)/文字(T)/角度(A)/水平(H)/垂直(V)/旋转(R)]:"提示下选择"多行文字（M）"选项来为当前新尺寸添加前缀或后缀，这样就不用再使用"ED"或"TEXTEDIT"来对选定尺寸进行编辑处理了。

（43）为一些尺寸添加尺寸公差。选择要添加尺寸公差的一个尺寸，如图 7-173 所示。按〈Ctrl+1〉键打开"特性"选项板，在"公差"选项区域中，从"显示公差"下拉列表框中选择"对称"，在"公差上偏差"文本框中输入 0.2，如图 7-174 所示。

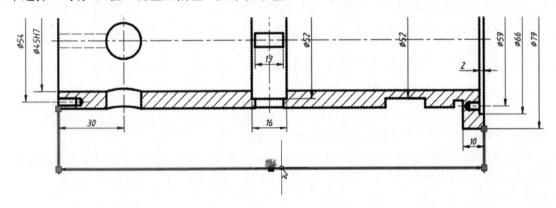

图 7-173 选择要添加尺寸公差的一个尺寸

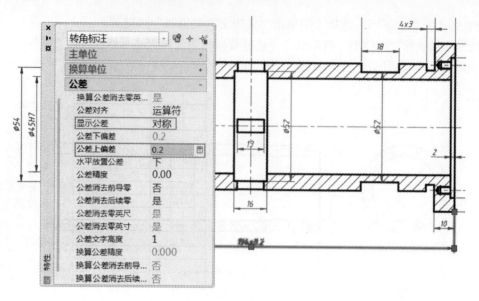

图 7-174　设置公差内容

　　使用同样的方法可以为其他一些尺寸添加尺寸公差。完成尺寸公差注写的效果如图 7-175 所示。

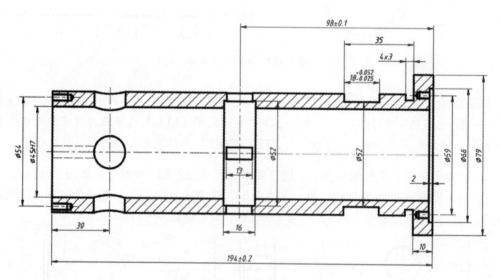

图 7-175　完成尺寸公差注写的效果

（44）标注螺纹孔信息。

　　1）在功能区"默认"选项卡的"注释"溢出面板中单击"多重引线样式"按钮，打开如图 7-176 所示的"多重引线样式管理器"对话框。

　　2）在"多重引线样式管理器"对话框中单击"新建"按钮，打开"创建新多重引线样式"对话框，输入新样式名为"螺纹孔引出标注"，将"基础样式"设置为"Standard"，如图 7-177 所示，然后单击"继续"按钮。

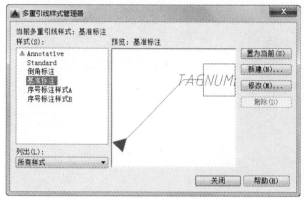

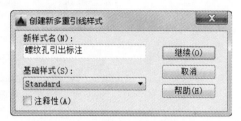

图 7-176 "多重引线样式管理器"对话框　　　图 7-177 "创建新多重引线样式"对话框

3）系统弹出"修改多重引线样式：螺纹孔引出标注"对话框。在"引线格式"选项卡中，从"箭头"选项组的"符号"下拉列表框中选择"实心闭合"选项，箭头大小设置为3，如图 7-178 所示。

4）切换到"引线结构"选项卡，设置如图 7-179 所示的引线结构参数。

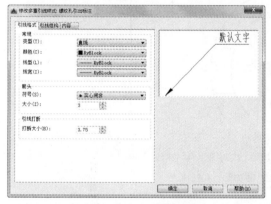

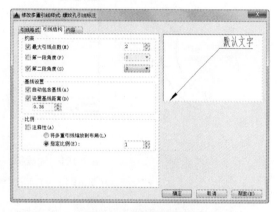

图 7-178 设置引线格式　　　　　　　　图 7-179 设置引线结构

5）切换到"内容"选项卡，从"多重引线类型"下拉列表框中选择"多行文字"，将"文字样式"设置为"WZ-X3.5"，在"引线连接"选项组中选择"水平连接"单选按钮，并将"连接位置-左"和"连接位置-右"的选项均设置为"第一行加下画线"，"基线间隙"为1（也可将基线间隙设置为其他值），如图 7-180 所示。

6）单击"确定"按钮，返回"多重引线样式管理器"对话框。确保将刚创建的多重引线样式设置为当前的多重引线样式，然后单击"多重引线样式管理器"对话框中的"关闭"按钮。

7）单击"多重引线"按钮 /°，接着指定引线箭头和引线基线的位置，系统弹出文本编辑器，输入第一行的文字为"6xM4-6H　　8"（注意："6xM4-6H"字符和数字"8"之间键入3个空格），按〈Enter〉键确定；输入第二行的文字为"10 EQS"，在功能区"文字编辑器"选项卡中单击"关闭文字编辑器"按钮 ✕。完成的第一处螺纹孔的引出标注如图 7-181a 所示。接着使用直线工具绘制表示深度的符号"↓"，并将它复制到螺纹孔的引出标注中预留的位置处，如图 7-181b 所示。

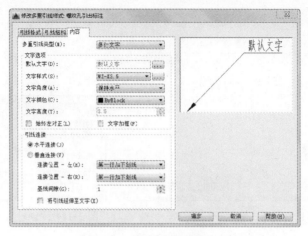

图 7-180 设置多重引线内容

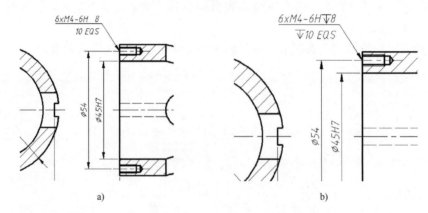

a)   b)

图 7-181 完成第一处螺纹孔的引出标注

a) 引出标注 b) 在引出标注中添加表示深度的符号

8）单击"多重引线"按钮，接着指定引线箭头和引线基线的位置，系统弹出文本编辑器，输入第一行的文字为"6xM4-6H 5"（注意："6xM4-6H"字符和数字"5"之间键入 3 个空格），按〈Enter〉键确定；在第二行中输入 3 个空格后再输入"6 EQS"文字，在功能区"文字编辑器"选项卡中单击"关闭文字编辑器"按钮。然后将深度符号"▽"添加到该引出标注的预留位置处，完成的第 2 处螺纹孔的引出标注如图 7-182 所示。

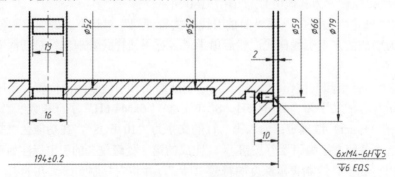

图 7-182 完成另一处螺纹孔的引出标注

（45）注写表面结构要求。

1）单击"插入块"按钮并选择"更多选项"，弹出"插入"对话框。在"名称"下拉列表框中选择"表面结构要求 h3.5-去除材料"，其他设置如图 7-183 所示，然后单击"确定"按钮。

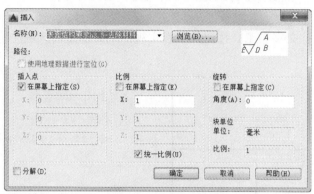

图 7-183　"插入"对话框

2）在主视图中指定如图 7-184a 所示的插入点，弹出"编辑属性"对话框，注写表面结构的单一要求参数值为"Ra 1.6"，单击"确定"按钮，从而完成第一个表面结构要求，如图 7-184b 所示。

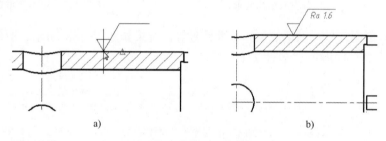

a)　　　　　　　　　　　　　　　　　b)

图 7-184　标注表面粗糙度

a) 指定插入点　b) 完成第一个粗糙度标注

3）使用同样的方法在视图中完成其他表面结构要求。在进行此类标注的同时也可以检查是否有疏漏的尺寸未标注，如果有所疏漏则补全尺寸标注。完成效果如图 7-185 所示。

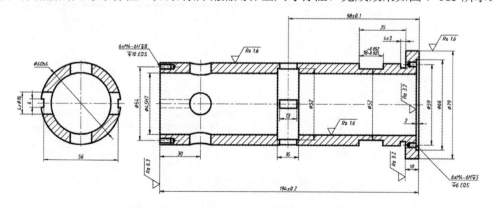

图 7-185　注写表面结构要求并检查尺寸是否齐全

4）单击"插入块"按钮 ，在标题栏的上方插入相应的表面结构要求符号，并单击"多行文字"工具按钮 **A**，在标题栏的上方添加一对圆括号，将该圆括号的字高设置得大一些，例如字高为 7。然后调整该对圆括号的间隙和相应的放置位置，完成效果如图 7-186 所示。

（46）单击"多行文字"工具按钮 **A**，在主视图下方的空白区域注写技术要求文本，如图 7-187 所示。

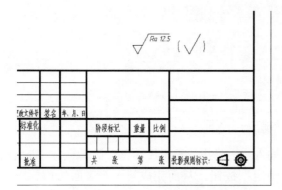

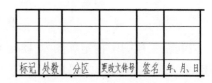

技术要求
1.全部螺纹孔均有倒角C1。
2.锐边倒角，未注倒角为C1或C2。

图 7-186　注写其余表面结构要求　　　　　　图 7-187　注写技术要求

（47）注写剖面符号、剖切箭头和基准代号等，效果如图 7-188 所示。所使用的工具命令包括"直线""多重引线""多行文字"等。

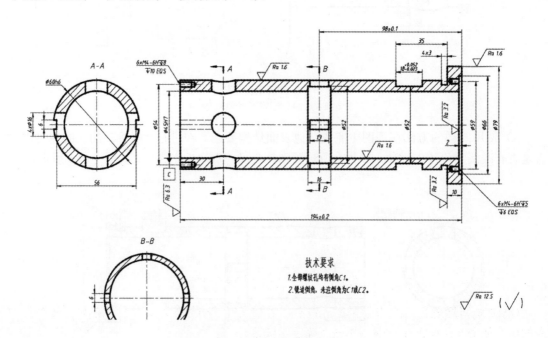

图 7-188　注写相关内容

（48）注写形位公差。在执行如下操作之前，建议启用正交模式。

命令: LEADER↙

指定引线起点: //指定第1点作为引线起点

指定下一点: //指定第2点

指定下一点或 [注释(A)/格式(F)/放弃(U)] <注释>:   //指定第3点

指定下一点或 [注释(A)/格式(F)/放弃(U)] <注释>:↙

输入注释文字的第一行或 <选项>:↙

输入注释选项 [公差(T)/副本(C)/块(B)/无(N)/多行文字(M)] <多行文字>: T↙

系统弹出"形位公差"对话框，设置如图7-189所示的内容，然后单击"确定"按钮，完成标注的形位公差如图7-190所示。

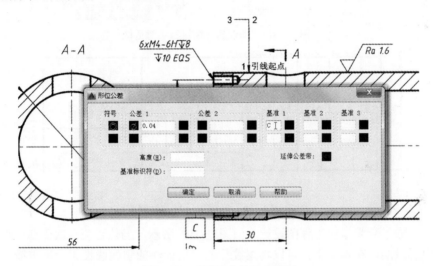

图7-189 "形位公差"对话框

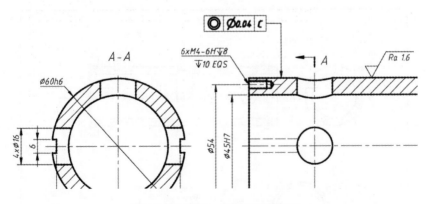

图7-190 完成一处形位公差标注

（49）填写标题栏。双击标题栏，弹出"增强属性编辑器"对话框，从中设置各标记对应的值，如图7-191所示，然后单击"确定"按钮。

填写好的标题栏如图7-192所示，其他内容项待以后打印出来可手动填写。

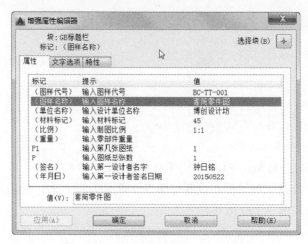

图 7-191 "增强属性编辑器"对话框

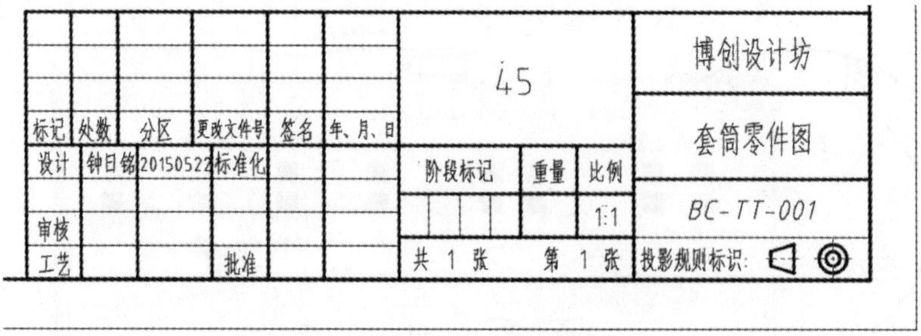

图 7-192 填写好相关信息的标题栏

至此，完成了套筒零件工程图设计，如图 7-193 所示。当然还需再次认真仔细地检查是否有细节内容疏漏。在本例中，可以将螺纹孔的引出标注的引线线设置为不带箭头，这需要修改"螺纹孔引出标注"多重引线样式的引线格式。

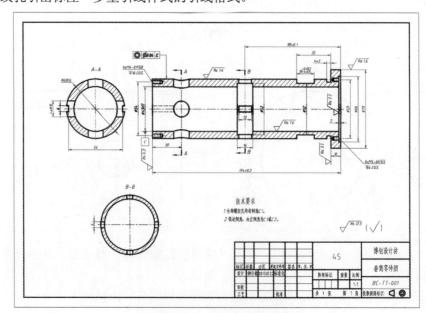

图 7-193 完成套筒零件图

（50）保存文件。

7.11　本章小结

　　本章详细介绍了传动轴、齿轮、带轮、弹簧、花键、箱体、套筒等典型机械零件的零件图的绘制方法，目的是使读者能在最短的时间内掌握绘制零件图的方法和技巧。

　　在本章中，需要掌握的内容包括：零件图的内容、零件的表达方案、绘制零件图的基本思路、零件的机构分析、零件尺寸的合理标注、确定技术要求等。这些内容都将在相关的机械零件设计实例中体现出来。

　　希望通过本章的学习，读者能够达到以下要求。

- 快速地对零件进行分析，布置视图位置。
- 快速地绘制各类典型机械零件的零件图，并能融会贯通。
- 熟练地对零件进行标注，完整表达零件。

7.12　思考与练习

　　1．在机械制图中，一个完整的零件图应该包括哪些内容？

　　2．想一想，塔形（锥形）压缩弹簧的视图应该怎么绘制？请根据本章介绍的弹簧设计的相关内容，自行设计一个塔形压缩弹簧。

　　3．总结一下，在绘制机械零件的三视图时需要注意哪些事项？

　　4．回顾一下什么是形位公差？在什么结构中需要标注形位公差？在零件图中应该怎样标注形位公差？

　　5．表面结构要求是衡量零件质量的标志之一，它对零件的配合、耐磨性、抗腐蚀性、接触刚度、抗疲劳强度、密封性和外观都有影响。那么在选用表面结构图形符号时，应该注意哪些问题？表面结构图形有哪些具体的符（代）号？

　　6．在 AutoCAD 2016 中，如何快速地给相应的尺寸注写上尺寸公差？

　　7．上机练习：绘制如图 7-194 所示的支柱零件。该类零件常用于电子设备中，作支撑和固定电子线路板之用，材料一般为黄铜，也可以采用 A3 材料并表面镀锌。在该练习中，注意内外螺纹的画法。在左视图中，可以将倒角的投影轮廓线省略不画。

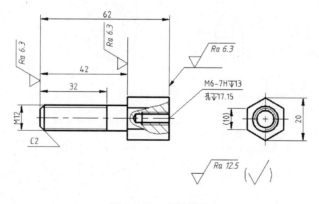

图 7-194　支柱零件

8．上机练习：认真读如图 7-195 所示的零件视图，然后使用 AutoCAD 2016 进行绘制该零件图的练习操作，包括插入标准图框、注写表面结构要求和技术要求、填写标题栏等相关内容，注意图中未注倒角为 C1。

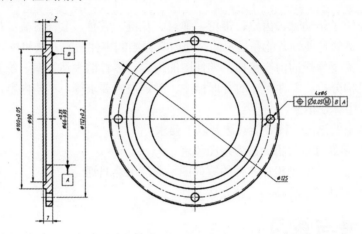

图 7-195　端盖零件

9．上机练习：图 7-196 给出了轴的结构形状尺寸，该轴的材料采用 45 号钢，未注倒角尺寸均为 C2（2×45°），其他技术要求为调质 220～250 HBS，请以此绘制一张完整的零件图，可自行标注表面结构要求。

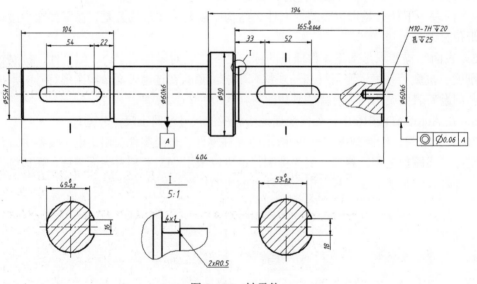

图 7-196　轴零件

第8章 装配图设计

在机械设计中，装配图是指表达机器、产品或者部件构成的技术图样，它是设计部门提交给生产部门的重要的技术文件。

本章主要介绍装配图的画法规则以及如何使用 AutoCAD 2016 来绘制装配图。

8.1 装配图概述

装配图是机械设计的一个重要内容。合格的装配图应该能够很好地反映出设计者的意图，并能够表达出机器、产品或部件的主要结构形状、工作原理、性能要求、各零部件的装配关系等。

8.1.1 装配图的组成

一般情况下，在设计或测绘一个机器或产品时，少不了绘制装配图。设计过程可以先绘制装配图，然后再绘制具体的零件图。

一张完整的装配图包含以下内容。

（1）一组装配起来的机械图样。

该机械图样应正确、完整、清晰和简便地表达机器、产品或部件的工作原理、零件之间的装配关系和零件的主要结构形状。

（2）必要的尺寸。

根据由装配图拆画零件图以及装配、检验、安装、使用机器的需要，在装配图中必须标注反映机器、产品或部件的性能、规格、安装情况、部件或零件间的相对位置、配合要求和机器、产品或部件的总体大小尺寸。

（3）技术要求。

如果有些信息无法用图形表达清楚，可以采用文字或者符号进行说明。这些技术信息一般是指装配体的功能、性能、安装、使用和维护要求，以及装配体的制造、检验、使用方法和使用要求等。

（4）标题栏、零件序号和明细栏。

装配图中应包含完整清晰的标题栏、零件序号和明细栏，以便充分反映各零件的装配关系。

图 8-1 所示是一张五络蜗轮部件的装配图。

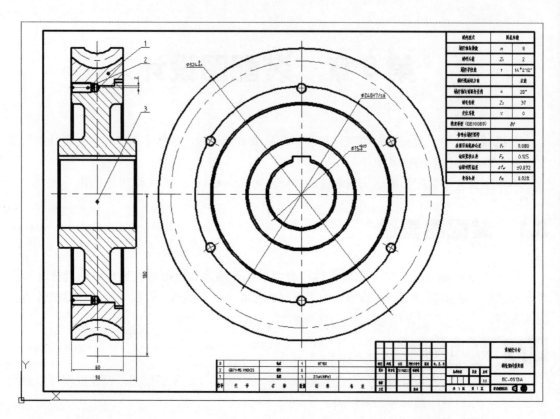

图 8-1 蜗轮部件装配图

8.1.2 装配图的规定画法

　　装配图与零件图不一样。装配图所要表达的是由若干零件组成的部件，而零件图所要表达的则是单个零件。

　　在绘制装配图时，必须以表达的机器、产品或部件的工作原理和装配关系为中心，采用适当的表示法把对机器、产品或部件的内部、外部的结构形状和零件的主要结构表示清楚。

　　在使用 AutoCAD 2016 绘制装配图时，需要按照装配图的规定画法进行绘制，比较重要的规定画法如下。

　　（1）两个零件的接触表面（或基本尺寸相同且相互配合的工作面），只用一条轮廓线表示，不能画成两条线，非接触面用两条轮廓线表示。

　　（2）在剖视图中，相接触的两个零件的剖面线应不相同，即两零件的剖面线方向应相反或间隔不等，如图 8-2 所示（某多臂机传动机构的装配图中的截图）。当 3 个或 3 个以上零件接触时，除其中两个零件的剖面线倾斜方向不同外，第三个零件应采用不同的剖面线间隔，或者与同方向的剖面线位置错开。在各视图中，同一零件的剖面线方向与间隔必须一致。

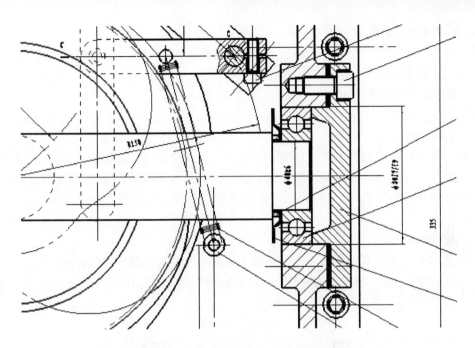

图 8-2　多臂机传动机构的装配图截图

（3）如果需要采用剖视图方式来表达装配体，对于一些实心杆件（如轴、拉杆）和一些标准件（如螺母、螺栓、键、销），若剖切平面通过其轴线或对称面剖切这些零件时，可以采用简化画法，即只画零件的外形，不画其中的剖面线，如图 8-3 所示。如果实心杆件上有些结构和装配关系需要表达时，可采用局部剖视，但剖切平面垂直于实心杆轴线剖切时，需画出其剖面线。

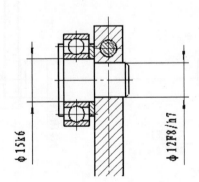

图 8-3　装配图中某些零件的简化画法

8.1.3　装配图的特殊画法

在使用 AutoCAD 2016 绘制装配图时，需要注意以下的特殊画法。

1．拆卸画法

拆卸画法是指当某一个或几个零件在装配图的某一视图中遮住了大部分装配关系或其他零件时，可假想拆去一个或几个零件，只画出所标大部分的视图。

2．单独表示某个零件

在装配图中，如果某个零件的形状无法表达清楚，但是该零件又对理解装配关系有影响时，可另外单独画出该零件的某一视图。

3．沿结合面剖切画法

多采用这种特殊画法来表达内部结构。

4．夸大画法

在画装配图时，有时会遇到这样的一些情况：对薄片零件、细丝零件、微小间隙等，无法按它的实际尺寸画出，或者虽然能够如实画出，但是却不能明显地表达其结构（如圆锥销及锥形孔的锥度很小时），那么均可采用夸大画法，即可把垫片厚度、弹簧线径及锥度都适当夸大画出。

5．假想画法

为了表示与本部件有装配关系但又不属于本部件的其他相邻零、部件时，可采用假想画法。将其他相邻零、部件用双点画线画出，如图 8-4 所示即用双点画线画出了支撑的两侧板。

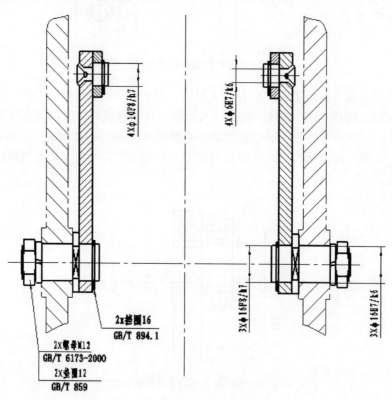

图 8-4　多臂机传动机构局部装配

此外，在装配图中，如果要表示运动零件的运动范围或极限位置，则可以采用假想画法，也就是先在一个极限位置上画出该零件，然后在另一个极限位置上用双点画线画出其轮廓。

6．展开画法

展开画法主要是用来表达某些重叠的装配关系或零件动力的传动顺序，例如在多级传动变速箱中，为了表示齿轮传动顺序和装配关系，可以假想将空间轴系按照其传动顺序展开在一个平面上，然后画出剖视图。

7．简化画法

在装配图中，允许某些零件或零件的工艺结构采用简化画法。例如，当装配图中的多处需要相同的螺母和螺栓等零件时，可以在不影响理解的前提下，只在醒目的一处地方画出该零件（或零件组配合结构），其余地方则用点画线来表示其中心位置，如图 8-5 所示。如果在剖视图中需要表示滚动轴承时，通常是一半轴承采用常规画法，另一半轴承采用简化画法，如图 8-6 所示，当然也可以全部采用常规画法。

另外，可以采用简化画法的零件工艺结构，一般包括圆角、倒角、退刀槽等，即零件的工艺结构，如小圆角、倒角、退刀槽等可以不画出。

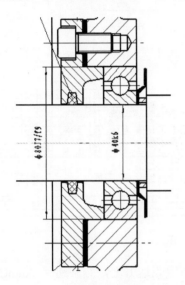

图 8-5　螺钉等紧固件结构的简化画法

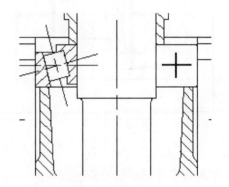

图 8-6　轴承的简化画法

8.2　使用 AutoCAD 绘制装配图的几种方式

使用 AutoCAD 2016 绘制装配图时，主要有如下 3 种方式。

（1）直接绘制法。

（2）先绘制主要零件或建立零件图图形库，然后采用组装形式来绘制装配图。

（3）先建立产品的三维模型，然后由三维模型生成二维装配图。在 AutoCAD 2016 中建立三维模型后，可以通过投影的方式来生成二维装配图，此时的二维装配图往往不能满足设计要求，需要经过相关的修改来获得规范、合理以及表达完整的装配图。

本章主要通过具体的应用实例来介绍前两种方式绘制方法。

8.3　某机器车脚部件的装配图设计实例

本节以某车脚部件的装配图为例，该车脚部件装配图的绘制采用直接绘制法。绘制好的装配图如图 8-7 所示。

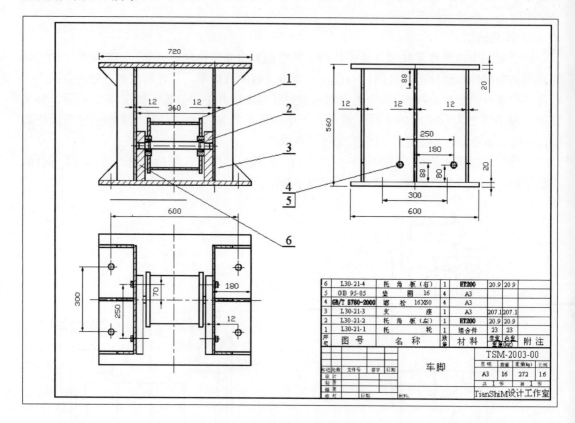

6	L30-21-4	托 角 板(右)	1	HT200	20.9	20.9	
5	GB 95-85	垫 圈 16	4	A3			
4	GB/T 5780-2000	螺 栓 16X50	4	A3			
3	L30-21-3	支 座	1	A3	207.1	207.1	
2	L30-21-2	托 角 板(左)	1	HT200	20.9	20.9	
1	L30-21-1	托 轮	1	组合件	23	23	
序号	图 号	名 称	数量	材 料	单重(kg)	总重	附 注

图 8-7 某机器车脚部件的装配图

采用直接绘制法来绘制装配图的一般方法：先初步拟定表达方案，然后利用 AutoCAD 2016 提供的绘图工具、编辑工具（即修改工具）等，按照事先拟定的表达方案来绘制装配图图形，最后进行装配尺寸的标注、零件序号的编排、标题栏的填写以及明细栏的填写等。上述表达方案包括选择主视图、确定视图数量和表达方式。

8.3.1 拟定表达方案

在选择主视图时，一般按照部件的工作位置进行选择，选择的主视图应该最能表达机器、产品或部件的工作原理、传动系统、零件之间的主要装配关系及主要零件结构形状的特征。在本设计实例中，将车脚中的轴及组装在一起的相关零件作为主要装配元素，以此来选择主视图。为了表达清楚这些主要零件的装配关系，通常将通过装配轴线剖开部件得到的剖视图作为装配图的主视图。

选择好主视图之后，还要根据机器、产品或部件的结构形状特征，选择其他适宜的表达方式及合适数量的视图来表达出装配体中的其他装配关系、零件机构以及形状等。在本设计实例中，综合考虑，建议另外采用一个俯视图和一个左视图，这样也就基本完整地表达了车脚部件的装配信息了。拟定的三视图间的位置应尽量符合投影关系，并且做到图样的布局均匀、美观、整洁。

8.3.2 绘制装配视图

拟定好装配图的表达方案后，就可以打开一个指定的 AutoCAD 图形模板来绘制装配视图了。

该车脚装配视图的绘制过程如下。

（1）合理布局，绘制基准等。根据之前拟定的表达方案和车脚部件的最大尺寸，合理地布局各视图，绘制中心线层的图形，如图 8-8 所示。

（2）绘制其他图形。绘制顺序可以有多种方案，比如可以从主视图画起，然后几个视图相互配合着一起画，或者先绘制某一个视图，然后再绘制其他视图。总之方法是多样而且灵活的。在绘制每一个视图时，可以考虑选择从外向内进行绘制或者从内向外进行绘制。

从外向内进行绘制就是从机器、产品或部件的机体出发，逐次由外向里绘制各个零件，这样绘制的优点是便于从整体的合理布局出发，决定主要零件的结

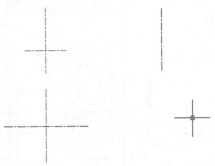

图 8-8　绘制主要基准中心线

构形状和尺寸，其余部分也很容易确定下来了。而从内向外绘制就是从里面的主要装配结构或装配轴线开始，逐渐向外扩展，优点是可以从主要零件画起，按照装配顺序逐步向四周扩展，可以避免多次绘制被挡住零件的不可见轮廓线，绘制方式较为直观。

在绘制各视图时，需要注意各视图间要符合投影关系，各零件、各结构要素也要符合投影关系。绘制各个零件时，注意随时检查零件之间正确的装配关系，比如哪些面应该接触、哪些面应该具有空隙、零件间有无干涉等。

在本车脚部件设计实例的装配图中，可以采用由外向内的方式进行绘制，具体的绘制步骤如下。

（1）在绘制完各视图的基准线之后，绘制支座组件的三视图，效果如图 8-9 所示。注意这 3 个视图的布局及相互投影关系。

（2）绘制托角板，如图 8-10 所示。

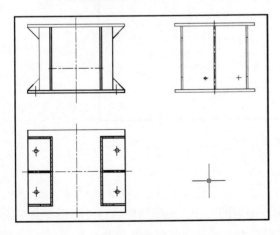

图 8-9　绘制支座组件的三视图

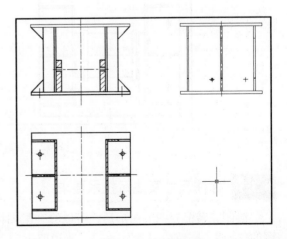

图 8-10　绘制托角板

（3）绘制托轮组件，如图 8-11 所示。

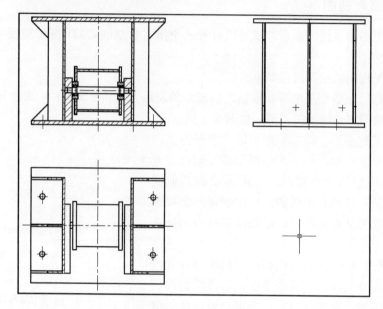

图 8-11 绘制托轮组件

（4）绘制螺栓、垫圈等，效果如图 8-12 所示。

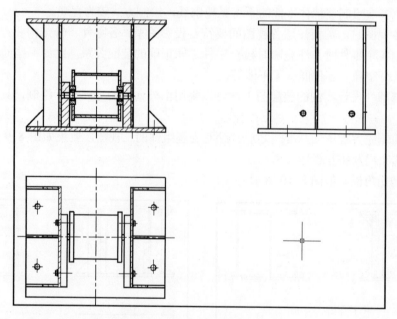

图 8-12 绘制螺栓、垫圈等

8.3.3 标注尺寸及注写技术要求

绘制完装配视图的图形后，可以给装配图标注必要的尺寸。装配图中的尺寸是根据装配图的作用来确定的，主要用来进一步说明零部件的装配关系和安装要求等信息。

装配图中的尺寸可以分为如下 5 种。

（1）外形尺寸：表示机器、产品或部件外形轮廓的尺寸，通常是表示产品或部件的总长、总宽和总高的尺寸。

（2）规格尺寸：表示机器、产品或部件的性能和规格的尺寸。

（3）装配尺寸：包括两种，一种是配合尺寸，另一种则是相对位置尺寸，前者表示两个零件之间配合的尺寸，后者则表示装配机器和拆画零件图时，需要保证的零件间的相对位置尺寸。

（4）安装尺寸：表示机器、产品或部件安装在地基上或与其他机器或部件相连接时所需要的尺寸。

（5）其他重要尺寸：设计时的计算尺寸（包括装配尺寸链）、装配时的加工尺寸、运动件的极限位置以及某些重要的结构尺寸等。

在装配图中，有些信息无法用图形来表达清楚，可以采用文字在技术要求中进行必要的说明。

在车脚部件设计实例中，可以不添加技术要求说明，而只标注尺寸即可。

8.3.4 编排装配图的零件序号及明细栏、标题栏

装配图上的每一个零件或者部件（组件）都必须编注序号或代号，并按照规定项目填写明细栏，这样有利于读图、管理图样和指导生产。

在机械制图中，装配图中的一个部件可只编写一个序号，同一装配图中相同的零、部件应编写同样的序号。装配图中零、部件的序号，应该与明细栏中的序号一致。相同的零、部件用一个序号，一般只标注一次，对多处出现的相同零、部件，必要时也可以重复标注。在注写序号时，需要注意序号的编排方法，即要求序号的编排要整齐，可以沿水平或者铅垂方向按顺时针或逆时针方向排列整齐。

零件序号（或代号）应该注写在图形轮廓外边，并写在指引线的横线上或者圆内（通常指引线指向圆心），横线（水平线）或圆用细实线绘制而成。指引线应从所指零件的可见轮廓内引出，并在其引出处绘制一个小圆点，序号字体应比装配图中尺寸数字大一、两号。当在所指部分内不易绘制圆点时，可以采用箭头的方式，即在指引线末端画出指向该部分轮廓的箭头。

知识点拨：在指引线的水平线上（细实线）或圆（细实线）内注写序号，序号字高比该装配图中所注尺寸数字大一号或两号；在指引线的附近注写序号（如指引线从零件可见轮廓内引出后没有水平的拐线），序号字高比该装配图中所注尺寸数字高度大两号。

在使用 AutoCAD 编注零件序号时，还需要注意序号指引线应该尽可能分布均匀且不要彼此相交。当指引线通过有剖面线的区域时，尽量不要与剖面线平行，必要时可以画成折线，但只允许折弯一次。当紧固件组成装配关系清楚的零件组（如螺栓、螺母和垫圈组成的零件组）时，可以采用公共指引线。

装配图的标题栏和零件图的标题栏可以是一样的。而明细栏一般配置在装配图中标题栏的上方，按由下而上的顺序填写，当向上延伸位置不够时，可以紧靠标题栏的左边再自下而上延续。对于自定义的明细栏，外框左右两侧为粗实线，而内框线可以为细实线。当然可以

使用 GB/T 10609.2-2009 和 JB/T 5054.3-2000 规定的明细栏样式。

当装配图中不能在标题栏上方配置明细栏时，可以作为装配图的续页按 A4 幅面单独给出，其顺序应是由上而下延伸，还可以连续加页，但应该在明细栏下方配置标题栏，并在标题栏中填写与装配图一致的名称和代号。明细栏一般由序号、代号、名称、数量、材料、重量（单件、总计）、分区、备注等组成，也可以按实际需要增加或减少。

本实例采用设计部门内部规定的格式，直接调用格式块，然后进行必要的填写即可。

8.4 光电产品的外壳装配图设计实例

该光电产品的外壳装配图的绘制采用第二种方式，即先绘制主要零件或建立零件图图形库，然后采用组装形式来绘制装配图。绘制好的参考装配图如图 8-13 所示。

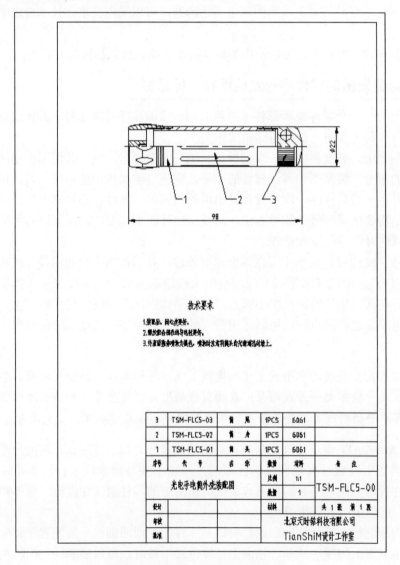

图 8-13 光电手电筒的外壳装配图

8.4.1 绘制零件图

　　该光电手电筒的外壳由 3 个零件装配而成。在绘制装配图之前，可以先绘制这 3 个零件的图形。在本实例中，这些零件图直接利用 AutoCAD 2016 的二维绘图功能来绘制，并注意确定图层、线型、颜色等图形初始化参数。

　　按照如图 8-14 所示的图形参考尺寸来绘制简头零件的 3 个视图（仅供参考），图中未注倒角为 C0.3。

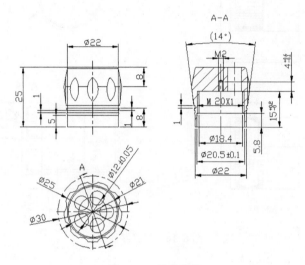

图 8-14　简头零件

　　在同一个图形文件中，按照如图 8-15 所示的参考尺寸来绘制简身零件的视图，图中未注倒角为 C0.3。

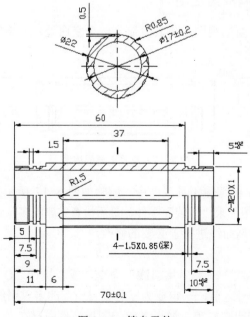

图 8-15　简身零件

在同一个图形文件中的空白处，绘制筒尾零件的视图，如图 8-16 所示，图中未注倒角为 C0.3。

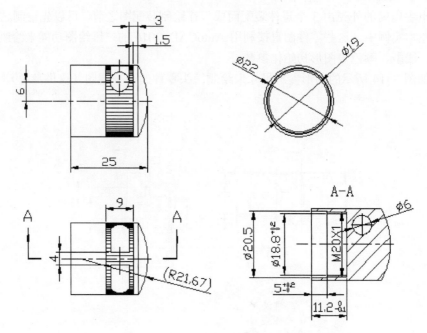

图 8-16　筒尾零件

说明：如果仅仅是为了绘制装配图，那么可以根据需要只绘制各个零件中某一个视图（该视图会在装配图中用到）。

8.4.2　使用零件图绘制成装配图

根据各零件图选择需要的视图，将其复制到一个空白处，并将它们的中心轴线调整在同一水平线上，如图 8-17 所示。

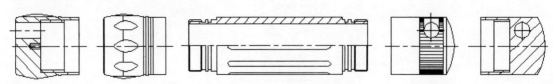

图 8-17　选择需要的视图

利用 AutoCAD 2016 的编辑工具或命令，删除如图 8-17 所示的视图中不需要的图形，并按装配关系移动保留的图形来"组装"零件，最后检查并删除多余线或补画图形，如图 8-18 所示，图中将相关零件的剖面线进行了必要的修改。

标注主要外形尺寸。

使用菜单栏中的"标注"→"多重引线"命令，或者执行"QLEADER"命令，标注零件的序号。在标注零件序号之前，一定要为序号设置所需的多重引线样式。

绘制图框、标题栏和明细栏等。如果之前的图形文件中存在着图框、标题栏和明细栏的图块时，可以选择插入图框块的方式来进行。

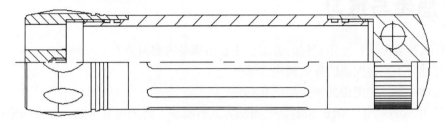

图 8-18 组装零件的效果

在图框的合适位置处插入技术要求文本。

最后填写自定义的标题栏和明细栏，如图 8-19 所示。

3	TSM-FLC5-03	筒尾	1PCS	6061	
2	TSM-FLC5-02	筒身	1PCS	6061	
1	TSM-FLC5-01	筒头	1PCS	6061	
序号	代号	名称	数量	材料	备注

		比例	1:1	
光电手电筒外壳装配图		数量	1	TSM-FLC5-00
设计		材料		共1张 第1张
审核			北京天时铭科技有限公司	
批准			TianShiM设计工作室	

图 8-19 填写标题栏和明细栏

至此，该光电产品的外壳装配图设计完毕。

为了提高装配图的设计效率，可以为一些标准件和常用件建立零件库，在以后的装配图设计中如果需要这些零件，可以直接从零件库中调取。这种思路是利用图块的方法将绘制的零件图形生成块，形成图形库，在以后需要这些零件时，不必重复绘制，而直接从图形库中插入相应的图形块，然后拼装成装配体即可。必要时可打散插入的图形块，并对其进行边的修剪及其他编辑操作。

8.5 本章小结

装配图是机械设计的一个重要内容。合格的装配图应该能够反映设计者的意图，并能够表达机器、产品或部件的主要结构形状、工作原理、性能要求、各零件的装配关系等。

本章主要讲解了装配图的概念和使用 AutoCAD 2016 绘制装配图的几种方式，然后通过两个应用实例对装配图的绘制方法、步骤和注意事项进行了详细说明。希望读者通过本章的学习，能够很好地掌握绘制装配图的方法和技巧，并能够应用到实际工作中去。

8.6　思考与练习

1．什么是装配图？一张完整的装配图主要由哪些内容组成？

2．总结一下，装配图的规定画法有哪些？

3．总结一下，装配图的特殊画法有哪些？

4．使用 AutoCAD 2016 绘制装配图的方式有哪些？请采用其中的一种方法来绘制自己喜欢的一个简单产品的装配图。

5．在使用 AutoCAD 2016 绘制装配图时，编排零件序号需要注意哪些事项？

第9章 绘制零件的轴测图

本章介绍轴测图的概念以及如何使用 AutoCAD 2016 来绘制零件的轴测图。

9.1 轴测图概述

在机械设计中，除了前面章节介绍的二维工程图之外，还有一类投影图需要重视，这就是轴测投影图，简称轴测图。轴测投影其实也是使用一种二维绘图技术，它属于单面平行投影，立体感较强，能够同时反映立体的正面、侧面和水平面的形状。在工程设计和工业生产中，轴测图经常被用作辅助图样。

轴测图的具体定义可以归纳为：采用平行投影法将物体连同确定该物体的直角坐标系一起沿着不平行于任一坐标平面的方向投射到一个投影面上，所得到的图形即为轴测图。图 9-1 是形成轴测图的示例。

根据投射线方向和轴测投影面的位置不同，可以将轴测图分为正轴测图和斜轴测图两大类。

正轴测图：投射线方向垂直于轴测投影面。

斜轴测图：投射线方向倾斜于轴测投影面。

在正轴测图中，最常用的工程图为正等测图，如图 9-2 所示；而在斜轴测图中，最常用的是斜二测图。

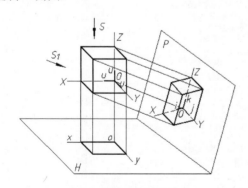

图 9-1 轴测图的形成

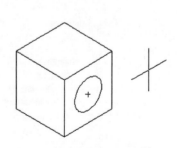

图 9-2 正等测图

正等测与斜轴测相比，正等测的立体感更好，其三个轴向伸缩系数相等且简化为 1，量度方便（作图方便）；平行于各坐标面的圆的轴测投影为椭圆，其近似画法简单。而斜二轴测图的特点在于物体的正面形状轴测投影不变形，即当组合体上有一个表面的形状复杂或曲线较多时，多采用斜二测图。

总之，选择轴测图应该满足下列 3 个方面的要求：

（1）机件结构表达清晰、明了。

（2）立体感强。

（3）作图简单。

9.2 使用 AutoCAD 2016 绘制轴测图基础

在 AutoCAD 2016 中，绘制轴测图主要有两种方法，一种是启用系统的等轴测模式，借助相关的绘图工具或辅助绘图工具交互绘制正等测；第二种方法是先建立零件实体模型，然后由系统自动生成组合体的轴测图。本章介绍的方法是第一种方法。

9.2.1 启用"等轴测捕捉"模式

启用"等轴测捕捉"模式（简称等轴测模式）进行绘制是一种简单方便的绘制等轴测投影的方法。启用等轴测模式的方法如下。

（1）从菜单栏中选择"工具"→"绘图设置"命令，打开"草图设置"对话框。也可以在状态栏中右击"捕捉模式"按钮，然后选择"捕捉设置"命令也可弹出"草图设置"对话框。

（2）进入"捕捉和栅格"选项卡，选中"启用捕捉"复选框。

（3）在"捕捉类型"选项组中，选择"栅格捕捉"单选按钮和"等轴测捕捉"单选按钮，如图 9-3 所示。

图 9-3 启用"等轴测捕捉"模式

说明：需要时，可以在"捕捉间距"选项组中设置"捕捉 Y 轴间距"的参数值和在"栅格间距"选项组中设置"栅格 Y 轴间距"的参数值。如果系统提示"栅格太密，无法显示"信息，可以将栅格间距设置得大一些。

（4）单击"草图设置"对话框中的"确定"按钮。

此时启用了等轴测捕捉模式，绘图区域中的光标显示为如图 9-4 所示的形式。

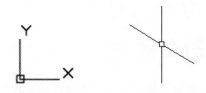

图 9-4　启用"等轴测捕捉"模式时的绘图区域

9.2.2　切换平面状态

图 9-5 表示的是 3 个正等轴测投影坐标平面，分别为顶面（上面）、左面和右面。正等轴测上的 3 个轴分别与水平方向成 30°、90° 和 150°。

绘制等轴测图时，需要不断地在左面（等轴测-左视）、顶面（等轴测平面-俯视）和右面（等轴测平面-右视）3 个平面状态之间切换。3 种平面状态时的光标，如图 9-6 所示。切换平面状态的方法很简单，即按〈F5〉键或者使用组合键〈Ctrl+E〉来执行。

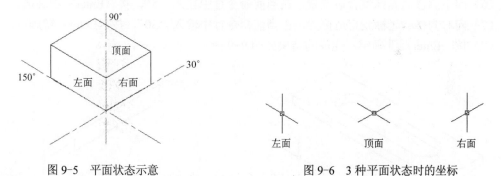

图 9-5　平面状态示意　　　　　　　　图 9-6　3 种平面状态时的坐标

9.2.3　正等轴测图形的绘制

在启用"等轴测捕捉"模式绘制等轴测图时，注意要启用正交模式，以方便作图。在"等轴测捕捉"模式下绘制的图形常为直线和类似椭圆（等轴测圆），而其他图形如螺旋线等，则需要使用辅助的构造线才能正确绘制。

执行"绘图"面板中的"直线"工具按钮 ✎ ，并根据实际情况启用捕捉、栅格和正交，适当切换平面状态和使用相对坐标，可以很方便地在特定方向上绘制直线。

在"等轴测捕捉"模式下绘制等轴测圆的方法如下。

（1）在功能区"默认"选项卡的"绘图"面板中单击"椭圆：轴，端点"工具按钮 ⬭ ，此时命令窗口如图 9-7 所示。

```
命令: _ellipse
ELLIPSE 指定椭圆轴的端点或 [圆弧(A) 中心点(C) 等轴测圆(I)]:
```

图 9-7　绘制椭圆的选项

（2）在当前命令行中输入"I"，按〈Enter〉键确认，即选择"等轴测圆"提示选项。

（3）指定等轴测圆的圆心。

（4）指定等轴测圆的半径或直径。

9.3　绘制轴测图的实例

下面以如图 9-8 所示的轴测图为例，介绍在"等轴测捕捉"模式下的绘制过程（以采用"草图与注释"工作空间为操作基础为例）。

1. 绘制左图

（1）处于左面状态，在"绘图"面板中单击"直线"工具按钮 ／ 。

（2）指定直线第一点的坐标为"38,10,0"。

（3）按〈F8〉键启用正交模式。

（4）向上侧移动光标到合适位置，指定下一点向上的距离值为 5，即在当前命令行中输入"5"，按〈Enter〉键确认。

（5）向左侧移动光标到合适位置，在当前命令行中输入"30"，按〈Enter〉键确认。

（6）向下侧移动光标到合适位置，在当前命令行中输入"5"，按〈Enter〉键确认。

（7）向右侧移动光标到合适位置，在当前命令行中输入"30"，按〈Enter〉键确认。

（8）按〈Enter〉键确定，完成的结果如图 9-9 所示。

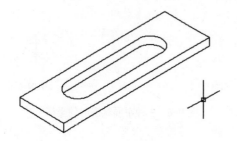

图 9-8　正等测图实例

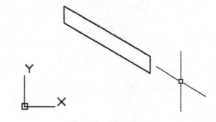

图 9-9　绘制左图

2. 绘制右图

（1）两次按〈F5〉键，将当前平面状态切换为右面状态（等轴测平面-右视）。

（2）单击"绘图"面板中的"直线"工具按钮 ／ 。

（3）捕捉到左图的右下顶点。

（4）向右侧移动光标到合适位置，在当前命令行中输入"100"，按〈Enter〉键确认。

（5）向上侧移动光标到合适位置，在当前命令行中输入"5"，按〈Enter〉键确认。

（6）向左侧移动光标到合适位置，在当前命令行中输入"100"，按〈Enter〉键确认。

（7）按〈Enter〉键确定，完成的结果如图 9-10 所示。

3. 绘制顶图的外轮廓线

（1）两次按〈F5〉键，将当前平面状态切换为顶面状态（等轴测平面-俯视）。另外可以在制图过程中根据需要在状态栏中通过"捕捉模式"按钮 ▦ 来临时关闭此捕捉模式，而确保选中"对象捕捉"按钮 ▢ 以开启对象捕捉模式。

（2）在"绘图"面板中单击"直线"工具按钮／。

（3）捕捉到右图的右上顶点。

（4）在当前命令行中输入"@30<150"，按〈Enter〉键确认。

（5）捕捉到左图的左上顶点。

（6）按〈Enter〉键确定，完成的结果如图 9-11 所示。

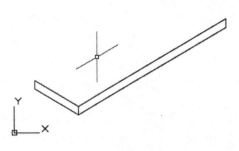
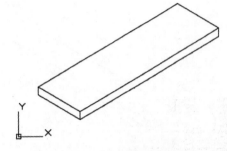

图 9-10　绘制右图　　　　　　　图 9-11　绘制顶面外轮廓线

4．绘制顶面的辅助线

（1）在"绘图"面板中单击"直线"工具按钮／。

（2）选择如图 9-12 所示的线段中点。

（3）选择如图 9-13 所示的线段中点，然后按〈Enter〉键完成第一条辅助线。

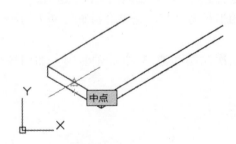
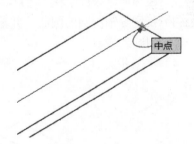

图 9-12　选择中点 1　　　　　　图 9-13　选择中点 2

（4）选择如图 9-14 所示的线段，在"修改"面板中单击"复制"工具按钮，接着在"指定基点或 [位移(D)/模式(O)/多个(M)] <位移>:"提示下选择"模式（O）"选项，接着选择"多个（M）"复制模式选项。

（5）选择如图 9-15 所示的端点作为基点。

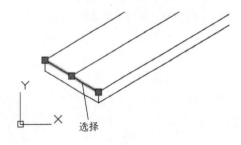
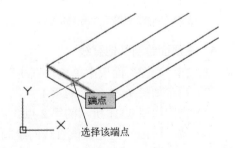

图 9-14　选择线段　　　　　　　图 9-15　选择端点

（6）在当前命令行中输入复制移动的坐标为"@25<30"，按〈Enter〉键确认。

（7）在当前命令行中输入复制移动的坐标为"@75<30"，按〈Enter〉键确认。

（8）按〈Enter〉键，完成绘制的辅助线如图 9-16 所示。

用类似的方法绘制其他两条辅助线，如图 9-17 所示。

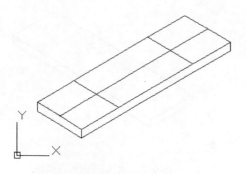

图 9-16　绘制顶面辅助线

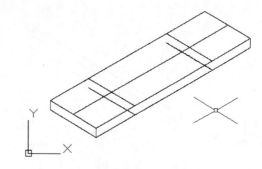

图 9-17　绘制其他辅助线

5．绘制等轴测圆

（1）在"绘图"面板中单击"椭圆：轴，端点"工具按钮，命令行出现"指定椭圆轴的端点或 [圆弧(A)/中心点(C)/等轴测圆(I)]:"的提示信息。

（2）在当前命令行中输入"I"，按〈Enter〉键确定选择"等轴测圆（I）"选项。

（3）指定等轴测圆的圆心，并输入等轴测圆的半径为"8"，完成绘制如图 9-18 所示的一个等轴测圆。

（4）重复步骤（1）～（3）所述的方法，依次绘制其他 3 个等轴测圆，如图 9-19 所示。

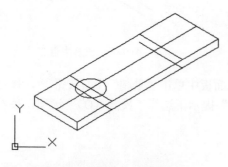

图 9-18　绘制第一个等轴测圆

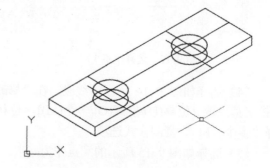

图 9-19　绘制其他等轴测圆

6．在顶面绘制其他直线

（1）在"绘图"面板中单击"直线"工具按钮。

（2）指定如图 9-20 所示的第 1 点。

（3）指定如图 9-21 所示的第 2 点。

（4）按〈Enter〉键完成该直线的绘制，如图 9-22 所示。

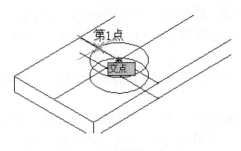

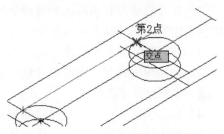

图 9-20 选择第 1 点　　　　　　　　图 9-21 选择第 2 点

（5）使用类似的方法，绘制其他 3 条直线，结果如图 9-23 所示。

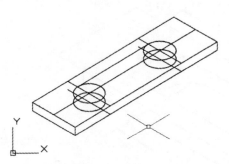

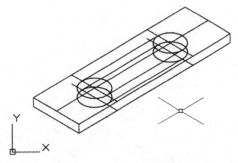

图 9-22 绘制直线　　　　　　　　图 9-23 绘制其他直线

7．删除辅助线

（1）选择辅助线，如图 9-24 所示。

（2）按〈Delete〉键删除所选辅助线。

8．删除不可见的轮廓线

利用"修改"面板中的"修剪"工具按钮 以及〈Delete〉键，对一些不可见的轮廓线进行修剪、删除操作，完成的等轴测图的效果如图 9-25 所示。

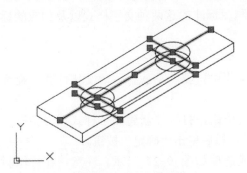

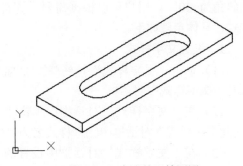

图 9-24 选择辅助线　　　　　　　　图 9-25 完成的正等测图

9.4 标注轴测图尺寸

在机械制图中，关于轴测图上的尺寸也需要满足以下列举的一些规范。

（1）轴测图上的线性尺寸一般应沿轴测轴方向标注，尺寸数字为机件的基本尺寸。

（2）尺寸线必须和所标注的线段平行；尺寸界线一般应平行于某一轴测轴；尺寸数字应按相应的轴测图形标注在尺寸线的上方。当在图形中出现数字字头向下时，应该用引出线引出标注，并将数字按水平位置注写。

（3）标注角度的尺寸时，尺寸线应画成与该坐标平面相应的椭圆弧，角度数字一般写在尺寸线的中断处，字头朝上。

（4）标注圆的直径时，尺寸线和尺寸界线应分别平行于圆所在平面内的轴测轴。标注圆弧半径或较小圆的直径时，尺寸线可从（或通过）圆心引出标注，但注写尺寸数字的横线必须平行于轴测轴。

如图 9-25 所示的正等测实例的标注结果如图 9-26 所示。

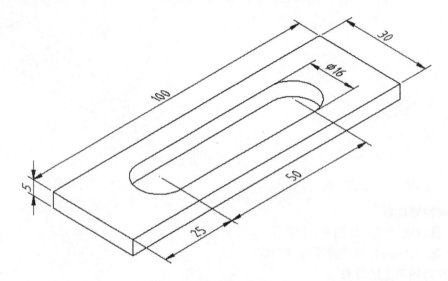

图 9-26　轴测图上的尺寸标注

针对轴测图而言，标注的文本可分为两类，一类文本的倾斜角为 30°，另一类文本的倾斜角为-30°。用户可以根据需要设置符合轴测图标注的这两种文字样式以及相应的标注样式，具体步骤如下。

1．设置文字样式

（1）单击"文字样式"按钮，或者从菜单栏中选择"格式"→"文字样式"命令，打开"文字样式"对话框。

（2）在"文字样式"对话框中单击"新建"按钮，打开"新建文字样式"对话框。在"新建文字样式"对话框中输入样式名为"LEFT"，然后单击"确定"按钮。

（3）在"文字样式"对话框中设置的参数或选项如图 9-27 所示。注意：在"倾斜角度"文本框中输入"-30"。

（4）单击"应用"按钮。

（5）重复上述步骤（2）～（4）的方法，定义一个名为"RIGHT"的文字样式，倾斜角度设置为30°。

（6）单击"关闭"按钮，完成文字样式的设置操作。

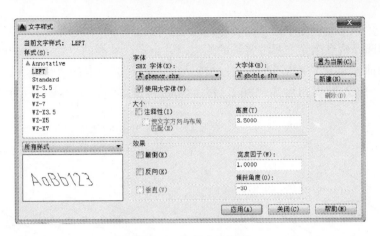

图 9-27　定义文字样式

2．设置标注样式

（1）单击"标注样式"按钮，或者从菜单栏中选择"格式"→"标注样式"命令，弹出"标注样式管理器"对话框。

（2）单击"新建"按钮，弹出"创建新标注样式"对话框，新样式名定为"LEFT-3.5"，基础样式为"ZJBZ-X3.5"，在"用于"下拉列表中选择"所有标注"，单击"继续"按钮。

说明：作为基础样式的"ZJBZ-X3.5"标注样式，事先按照第 6 章介绍的方法设置好。

（3）进入"新建标注样式"对话框的"文字"选项卡，在"文字外观"选项组中，指定文字样式为"LEFT"，其他不变。

（4）单击"确定"按钮。

（5）重复"设置标注样式"中的步骤（2）（4）的方法，定义一个名为"RIGHT-3.5"的标注样式，其基础样式为"ZJBZ-X3.5"，文字样式设置为"RIGHT"，其他不变。

（6）单击"标注样式管理器"对话框中的"关闭"按钮。

3．标注轴测图尺寸

（1）在功能区"默认"选项卡的"注释"面板中，指定当前标注样式为"RIGHT-3.5"，如图 9-28 所示。也可以在功能区的"注释"选项卡的"标注"面板中设置当前标注样式。

图 9-28　设定当前标注样式

（2）在"注释"面板中单击"对齐标注"工具按钮 。

（3）分别选择两点来定义尺寸界线的原点，并指定尺寸线的位置，如图 9-29 所示。

（4）选择刚刚创建的对齐尺寸，在功能区"注释"选项卡的"标注"面板中单击"倾斜"按钮 ，输入倾斜角度为"30"，按〈Enter〉键确定，完成该尺寸的放置操作，如图 9-30 所示。

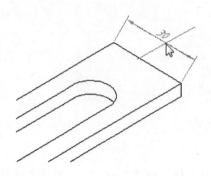

图 9-29　标注对齐尺寸

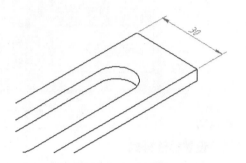

图 9-30　完成一个尺寸标注

（5）以此类似，标注其余尺寸。注意尺寸线、尺寸界线和尺寸文本的位置，完成效果如图 9-31 所示。图中数字为 100、25 和 50 的尺寸，其标注样式可选择"LEFT-3.5"，倾斜角度为-30°。

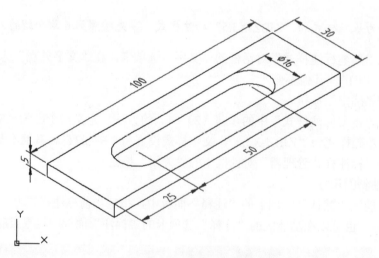

图 9-31　完成标注的效果

9.5　本章小结

轴测投影属于单面平行投影，立体感较强，能够同时反映立体的正面、侧面和水平面（或称三面）的形状，因而轴测图又称为立体图。需要注意的是，二维投影图不是真正的三维模型，即不能够通过旋转方式来获得模型的其他视角的三维视图。

本章首先介绍了轴测图的概念及其一些基础知识，然后介绍如何使用 AutoCAD 2016 来绘制轴测图，并通过具体的实例说明绘制过程和标注过程。在绘制正等测图的过程中，读者需要掌握如何启用等轴测模式，如何切换平面状态以及如何进行正等测图形的绘制。

9.6　思考与练习

1．什么是轴测图？根据投射线方向和轴测投影面的位置不同，可以将轴测图分为哪两大类？

2．在 AutoCAD 2016 中，如何启用等轴测捕捉模式？

3．在 AutoCAD 2016 中，绘制等轴测时如何切换平面状态（左视、右视和俯视）？

4．在 AutoCAD 中，如何绘制等轴测圆？等轴测圆是椭圆吗？如果要捕捉等轴测圆象限点，如图 9-32 所示，在捕捉之前该怎么设置？

提示： 设置的方法是在"草图设置"对话框的"对象捕捉"选项卡中，从"对象捕捉模式"选项组中增加选中"象限点"复选框。

图 9-32　捕捉等轴测圆的象限点

5．在 AutoCAD 2016 中，如何设置适合轴测图标注的标注样式？

6．绘制如图 9-33 所示的轴测图，并进行三维标注。

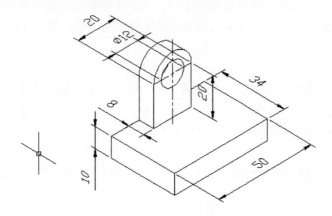

图 9-33　轴测图练习

第 10 章　三维设计基础

使用 AutoCAD 不仅可以绘制二维图形，还可以进行零件或产品造型的三维设计等。事实上，在机械设计领域，三维图形的应用也越来越广泛。现代的许多技术，如虚拟制造技术、仿真技术等，都需要以三维图形作为基础。

本章介绍利用 AutoCAD 进行三维设计的基本概念及方法。

10.1　三维制图的基本概念

在 AutoCAD 2016 中，提供了几种处理三维建模的方式，即线架模型方式、曲面网格模型方式（包括网格建模和曲面建模）和实体模型方式。

线架模型其实就是一种所谓的轮廓模型，它由三维的直线和曲线所构成，没有面和体的特征信息。线架模型中的各个部分，都可以被看清楚，但是不能够对线架模型进行消隐、着色和渲染等操作。

曲面网格模型是由曲面/网格组成的，曲面/网格能够挡住位于曲面/网格之后的图形。用户可以对曲面/网格模型进行消隐、着色和渲染等操作。

实体模型则具有线和面的特征，并具有由面所包围的空间。换一个角度来说，实体模型是具有一定质量或体积的模型。同曲面模型一样，可以进行消隐、着色和渲染等操作。对于实体模型而言，还可以根据设计要求进行各种布尔运算操作，从而获得复杂的三维实体模型。

三维实体模型的建模与二维制图有所不同，三维实体模型的建模利用到了三维坐标系，因此需要建立正确的空间观念。在学习建立三维实体模型之前，需要了解如下一些三维制图的基本术语。

1．XY 平面

XY 平面由 X 轴和 Y 轴定义的一个光滑二维平面，其中 X 轴与 Y 轴相垂直。

2．Z 轴

Z 轴是三维坐标系的第三轴，它垂直于 XY 平面。

3．三维标高

三维标高是指 Z 轴上的坐标值，也可以通俗地理解为从 XY 平面开始沿 Z 轴测得的 Z 轴的值。

4．三维厚度

三维厚度是指对象沿 Z 轴测得的厚度。

说明：可以在命令窗口的当前命令行中输入"ELEV"命令来修改三维标高和厚度，例如：

命令: ELEV↙

指定新的默认标高 <0.0000>: 12↙

指定新的默认厚度 <0.0000>: 50↙

5．平面视图

平面视图是指当用户视线与 Z 轴平行时，所看到的在 XY 平面上的视图，包含了所有对象在 XY 平面上的投影。

6．相机位置

在观察三维模型时，相机位置相当于视点。

7．视线

视线是一种假想的线，它将视点与目标点连接起来。

8．目标点

目标点是眼睛通过相机看某物体时的视线聚焦点。

10.2　三维制图的基本设置

在进行三维制图之前，需要建立合适的坐标系，并调整观察视点的位置和角度等。本节将介绍三维坐标系、设置视点、消隐、视觉样式和设置显示系统变量的基础知识。

10.2.1　三维坐标系

在三维空间中，用户可以在任何位置定义和定向用户坐标系（UCS），也可以根据设计需要随时定义、保存和重复利用多个用户坐标系。需要注意的是，坐标的输入和显示均相对于当前的用户坐标系 UCS。

使用 AutoCAD 2016 绘制二维图形时，采用的是忽略了第三个坐标（Z 坐标，此时 Z=0）的绝对或相对的直角坐标，或者采用极坐标。而在绘制三维图形时，还可以使用三维柱坐标系和三维球坐标系来定义空间中的点。

1．三维柱坐标

三维柱坐标通过 XY 平面中与 UCS 原点之间的距离、XY 平面中与 X 轴的角度以及 Z 值来描述精确的位置。

假设动态输入处于关闭状态，即坐标在命令行上输入时，使用以下语法指定使用绝对柱坐标的点。

X<[与 X 轴所成的角度],Z

需要基于上一点而不是 UCS 原点来定义点时，可以输入带有"@"前缀的相对柱坐标值。例如，坐标 @4<45,5 表示在 XY 平面中距上一输入点 4 个单位、与 X 轴正向成 45°角、在 Z 轴正向延伸 5 个单位的点。

2．三维球坐标

三维球坐标通过指定某个位置距当前 UCS 原点的距离、在 XY 平面中与 X 轴所成的角度以及与 XY 平面所成的角度来指定该位置。

假设动态输入处于关闭状态，即坐标在命令行上输入时，使用以下语法指定使用绝对三维球坐标的点。

X<[与 X 轴所成的角度]<[与 XY 平面所成的角度]

例如，坐标 8<60<30 表示在 XY 平面中距当前 UCS 的原点 8 个单位、在 XY 平面中与 X 轴成 60°角以及在 Z 轴正向上与 XY 平面成 30°角的点。

如果需要基于上一点来定义点时，可以输入前面带有"@"符号的相对球坐标值，其格式如下。

@X<[与 X 轴所成的角度]<[与 XY 平面所成的角度]

通过"UCSMAN"命令可以打开"UCS"对话框，利用该对话框管理预先设置的 UCS。在当前命令行中输入"UCSMAN"并按〈Enter〉键确定后，系统打开如图 10-1 所示的"UCS"对话框。利用该对话框可以命名 UCS、正交 UCS、设置 UCS 和设置 UCS 图标。

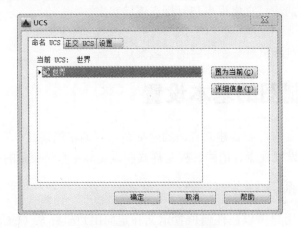

图 10-1 "UCS"对话框

在"命名 UCS"选项卡中，列出了当前所有的用户坐标系（UCS），并可以单击"置于当前"按钮，将选定的坐标系设置为当前 UCS。

在"正交 UCS"选项卡中，可以为 UCS 定义一种正交关系，其中"深度"项是指定正交坐标系的 XY 平面与通过基准坐标系原点的平行平面之间的距离，而"相对于"下拉列表框选项则是指定选定的正交用户坐标系相对于基础坐标系的方向，默认的基础坐标系为世界坐标系（WCS），如图 10-2 所示。

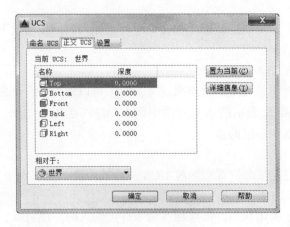

图 10-2 正交 UCS

在"设置"选项卡中，可以修改与视口一起保存的 UCS 图标设置和 UCS 设置，如图 10-3 所示。

图 10-3 设置 UCS 及 UCS 图标

以"草图与注释"工作空间为例，通过"快速访问"工具栏设置显示菜单栏，此时从菜单栏的"工具"→"新建 UCS"级联菜单中可以选择新建 UCS 的相关命令，包括"世界""上一个""面""对象""视图""原点""Z 轴矢量""三点""X""Y"和"Z"。在功能区的"视图"选项卡中，用户可以通过在功能区的空余位置处右击并从弹出的快捷菜单中选择"显示面板"→"坐标"命令，即可设置在功能区"视图"选项卡中显示"坐标"面板（如果当前的功能区"视图"选项卡没有显示有"坐标"面板的话）。在"坐标"面板中也提供了关于坐标的若干工具命令，如图 10-4 所示。

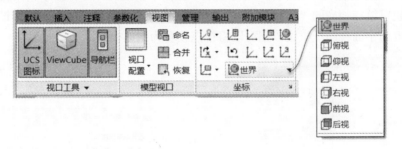

图 10-4 "坐标"面板

10.2.2 设置视点

调整视点可以观察到三维模型的不同侧面和效果。例如，绘制好一个长方体，如果从菜单栏中选择"视图"→"三维视图"→"西南等轴测"命令，则观察到的模型效果如图 10-5a 所示；如果从菜单栏中选择"视图"→"三维视图"→"俯视"命令，则观察到的模型效果如图 10-5b 所示。

设置视点的方法主要有 6 种：使用"视点预设"命令、使用"视点"命令、使用 UCS 平面视图、使用"三维视图"菜单、使用"三维动态观察"功能和使用 ViewCube。下面介绍其中几种常用的方法。

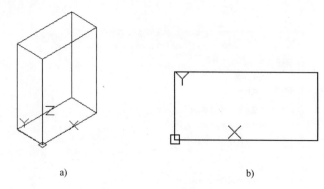

图 10-5　立方体观察效果

a) 西南等轴测　b) 俯视

1. 使用"三维视图"菜单

选择菜单栏中的"视图"→"三维视图"命令，打开如图 10-6 所示的"三维视图"级联菜单，从中可以选择"俯视""仰视""左视""右视""前视（主视）""后视""西南等轴测""东南等轴测""东北等轴测""西北等轴测"中的一个预定义视图选项，从而指定一个视角方向来观察图形。

2. 使用"视点预设"命令

选择菜单栏中的"视图"→"三维视图"→"视点预设"命令，或者直接在当前命令行中输入"DDVPOINT"，打开如图 10-7 所示的"视点预置"对话框。用户可以在对话框的图中直接拾取角度区域值来为当前视口设置视点，在图中拾取时，黑针指示新角度，灰针指示当前角度。也可以在相应的"X 轴""XY 平面"文本框中输入需要的角度值来设置视点。如果单击"设置为平面视图"按钮，则可以将视点设置为平面视图。

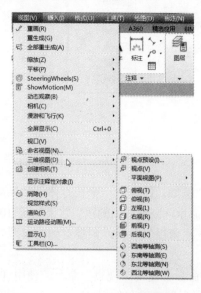

图 10-6　"三维视图"级联菜单

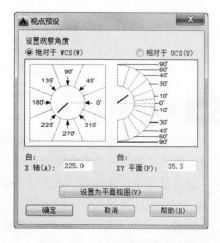

图 10-7　"视点预置"对话框

3．使用"视点"命令

使用"视点"命令，可以为当前视口设置相对于 WCS 坐标系的视点，方法是选择菜单栏中的"视图"→"三维视图"→"视点"命令，此时绘图区域显示坐标球（指南针）和三轴架，如图 10-8 所示。当小十字光标在坐标球范围内移动时，可调整三轴架的 X、Y 和 Z 轴的相对方位，从而定义视点。

4．使用"三维动态观察"功能

三维导航工具允许用户从不同的角度、高度和距离查看图形中的对象。其中，重点熟悉"三维动态观察"功能。三维动态观察是指围绕目标移动，相机位置（或视点）移动时，视图的目标将保持静止；而目标点是视口的中心，而不是正在查看的对象的中心。

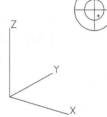

图 10-8　定义视点

在导航栏中可以打开"动态观察"下拉列表，如图 10-9a 所示，从中选择以下 3 个命令之一。用户也可以从菜单栏的"视图"→"动态观察"级联菜单中选择相应命令所示。在该级联菜单中，具有如下 3 个命令。

● 动态观察（受约束）：沿 XY 平面或 Z 轴约束三维动态观察。
● 自由动态观察：在当前视口中激活三维自由动态观察视图。三维自由动态观察视图显示一个导航球，它有助于定义动态观察的有利点。
● 连续动态观察：连续地进行动态观察。在要使连续动态观察移动的方向上单击并拖动，然后释放鼠标按钮。轨道沿该方向继续移动。

例如，选择"自由动态观察"命令，则可以使用鼠标拖动的方式自由动态地观察模型对象，如图 10-9b 所示。

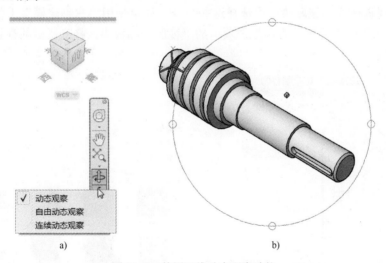

图 10-9　使用三维动态观察功能

a) 导航栏中的"动态观察"命令列表　b) 自由动态观察

5．使用 ViewCube

ViewCube 是一种操作简单且直观的工具，用于通过使用鼠标操控工具来控制三维视图的方向。该工具位于"AutoCAD 三维建模"工作空间的图形窗口的右上角区域。

10.2.3 消隐

在设计过程中，有时为了取得更好的模型观察效果，可以对三维图形进行消隐、着色、渲染等操作。

消隐图形的方法很简单，即选择菜单栏中的"视图"→"消隐"命令，或者在当前命令行中输入"HIDE"命令，此时位于三维实体视点后的图形被隐藏起来，如图 10-10 所示。

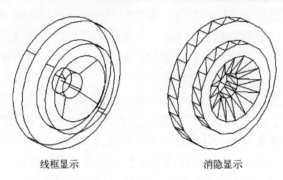

线框显示   消隐显示

图 10-10 线框与消隐

10.2.4 视觉样式

视觉样式的子命令有"二维线框""线框""消隐""真实""概念""着色""带边缘着色""灰度""勾画""X 射线"和"视觉样式管理器"，用户可以在如图 10-11 所示的菜单栏"视图"→"视觉样式"级联菜单中选择这些命令。如果使用"三维建模"工作空间进行三维设计，用户可以在功能区"常用"选项卡的"视图"面板中选择到所需的视觉样式工具，如图 10-12 所示。

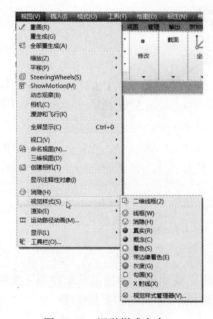

图 10-11 视觉样式命令

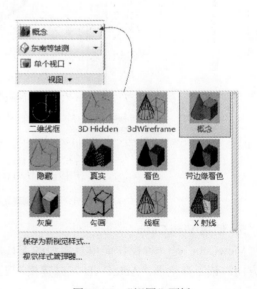

图 10-12 "视图"面板

例如，分别对模型执行"三维线框""隐藏""真实"和"概念"命令操作后的效果如图 10-13 所示。

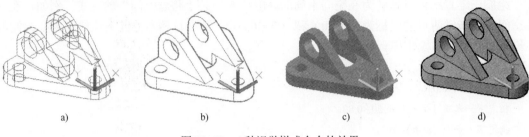

a)   b)   c)   d)

图 10-13   4 种视觉样式命令的效果

a) 线框   b) 消隐（视觉样式）   c) 着色   d) 概念

10.2.5   设置显示系统变量

在 AutoCAD 中，有两个关系到三维模型显示效果的系统变量"FACETRES"和"ISOLINES"值得注意。用户可以通过在当前命令行中输入变量命令来进行修改操作。

1. FACETRES

"FACETRES"系统变量用于调整着色、渲染对象以及删除了隐藏线的对象的平滑度。"FACETRES"的默认值为 0.5，其取值范围为 0.01～10.0。将"FACETRES"的值设置得越高，显示的几何图形就越平滑。也就是说通过设置"FACETRES"变量值可以改变实体表面平滑度，示例效果如图 10-14 所示。

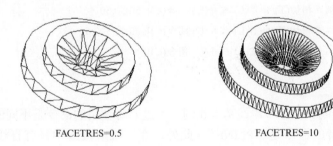

FACETRES=0.5   FACETRES=10

图 10-14   改变平滑度

2. ISOLINES

"ISOLINES"系统变量控制用于显示线框弯曲部分的素线数目，即指定显示在三维实体的曲面上的等高线数量，它的有效取值范围为 0～2047 的整数值，默认值为 4。在有效范围内取值越大，则生成的三维实体越逼真，但需要的时间也会增加。

10.3   绘制三维线条

三维线条包括三维直线、样条曲线、三维多段线和螺旋线等。在 AutoCAD 2016 中，可以使用"直线""样条曲线""3D 多段线"和"螺旋"等命令来绘制这些三维线条。

10.3.1　三维直线

绘制三维直线可以理解为在空间不同的高度绘制一条"跨越空间"的直线。例如，在三维空间分别指定两点的坐标为（0,0,0）和（50,30,80），那么这两点的距离连线即为要绘制的三维直线，具体的操作步骤如下。

命令: LINE✓

指定第一点: 0,0,0✓

指定下一点或 [放弃(U)]: 50,30,80✓

指定下一点或 [放弃(U)]: ✓

10.3.2　三维样条曲线

和绘制三维直线的方法类似，可以使用"样条曲线"命令或工具，在三维空间绘制出复杂的样条曲线，其中用来定义样条曲线的各个点可以是一组不在同一个平面上的点。例如，单击"样条曲线"按钮 ∿ 执行如下操作来绘制样条曲线，绘制的三维样条曲线如图 10-15 所示（以西南等轴测显示）。

命令: _spline

当前设置: 方式=拟合　节点=弦

指定第一个点或 [方式(M)/节点(K)/对象(O)]: 0,0,0✓

输入下一个点或 [起点切向(T)/公差(L)]: 0,50,10.9✓

输入下一个点或 [端点相切(T)/公差(L)/放弃(U)]: 0,60,19.7✓

输入下一个点或 [端点相切(T)/公差(L)/放弃(U)/闭合(C)]: 30,10,30✓

输入下一个点或 [端点相切(T)/公差(L)/放弃(U)/闭合(C)]: 50,50,50✓

输入下一个点或 [端点相切(T)/公差(L)/放弃(U)/闭合(C)]: 80,52,100.6✓

输入下一个点或 [端点相切(T)/公差(L)/放弃(U)/闭合(C)]: ✓

10.3.3　三维多段线

三维多段线的绘制和二维多段线基本相同，不过两者使用的命令是不同的，前者的命令是"3DPOLY"，后者的命令是"PLINE"。此外，在三维多段线中只有直线段而没有圆弧段，而且其线型采用实线，没有自定义的线宽。

执行菜单栏中的"绘图"→"三维多段线"命令，或者在命令窗口的"键入命令"提示下输入"3DPOLY"，都可以进行三维多段线的绘制操作。以如图 10-16 所示的三维多段线为例，其绘制过程如下。

命令: 3DPOLY✓

指定多段线的起点: 0,0,0✓

指定直线的端点或 [放弃(U)]: 0,0,50✓

指定直线的端点或 [放弃(U)]: 50,30,48✓

指定直线的端点或 [闭合(C)/放弃(U)]: 80,50,0✓

指定直线的端点或 [闭合(C)/放弃(U)]: C✓

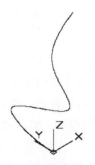

图 10-15　绘制三维样条曲线

图 10-16　绘制三维多段线

如果要修改三维多段线，可以选择菜单栏中的"修改"→"对象"→"多段线"命令（对应按钮图标为 ✎），接着选择要编辑的多段线，然后选择具体的选项（这些选项包括"打开""合并""编辑顶点""样条曲线""非曲线化""反转"和"放弃"选项）来进行修改操作。

10.3.4　螺旋线

利用"螺旋"工具命令，可以创建螺旋线。请看下面绘制螺旋线的一个操作实例，其操作步骤如下：

（1）在如图 10-17 所示的"绘图"溢出面板中单击"螺旋"按钮 ≣，或者从菜单栏中选择"绘图"→"螺旋"命令。

（2）根据命令行的提示，进行下列操作。

命令: _Helix

圈数 = 3.0000　　　扭曲=CCW

指定底面的中心点: 0,0,0↙

指定底面半径或 [直径(D)] <1.0000>: 20↙

指定顶面半径或 [直径(D)] <20.0000>: 12↙

指定螺旋高度或 [轴端点(A)/圈数(T)/圈高(H)/扭曲(W)] <1.0000>: T↙

输入圈数 <3.0000>: 8↙

指定螺旋高度或 [轴端点(A)/圈数(T)/圈高(H)/扭曲(W)] <1.0000>: 64↙

完成的螺旋线如图 10-18 所示。

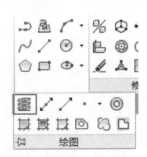

图 10-17　选择"螺旋"工具

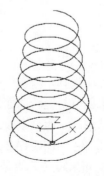

图 10-18　完成的螺旋线

10.4 绘制网格与曲面

首先，要深刻理解网格模型与曲面模型的概念。网格模型由使用多边形表示（包括三角形和四边形）来定义三维形状的顶点、边和面组成，它没有质量特性；曲面模型是不具有质量和体积的薄抽壳，AutoCAD 提供两种类型的曲面，即程序曲面和 NURBS 曲面，使用程序曲面可利用关联建模功能，而使用 NURBS 曲面可利用控制点造型功能。

典型的建模工作流是使用网格、实体和程序曲面创建基本模型，然后将它们转换为 NURBS 曲面。用户可以使用某些用于实体模型的相同工具来创建曲面，例如"扫掠""放样""拉伸"和"旋转"，还可以通过对其他曲面进行过渡、修补、偏移、创建圆角和延伸来创建曲面。

在 AutoCAD 2016 中，绘制曲面和网格的常用命令如图 10-19 所示，也可以在功能区相应的选项卡面板中找到对应的工具按钮。

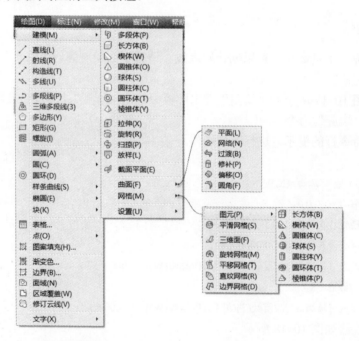

图 10-19 "曲面"和"网格"级联菜单

10.4.1 旋转网格

从菜单栏中选择"绘图"→"建模"→"网格"→"旋转网格"命令，可以通过绕指定轴旋转轮廓来创建与旋转曲面近似的网格。轮廓可以包括直线、圆、圆弧、椭圆、椭圆弧、多段线、样条曲线、闭合多段线、多边形、闭合样条曲线和圆环。注意：生成网格的密度由"SURFTAB1"和"SURFTAB2"系统变量控制，"SURFTAB1"指定在旋转方向上绘制的网格线的数目，如果路径曲线是直线、圆弧、圆或样条曲线拟合多段线，"SURFTAB2"将指定绘制的网格线数目以进行等分。

现在通过简单的例子来说明创建旋转网格的具体步骤。

（1）绘制一条直线作为旋转轴，并绘制一条二维多段线作为旋转对象（也称旋转母线），如图 10-20 所示。

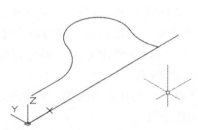

图 10-20　绘制旋转对象和旋转轴

（2）从菜单栏中选择"绘图"→"建模"→"网格"→"旋转网格"命令，或者在功能区"网格"选项卡的"图元"面板中单击"旋转网格"按钮（以"三维建模"工作空间为例），接着根据命令行提示来执行以下操作。

```
命令: _revsurf
当前线框密度: SURFTAB1=6　SURFTAB2=6
选择要旋转的对象:                    //选择二维多段线
选择定义旋转轴的对象:                //选择直线
指定起点角度 <0>:↙
指定包含角 (+=逆时针, -=顺时针) <360>:↙
```

此时，绘制的旋转网格如图 10-21 所示。可以看到，该网格不够圆滑，也就是说当前线框的密度不够，要让网格显示得圆滑些，可以在执行旋转网格操作之前，将变量"SURFTAB1"和"SURFTAB2"的参数值设置大一些，例如，在创建旋转网格之前将"SURFTAB1"和"SURFTAB2"的参数值均设置为24，那么最终得到的旋转网格如图 10-22 所示。

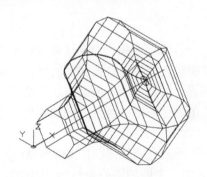

图 10-21　旋转网格效果 1

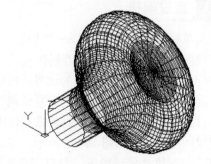

图 10-22　旋转网格效果 2

设置变量 SURFTAB1 和 SURFTAB2 参数值的步骤如下。

```
命令: SURFTAB1↙
输入 SURFTAB1 的新值 <6>: 24↙
命令: SURFTAB2↙
```

输入 SURFTAB2 的新值 <6>: 24↙

10.4.2 平移网格

从菜单栏中选择"绘图"→"建模"→"网格"→"平移网格"命令，可以创建表示常规展平曲面的网格，它是由直线或曲线的延长线（称为路径曲线）按照指定的方式和距离（称为方向矢量或路径）来定义的。同旋转网格一样，要想获得显示效果佳的网格效果，需要将变量"SURFTAB1"参数值适当设置大一些。

假设已经画好了一条作为平移对象的样条曲线和一条作为方向矢量的直线，如图 10-23所示。现在介绍其平移网格的创建过程。

单击"平移网格"按钮，或者在菜单栏中选择"绘图"→"建模"→"网格"→"平移网格"命令，执行如下操作。

命令: _tabsurf

当前线框密度: SURFTAB1=24

选择用作轮廓曲线的对象: //选择样条曲线

选择用作方向矢量的对象: //选择直线

完成绘制的平移网格如图 10-24 所示。

图 10-23　原图形

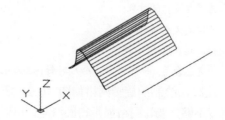

图 10-24　平移网格

10.4.3 直纹网格

从菜单栏中选择"绘图"→"建模"→"网格"→"直纹网格"命令（对应的工具按钮为"直纹网格"按钮），可以创建表示两条直线或曲线之间的直纹曲面的网格。可以使用两种不同的对象定义直纹网格的边界：直线、点、圆弧、圆、椭圆、椭圆弧、二维多段线、三维多段线或样条曲线。注意用作直纹网格"轨迹"的两个对象必须全部开放或全部闭合，其中点对象可以与开放或闭合对象成对使用。

直纹网格的示例如图 10-25 所示，下面通过范例的形式介绍如何创建直纹网格。

（1）在三维建模环境下，绘制两个平行的圆，其中一个圆的圆心坐标为（0,0,0），半径为 25，另一个圆的圆心坐标为（5,5,100），半径为 38。绘制好的两个圆如图 10-26 所示。

绘制圆的命令历史记录及操作说明如下。

命令: _circle   //单击"圆: 圆心，半径"按钮

指定圆的圆心或 [三点(3P)/两点(2P)/切点、切点、半径(T)]: 0,0,0↙

指定圆的半径或 [直径(D)]: 25↙

命令: _circle   //单击"圆: 圆心，半径"按钮

指定圆的圆心或 [三点(3P)/两点(2P)/切点、切点、半径(T)]: 5,5,100↙

指定圆的半径或 [直径(D)] <25.0000>: 38↙

图 10-25　创建直纹网格的典型示例

图 10-26　绘制两个圆（以西南等轴测观察）

（2）从菜单栏中选择"绘图"→"建模"→"网格"→"直纹网格"命令。

（3）根据命令行提示，执行如下操作。

命令: _rulesurf

当前线框密度: SURFTAB1=24

选择第一条定义曲线:　　　　　　　　　　　　　　//选择小圆

选择第二条定义曲线:　　　　　　　　　　　　　　//选择大圆

生成的直纹网格如图 10-27 所示。

（4）从菜单栏中选择"视图"→"消隐"命令，此时直纹网格如图 10-28 所示。

图 10-27　直纹曲格效果

图 10-28　消隐效果

10.4.4　边界网格

从菜单栏中选择"绘图"→"建模"→"网格"→"边界网格"命令（对应着的工具按钮为"边界网格"按钮），可以通过称为边界的 4 个对象创建孔斯曲面片网格，如图 10-29 所示，即在 4 条相邻的边或曲线之间创建网格。边界可以是可形成闭合环且共享端点的圆弧、直线、多段线、样条曲线或椭圆弧。注意：孔斯曲面片是插在 4 个边界间的双三次曲面（一条 M 方向上的曲线和一条 N 方向上的曲线）。

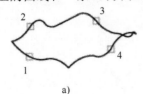

a)

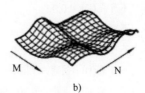

b)

图 10-29　示例：创建边界网格

a) 选定的 4 个边界　b) 创建边界网格

示例中边界网格的创建步骤如下。

单击"边界网格"按钮，或者在菜单栏中选择"绘图"→"建模"→"网格"→"边界网格"命令，接着根据命令行提示，执行如下操作。可以用任何次序选择所需的 4 条边，第一条边决定了生成网格的 M 方向，该方向是从距选择点最近的端点延伸到另一段，与第一条边相接的两条边形成了网格的 N 方向的边。

命令: _edgesurf

当前线框密度: SURFTAB1=16   SURFTAB2=16

选择用作曲面边界的对象 1:   //选择边界 1

选择用作曲面边界的对象 2:   //选择边界 2

选择用作曲面边界的对象 3:   //选择边界 3

选择用作曲面边界的对象 4:   //选择边界 4

最后完成该边界网格。

10.4.5　三维面

在菜单栏中选择"绘图"→"建模"→"网格"→"三维面"命令，可以在三维空间中创建三侧面或四侧面的曲面。

当在菜单栏中选择"绘图"→"建模"→"网格"→"三维面"命令时，命令窗口中的提示信息如图 10-30 所示。

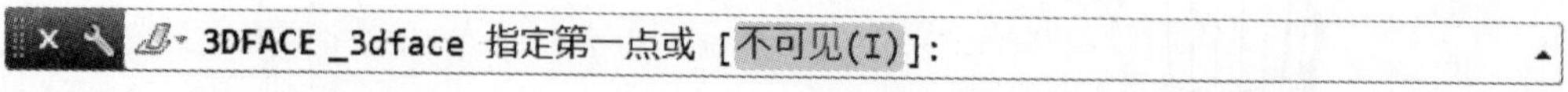

| × 🔧   ✏️▾   3DFACE _3dface 指定第一点或 [不可见(I)]:   ▲ |

图 10-30　命令行提示

- 第一点：定义三维面的起点。在输入第一点后，可按顺时针或逆时针顺序输入其余的点，以创建普通三维面。如果将所有的 4 个顶点定位在同一平面上，那么将创建一个类似于面域对象的平面。当着色或渲染对象时，该平面将被填充。

- 不可见：控制三维面各边的可见性，以便建立有孔对象的正确模型。在边的第一点之前输入"I"或"INVISIBLE"可以使该边不可见。不可见属性必须在使用任何对象捕捉模式、XYZ 过滤器或输入边的坐标之前定义。可以创建所有边都不可见的三维面，这样的面是虚幻面，它不显示在线框图中，但在线框图形中会遮挡形体。

如果根据命令行提示，执行下列操作，则会得到一个三维面。由此可以看到，三维面也可以组合成复杂的三维曲面网格。

命令: _3dface

指定第一点或 [不可见(I)]: 0,0,0↙

指定第二点或 [不可见(I)]: 50,0,0↙

指定第三点或 [不可见(I)] <退出>: 50,50,0↙

指定第四点或 [不可见(I)] <创建三侧面>: 0,50,0↙

指定第三点或 [不可见(I)] <退出>: 0,30,-50↙

指定第四点或 [不可见(I)] <创建三侧面>: 30,30,-50↙

指定第三点或 [不可见(I)] <退出>: 30,0,-50↙

指定第四点或 [不可见(I)] <创建三侧面>: 0,0,-50↙

指定第三点或 [不可见(I)] <退出>: 0,0,0↙

指定第四点或 [不可见(I)] <创建三侧面>: 50,0,0↙

指定第三点或 [不可见(I)] <退出>: ↙

创建的三维面如图 10-31 所示。

在菜单栏中选择"视图"→"消隐"命令，则得到的消隐效果如图 10-32 所示。

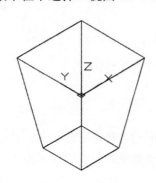 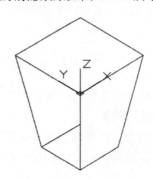

图 10-31　三维面　　　　　　　　　　　图 10-32　消隐效果

10.4.6　预定义的三维网格

用户可以创建这些预定义的三维网格：网格长方体、圆锥体、圆柱体、棱锥体、球体、楔体和圆环体。创建预定义三维网格的命令位于从"绘图"→"建模"→"网格"→"图元"级联菜单中。下面以创建球体网格为例进行步骤介绍。

（1）在菜单栏中选择"绘图"→"建模"→"网格"→"图元"→"球体"命令。

（2）根据命令行提示，进行如下操作。

命令: _MESH

当前平滑度设置为: 0

输入选项 [长方体(B)/圆锥体(C)/圆柱体(CY)/棱锥体(P)/球体(S)/楔体(W)/圆环体(T)/设置(SE)] <长方体>:

_SPHERE

指定中心点或 [三点(3P)/两点(2P)/切点、切点、半径(T)]: 0,0,0↙

指定半径或 [直径(D)]: 25↙

创建的球体网格如图 10-33 所示。

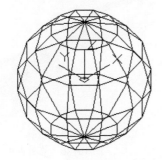 

图 10-33　创建球体网格

10.4.7 绘制相关曲面

在菜单栏的"绘图"→"建模"→"曲面"级联菜单中提供了"平面""网络""过渡""修补""偏移"和"圆角"命令。在"三维建模"工作空间的功能区的"曲面"选项卡中，也集中了曲面的相关工具按钮，如图 10-34 所示。

图 10-34 "三维建模"工作空间的功能区的"曲面"选项卡

下面介绍曲面建模的几种典型方法。

1."平面"命令

使用该命令，可以通过选择关闭的对象或指定矩形表面的对角点创建平面。其中，通过命令指定曲面的角点时，将创建平行于工作平面的曲面。该命令对应着的按钮为"平面"按钮。

2."网络"命令

使用该命令，可以在 U 和 V 方向的多条曲线间的空间中创建三维曲面，即可以在曲线网络之间或在其他三维曲面或实体的边之间创建网络曲面。该命令对应着的按钮为"网络"按钮。

3."过渡"命令

使用该命令，在两个现有曲面之间创建连续的过渡曲面，如图 10-35 所示。将两个曲面融合在一起时，需要指定曲面连续性和凸度幅值。所谓的连续性是测量曲面彼此融合的平滑程度，其默认值为 G0，可选择一个值或使用夹点来更改连续性；凸度幅值用于设定过渡曲面与其原始曲面相交处该过渡曲面边的圆度，其默认值为 0.5，其有效值介于 0 和 1 之间。

该命令对应着的按钮为"过渡"按钮。

4."修补"命令

使用该命令，可通过在形成闭环的曲面边上拟合一个封口来创建新曲面，如图 10-36 所示。也可以通过闭环添加其他曲线以约束和引导修补曲面。在创建修补曲面时，可以指定曲面连续性和凸度幅值。该命令对应着的按钮为"修补"按钮。

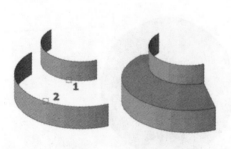

图 10-35 创建过渡曲面

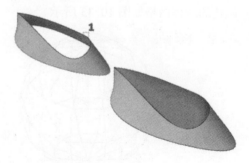

图 10-36 修补曲面

5. "偏移"命令

使用该命令（对应的工具按钮为 ），可创建与原始曲面相距指定距离的平行曲面，如图 10-37 所示，图例的创建过程如下。

图 10-37　创建偏移曲面

命令: _SURFOFFSET　　　　　　　　　//单击 "偏移"按钮

连接相邻边 = 否

选择要偏移的曲面或面域: 找到 1 个　　　//选择要偏移的曲面

选择要偏移的曲面或面域: ↙

指定偏移距离或 [翻转方向(F)/两侧(B)/实体(S)/连接(C)] <-0.5000>: F↙

指定偏移距离或 [翻转方向(F)/两侧(B)/实体(S)/连接(C)] <-0.5000>: 0.5↙

1 个对象将偏移。

1 个偏移操作成功完成。

在创建偏移曲面的过程中，用户要掌握 "指定偏移距离或 [翻转方向(F)/两侧(B)/实体(S)/连接(C)]"提示中的各选项用途，简述如下。

- 指定偏移距离：指定偏移曲面和原始曲面之间的距离。
- 翻转方向：反转箭头显示的偏移方向。
- 两侧：沿两个方向偏移曲面（创建两个新曲面而不是一个）。
- 实体：从偏移创建实体，这与 "THICKEN"（加厚）命令类似。
- 连接：如果原始曲面是连接的，则连接多个偏移曲面。

6. "圆角"命令

使用该命令，可以在两个其他曲面之间创建圆角曲面。圆角曲面具有固定半径轮廓且与原始曲面相切。该命令对应着的工具按钮为 "圆角"按钮 。

10.5　创建基本的三维实体

三维实体设计是机械零件造型设计的一个重要组成部分，三维实体与曲面模型是有质的不同，即三维实体具有质量特性。对于三维实体，在 AutoCAD 中可以对这些三维实体模型进行剖切、干涉、着色、贴图、渲染等各种高级操作。

在 AutoCAD 2016 中，创建实体的命令位于 "绘图" → "建模"的级联菜单中，如图 10-38a 所示，而创建实体的工具按钮位于 "三维建模"工作空间的功能区 "实体"选项卡中（见图 10-38b）。很多实体命令也可以创建曲面。

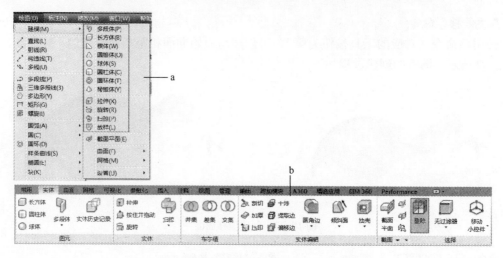

图 10-38　实体建模的菜单命令和"实体"选项卡

本节介绍如何在 AutoCAD 2016 中创建一些基本的三维实体模型，如长方体、球体、圆柱体、圆锥体、楔体、圆环体以及棱锥体等。

10.5.1　长方体

定位长方体的方式主要有两种，一种是通过指定长方体角点创建长方体，另一种则是通过指定长方体中心创建长方体。在默认情况下，可以依据长方体的一个角点位置来创建长方体。如果需要创建立方体，那么需要在"指定其他角点或 [立方体(C)/长度(L)]:"提示选项下，选择"立方体（C）"选项，然后指定立方体的边长；如果创建的是普通的长方体，那么选择"长度（L）"选项，然后在命令提示行下依次输入长方体的长度、宽度和高度。

单击"长方体"工具按钮，接着根据命令行的提示进行如下操作，注意在操作过程中鼠标光标所在的位置。

命令: _box

指定第一个角点或 [中心(C)]: 0,0,0✓

指定其他角点或 [立方体(C)/长度(L)]: L✓

指定长度: 120✓

指定宽度: 68✓

指定高度或 [两点(2P)] <4.0868>: 32✓

选择菜单栏中的"视图"→"三维视图"→"西南等轴测"命令，创建的长方体效果如图 10-39 所示。

下面介绍创建一个正方体的创建过程。

（1）单击"长方体"工具按钮，接着根据命令行的提示进行如下操作。

命令: _box

指定第一个角点或 [中心(C)]: 180,-230,0✓

指定其他角点或 [立方体(C)/长度(L)]: C✓

指定长度 <150.0000>: 159✓

（2）从菜单栏中选择"视图"→"消隐"命令，则消隐后的正方体效果如图 10-40
所示。

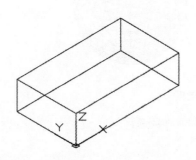

图 10-39　创建的长方体

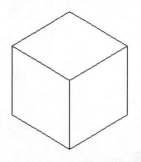

图 10-40　消隐后的正方体

10.5.2　球体

在创建球体模型时，需要指定球体的球心位置和球体半径或者直径。

需要注意的是，三维造型有一个与显示效果有关的变量"ISOLINES"，该系统变量控制
用于显示线框弯曲部分的素线数目，其默认值为 4，有效范围为 0～2047。"ISOLINES"取
值不同，线框图形的显示效果也不同，如图 10-41 所示。然而取值越大，相应的图形所占据
的内存空间也越大。

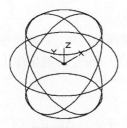

ISOLINES=4

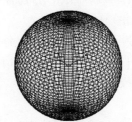

ISOLINES=64

图 10-41　显示效果对比

下面以一个简单实例说明创建球体的步骤。

（1）单击"球体"工具按钮 ◯。

（2）在命令行提示下，执行如下操作。

命令：_sphere

指定中心点或 [三点(3P)/两点(2P)/切点、切点、半径(T)]：0,0,0↙

指定半径或 [直径(D)]：218↙

创建的球体在三维视图中的显示如图 10-42a 所示。

（3）在当前文本命令行进行如下操作。

命令：ISOLINES↙

输入 ISOLINES 的新值 <4>：24↙

（4）从菜单栏中选择"视图"→"重生成"命令，此时球体显示如图 10-42b 所示。

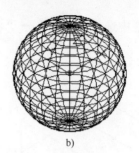

a)   b)

图 10-42   球体效果

a) 创建的实体显示效果   b) 重生成的球体显示

10.5.3   圆柱体

圆柱体是机械零件中的一个基本构成部分。创建圆柱体需要确定 3 个要素：圆柱体底面圆的圆心、圆柱体底面圆的半径（或直径）以及圆柱体的高度。下面介绍一个创建圆柱体的简单实例。

单击"圆柱体"工具按钮▣，接着根据命令行的提示进行如下操作。

命令: _cylinder

指定底面的中心点或 [三点(3P)/两点(2P)/切点、切点、半径(T)/椭圆(E)]: 0,0,0✓

指定底面半径或 [直径(D)] <218.0000>: 30✓

指定高度或 [两点(2P)/轴端点(A)] <150.0000>: 68✓

完成的圆柱体如图 10-43 所示。

此外，也可以使用"CYLINDER"命令来创建椭圆柱体，方法是在创建过程中，在"指定底面的中心点或 [三点(3P)/两点(2P)/切点、切点、半径(T)/椭圆(E)]:"提示下选择"椭圆(E)"选项，具体的操作过程如下。

命令: _cylinder

指定底面的中心点或 [三点(3P)/两点(2P)/切点、切点、半径(T)/椭圆(E)]: E✓

指定第一个轴的端点或 [中心(C)]: 0,0,0✓

指定第一个轴的其他端点: 50,0,0✓

指定第二个轴的端点: 30✓

指定高度或 [两点(2P)/轴端点(A)] <68.0000>: 35✓

绘制的椭圆柱体如图 10-44 所示。

图 10-43   圆柱体   图 10-44   椭圆柱体

10.5.4 圆锥体

创建圆锥体需要确定圆锥体的 3 个要素：圆锥底圆圆心、圆锥底圆半径（或直径）和圆锥的高度。

单击"圆锥体"工具按钮，执行如下操作。

命令: _cone

指定底面的中心点或 [三点(3P)/两点(2P)/切点、切点、半径(T)/椭圆(E)]: 0,0,0↙

指定底面半径或 [直径(D)] <30.0000>: D↙

指定直径 <60.0000>: 50↙

指定高度或 [两点(2P)/轴端点(A)/顶面半径(T)] <35.0000>: 60↙

绘制的圆锥体如图 10-45 所示。可以使用相同的方法创建椭圆锥体。

10.5.5 楔体

在机械零件设计中常有楔形的结构，如楔形槽、楔形筋体等。

在创建楔体时，需要定义楔体的底面矩形和楔体的高度，其中定义底面矩形可以有多种方法。以下介绍楔体示例的创建过程。

单击"楔体"工具按钮，执行如下操作。

命令: _wedge

指定第一个角点或 [中心(C)]: 0,0,0↙

指定其他角点或 [立方体(C)/长度(L)]: L↙

指定长度 <150.0000>: 30↙

指定宽度 <68.0000>: 20↙

指定高度或 [两点(2P)] <60.0000>: 50↙

绘制的楔体模型如图 10-46 所示。

图 10-45 圆锥体

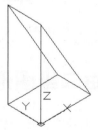

图 10-46 楔体

10.5.6 圆环体

圆环体是比较典型的三维实体，它主要的参数有圆环体的中心、圆环体的半径或直径、圆管（圆环体切面小圆）的半径或直径。

单击"圆环体"工具按钮，执行如下操作。

命令: _torus

指定中心点或 [三点(3P)/两点(2P)/切点、切点、半径(T)]: 0,0,0↙

指定半径或 [直径(D)] <25.0000>: 100↙

指定圆管半径或 [两点(2P)/直径(D)]: 20↙

绘制的圆环体如图 10-47 所示。

10.5.7 棱锥体

下面介绍棱锥体的创建过程。

单击"棱锥体"工具按钮⬦，执行如下操作。

命令: _pyramid

4 个侧面 外切

指定底面的中心点或 [边(E)/侧面(S)]: S↙

输入侧面数 <4>: 6↙

指定底面的中心点或 [边(E)/侧面(S)]: 0,0,0↙

指定底面半径或 [内接(I)] <100.0000>: I↙

指定底面半径或 [外切(C)] <100.0000>: 60↙

指定高度或 [两点(2P)/轴端点(A)/顶面半径(T)] <50.0000>: 80↙

绘制的棱锥体如图 10-48 所示。

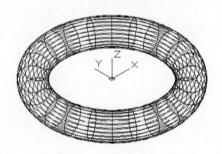

图 10-47 圆环体

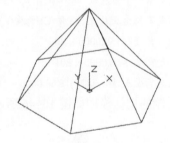

图 10-48 棱锥体

10.6 由二维图形创建实体

对于一些复杂的三维实体，可以先绘制出二维图形，然后再将这些二维图形进行拉伸、旋转等操作，从而创建出三维实体。对于设计者而言，这种创建实体的方式更为直观和简单。

10.6.1 由二维图形拉伸成实体

单击"拉伸"工具按钮⬚，或者从菜单栏中选择"绘图"→"建模"→"拉伸"命令，可以通过拉伸选定的对象创建实体和曲面。如果拉伸闭合对象，则生成的对象为实体或曲面；如果拉伸开放对象，则生成的对象为曲面。

如果要将二维图形拉伸成实体，那么该二维图形通常为如下对象。

- 封闭的二维多段线。
- 圆。
- 椭圆。
- 封闭的样条曲线。
- 面域（如果二维图形由多种图元组成，可以将这些图元生成一个面域，从而成为实体的有效拉伸对象）。

沿着 Z 轴方向拉伸二维图形创建实体的操作步骤如下。

1. 绘制二维图形

（1）新建一个图形文件，在图形区域绘制如图 10-49 所示的二维图形。

（2）单击"面域"工具按钮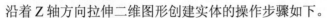，然后依次选择如图 10-50 所示的 4 段图元，按〈Enter〉键确定。其命令行操作记录如下。

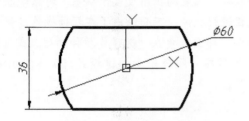

图 10-49　绘制二维图形

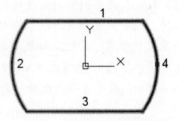

图 10-50　选择组成面域的对象

命令: _region

选择对象: 找到 1 个

选择对象: 找到 1 个，总计 2 个

选择对象: 找到 1 个，总计 3 个

选择对象: 找到 1 个，总计 4 个

选择对象: ✓

已提取 1 个环。

已创建 1 个面域。

2. 拉伸操作

（1）切换到"三维建模"工作空间，从功能区的"实体"选项卡的"实体"面板中单击"拉伸"工具按钮 。

（2）执行如下操作：

命令: _extrude

当前线框密度: ISOLINES=4，闭合轮廓创建模式 = 实体

选择要拉伸的对象或 [模式(MO)]:_MO 闭合轮廓创建模式 [实体(SO)/曲面(SU)] <实体>: _SO

选择要拉伸的对象或 [模式(MO)]: 找到 1 个　　　　　　　//在图形区域中选择面域

选择要拉伸的对象或 [模式(MO)]: ✓

指定拉伸的高度或 [方向(D)/路径(P)/倾斜角(T)/表达式(E)] <80.0000>: 8✓

3. 在三维视图中查看拉伸效果

在功能区中打开"常用"选项卡，接着从"视图"面板的三维视图列表中选择"西南等

轴测",可以看到如图 10-51 所示的拉伸实体效果。

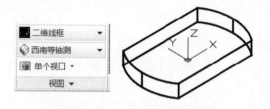

图 10-51　拉伸而成的三维实体效果

说明：在沿 Z 轴方向拉伸二维图形的过程中，可以设置拉伸的倾斜角度。该倾斜角度的绝对值不大于 90°（即只能指定 90°～-90°的倾斜角度），拉伸的倾斜角度默认值为 0°。图 10-52 是不同倾斜角度时的模型拉伸效果，设置的正角度表示从基准对象逐渐变细进行拉伸，而负角度则表示从基准对象逐渐变粗进行拉伸。下面给出了在拉伸操作过程中设置倾斜角度的步骤。另外，如果要创建拉伸曲面，那么需要在"选择要拉伸的对象或 [模式(MO)]:"提示下选择"模式（MO）"选项，然后在"闭合轮廓创建模式 [实体(SO)/曲面(SU)] <实体>:"提示选项中选择"曲面（SU）"。

命令: _extrude
当前线框密度: ISOLINES=4，闭合轮廓创建模式 = 实体
选择要拉伸的对象或 [模式(MO)]: _MO 闭合轮廓创建模式 [实体(SO)/曲面(SU)] <实体>: _SO
选择要拉伸的对象或 [模式(MO)]: 找到 1 个　　　　　　　//选择要拉伸的对象
选择要拉伸的对象或 [模式(MO)]: ↙
指定拉伸的高度或 [方向(D)/路径(P)/倾斜角(T)/表达式(E)] <8.0000>: T↙
指定拉伸的倾斜角度或 [表达式(E)] <0>: 30↙
指定拉伸的高度或 [方向(D)/路径(P)/倾斜角(T)/表达式(E)] <8.0000>: 8↙

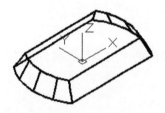

拉伸的倾斜角度为 30°

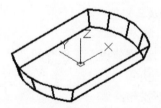

拉伸的倾斜角度为 –18°

图 10-52　设置拉伸的倾斜角度

沿某条方向轨迹拉伸二维图形时，需要注意以下几点。

- 拉伸的方向轨迹（拉伸路径）可以是开放的，也可以是闭合的，但不能与被拉伸的对象共面。
- 尽量不使用带尖角的曲线（即不要使用具有高曲率部分的曲线），因为尖角曲线可能会导致拉伸失败。

● 拉伸始于对象所在平面并保持其方向相对于路径。

以如图 10-53 所示的原始图形为例，说明如何沿指定的方向轨迹拉伸二维图形来创建实体模型。

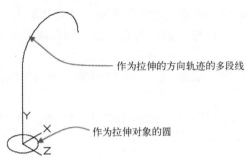

作为拉伸的方向轨迹的多段线

作为拉伸对象的圆

图 10-53　原始图形

单击"拉伸"工具按钮▣，或者从菜单栏中选择"绘图"→"建模"→"拉伸"命令，执行如下操作。

命令: _extrude

当前线框密度：ISOLINES=4，闭合轮廓创建模式 = 实体

选择要拉伸的对象或 [模式(MO)]: _MO 闭合轮廓创建模式 [实体(SO)/曲面(SU)] <实体>: _SO

选择要拉伸的对象或 [模式(MO)]: 找到 1 个　　　　　　//选择圆作为拉伸对象

选择要拉伸的对象或 [模式(MO)]: ✓　　　　　　　　　//按〈Enter〉键确定选择

指定拉伸的高度或 [方向(D)/路径(P)/倾斜角(T)/表达式(E)] <8.0000>: P　//选择"路径（P）"选项

选择拉伸路径或 [倾斜角(T)]:　　　　　　　　　　　//选择多段线

完成的拉伸效果如图 10-54a 所示。

接下来修改"ISOLINES"值，其操作如下。

命令: ISOLINES✓

输入 ISOLINES 的新值 <4>: 30✓

在命令窗口后键入"RE"并按〈Enter〉键，或者在菜单栏中选择"视图"→"重生成"命令，重新生成的拉伸体如图 10-54b 所示。

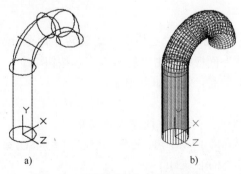

a)　　　　　　　　　　　　　　　b)

图 10-54　沿着路径拉伸形成的模型

a) 沿路径拉伸的结果　b) 重生成的拉伸体

10.6.2 由二维图形旋转成实体

单击"旋转"工具按钮，或者从菜单栏中选择"绘图"→"建模"→"旋转"命令，可以通过绕轴旋转开放或闭合对象来创建实体或曲面（具体取决于指定的模式），旋转对象定义实体或曲面的轮廓。注意：如果旋转闭合对象，则生成实体或曲面；如果旋转开放对象，则生成曲面。

下面通过旋转二维图形的方式来创建一个轴类零件，具体的操作步骤如下。

1．绘制二维图形

（1）新建一个图形文件，在图形区域绘制如图 10-55 所示的二维图形，图中未注倒角为 C2（2×45°），A 的绝对坐标为（0,0,0）。

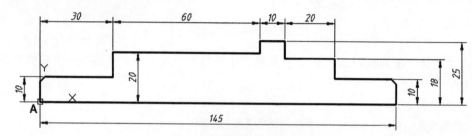

图 10-55　绘制二维图形

（2）单击"面域"工具按钮，然后框选如图 10-56 所示的能够形成封闭的图元，按〈Enter〉键确定。

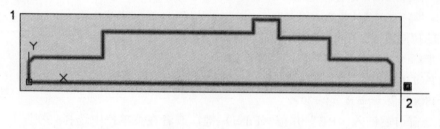

图 10-56　框选图元

2．旋转二维图形

（1）从菜单栏中选择"绘图"→"建模"→"旋转"命令，或者在"三维建模"功能区的"实体"选项卡的"实体"面板中单击"旋转"工具按钮。

（2）依据命令提示行的信息，进行如下操作。

命令：_revolve

当前线框密度：ISOLINES=4，闭合轮廓创建模式 = 实体

选择要旋转的对象或 [模式(MO)]：_MO 闭合轮廓创建模式 [实体(SO)/曲面(SU)] <实体>：_SO

选择要旋转的对象或 [模式(MO)]：找到 1 个　　　　　　　　　//在图形区域选择面域

选择要旋转的对象或 [模式(MO)]：✓　　　　　　　　　　　　//按〈Enter〉键

指定轴起点或根据以下选项之一定义轴 [对象(O)/X/Y/Z] <对象>：X✓　//选择 X 轴作为旋转轴

指定旋转角度或 [起点角度(ST)/反转(R)/表达式(EX)] <360>：✓　　//按〈Enter〉键

绘制完的轴零件如图 10-57 所示。

（3）选择"西南等轴测"命令工具，接着执行"消隐"命令工具，可以看到如图 10-58 所示的实体效果。

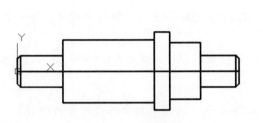

图 10-57 完成的轴零件

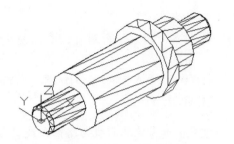

图 10-58 轴零件

10.6.3 扫掠

单击"扫掠"工具按钮，或者从菜单栏中选择"绘图"→"建模"→"扫掠"命令，可以通过沿路径扫掠二维曲线来创建三维实体或曲面。开放的曲线创建曲面，闭合的曲线创建实体或曲面（具体取决于指定的模式）。用户可以扫掠多个对象，但是这些对象必须位于同一平面中。

创建扫掠实体或曲面时，可以使用如表 10-1 所示的对象和路径。

表 10-1 在扫掠操作中可以使用的对象和路径

可以扫掠的对象	可以用作扫掠路径的对象
直线	直线
圆弧	圆弧
椭圆弧	椭圆弧
二维多段线	二维多段线和三维多段线
二维和三维样条曲线	二维和三维样条曲线
圆	圆
椭圆	椭圆
二维实体	实体、曲面和网格边子对象
三维实体面子对象	螺旋
面域	
实体、曲面和网格边子对象	
宽线	

注意：通过按住〈Ctrl〉键并选择子对象选择实体或曲面上的面和边。

用户可以在启动此命令之前选择要扫掠的对象。选择要扫掠的对象之后，选择菜单栏

中的 "绘图"→"建模"→"扫掠"命令，或者在"建模"工具栏或相应面板中单击
"扫掠"工具按钮，此时，命令行提示如图 10-59 所示。

× ✎ 🔅 ▾ **SWEEP** 选择扫掠路径或 [对齐(A) 基点(B) 比例(S) 扭曲(T)]: ▲

图 10-59　命令行提示

● 对齐：指定是否对齐轮廓以使其作为扫掠路径切向的法向。默认情况下，轮廓是对
　　齐的。

扫掠前对齐垂直于路径的扫掠对象 [是(Y)/否(N)] <是>: 输入"N"指定轮廓无须对齐，或按〈Enter〉
键指定轮廓将对齐。

注意： 如果轮廓曲线与路径曲线起点的切向不垂直（法线未指向路径起点的切向），则
轮廓曲线将自动对齐。出现对齐提示时输入"N"以避免该情况的发生。

● 基点：指定要扫掠对象的基点。
● 比例：指定比例因子以进行扫掠操作。从扫掠路径的开始到结束，比例因子将统一
　　应用到扫掠的对象。

输入比例因子或 [参照(R)/表达式(E)]<当前值>: 指定比例因子、输入"R"调用参照选项、选择"表达
式（E）"选项或按〈Enter〉键指定默认值；选择"参照（R）"选项时，通过拾取点或输入值来根据参照的
长度缩放选定的对象。

● 扭曲：设置正被扫的对象的扭曲角度。扭曲角度指定沿扫掠路径全部长度的旋转量。

输入扭曲角度或允许非平面扫掠路径倾斜 [倾斜(B)/表达式(EX)] <n>: 指定小于 360 的角度值、输入
"B"打开倾斜或按〈Enter〉键指定默认角度值，还可以指定表达式

选择扫掠路径 [对齐(A)/基点(B)/比例(S)/扭曲(T)]: 选择扫掠路径或输入选项

倾斜指定被扫掠的曲线是否沿三维扫掠路径（三维多线段、三维样条曲线或螺旋）自然
倾斜（旋转）。

下面介绍一个通过扫掠方式创建模型的实例，具体操作步骤如下。

（1）打开随书光盘中"chapter_10"文件夹中的"扫掠.DWG"文件，该文件中存在着如
图 10-60 所示的螺旋线和圆。

（2）从菜单栏中选择"绘图"→"建模"→"扫掠"命令，或者单击"扫掠"工具按钮
，接着根据命令行提示，执行下列操作。

命令: _sweep
当前线框密度：ISOLINES=4，闭合轮廓创建模式 = 实体
选择要扫掠的对象或 [模式(MO)]: _MO 闭合轮廓创建模式 [实体(SO)/曲面(SU)] <实体>: _SO
选择要扫掠的对象或 [模式(MO)]: 找到 1 个　　　　　　　//选择小圆
选择要扫掠的对象或 [模式(MO)]: ✓　　　　　　　　　　//按〈Enter〉键
选择扫掠路径或 [对齐(A)/基点(B)/比例(S)/扭曲(T)]:　　　//选择螺旋线

绘制的扫掠模型如图 10-61a 所示。

（3）从菜单栏中选择"视图"→"消隐"命令，则消隐后的模型效果如图 10-61b
所示。

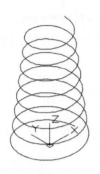

图 10-60　原始图形

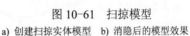

a)　　　　　　　　　　b)

图 10-61　扫掠模型

a) 创建扫掠实体模型　b) 消隐后的模型效果

10.6.4　放样

从菜单栏中选择"绘图"→"建模"→"放样"命令，或者在"建模"工具栏或相应的面板中单击"放样"工具按钮，可以通过一组两个或多个曲线之间放样来创建三维实体或曲面，即可以通过指定一系列横截面来创建新的实体或曲面。横截面用于定义结果实体或曲面的形状。横截面（通常为曲线或直线）可以是开放的（例如圆弧），也可以是闭合的（例如圆）。在创建放样模型时，必须指定至少两个横截面。

创建放样实体或曲面时，可以使用如表 10-2 所示的对象。

表 10-2　创建放样实体或曲面时可使用的对象（仅供参考）

可以用作横截面的对象	可以用作放样路径的对象	可以用作导向的对象
二维多段线	样条曲线	二维样条曲线
二维实体		
二维样条曲线	螺旋	二维样条曲线
圆弧	圆弧	圆弧
圆	圆	二维多段线（如果二维多段线只包含一个线段，则可以用作导向）
边子对象	边子对象	边子对象
椭圆	椭圆	三维多段线
椭圆弧	椭圆弧	椭圆弧
螺旋	二维多段线	直线
直线	直线	直线
平面或非平面实体面		
点（仅第一个和最后一个横截面）	三维多段线	
面域		
宽线		

启动命令之前，可以选择横截面。

按放样次序选择横截面：按照曲面或实体将要通过的次序选择开放或闭合的曲线。

输入选项 [导向(G)/路径(P)/仅横截面(C)/设置(S)] <仅横截面>：

（1）导向：指定控制放样实体或曲面形状的导向曲线。导向曲线是直线或曲线，可通过将其他线框信息添加至对象来进一步定义实体或曲面的形状。可以使用导向曲线来控制点，如图 10-62 是以导向曲线连接横截面的放样实例。

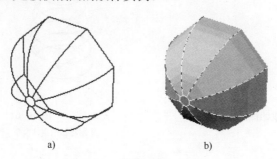

a)   b)

图 10-62　放样示例（导向）

a) 以导向曲线连接的横截面　b) 放样实体

每条导向曲线必须满足以下条件才能正常工作。

● 与每个横截面相交。

● 始于第一个横截面。

● 止于最后一个横截面。

可以为放样曲面或实体选择任意数量的导向曲线。

选择导向轮廓或 [合并多条边(J)]:选择曲线作为导向轮廓，或选择"合并多条边（J）"选项。

（2）路径：指定放样实体或曲面的单一路径。使用该方式创建放样实体的示例如图 10-63 所示。

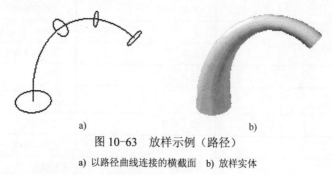

a)   b)

图 10-63　放样示例（路径）

a) 以路径曲线连接的横截面　b) 放样实体

路径曲线必须与横截面的所有平面相交。

选择路径：指定放样实体或曲面的单一路径。

10.7　三维实体的布尔运算

三维实体的布尔运算主要包括并运算（UNION）、交运算（INTERSECT）和差运算（SUBTRACT）。对基本的三维实体进行并集、交集和差集等布尔运算，可以创建出复杂的三维实体。

10.7.1 并集运算

单击"并集"工具按钮，或者从菜单中选择"修改"→"实体编辑"→"并集"命令，可以通过组合多个实体来生成一个新的实体。所谓的并集运算，就是将多个相交或接触的对象组合成一体，如图10-64所示（图中将一个长方体和圆柱体合并成一个单一对象）。

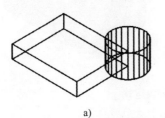
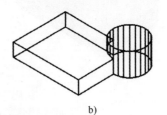

a)   b)

图 10-64　并集运算
a) 并集运算之前　b) 并集运算之后

执行并集运算的步骤很简单，在选择并集命令后依次选择欲合并的实体对象即可。执行并集运算的操作如下。

命令：_union　　　　　　　　　　//单击"并集"工具按钮

选择对象：找到 1 个　　　　　　　//选择欲合并的第一个实体对象

选择对象：找到 1 个，总计 2 个　//选择欲合并的第二个实体对象

选择对象：✓　　　　　　　　　　//按〈Enter〉键确定

10.7.2 交集运算

单击"交集"工具按钮，或者从菜单栏中选择"修改"→"实体编辑"→"交集"命令，该命令可以求出各实体的相交部分（公共部分）作为新创建的实体，如图10-65所示。

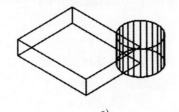

a)   b)

图 10-65　交集运算
a) 交集运算之前　b) 交集运算之后

执行交集运算的示例操作如下。

命令：_intersect　　　　　　　　//单击"交集"工具按钮

选择对象：找到 1 个　　　　　　　//选择待求交集的实体1

选择对象：找到 1 个，总计 2 个　//选择待求交集的实体2

选择对象：✓　　　　　　　　　　//按〈Enter〉键确定

10.7.3 差集运算

单击"差集"工具按钮，或者选择菜单"修改"→"实体编辑"→"差集"命令，可

以从一些实体中去掉部分实体，从而获得一个新的实体，如图 10-66 所示。该示例的典型步骤如下。

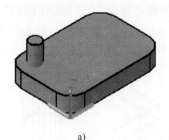
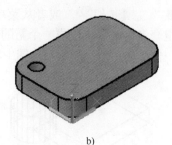

a)   b)

图 10-66   差集运算

a) 差集运算之前   b) 差集运算之后

命令: _subtract   //单击"差集"工具按钮 ⑩
选择要从中减去的实体、曲面和面域...
选择对象: 找到 1 个   //选择带圆角的长方体
选择对象: ↙
选择要减去的实体、曲面和面域...
选择对象: 找到 1 个   //选择圆柱体
选择对象: ↙   //按〈Enter〉键

10.8   三维操作

在 AutoCAD 2016 中，三维操作主要包括三维阵列、三维镜像、三维旋转和对齐操作等。这些操作的命令位于"修改"→"三维操作"的级联菜单中。

10.8.1   三维阵列

三维阵列分两种类型，一种是矩形阵列，另一种是环形阵列。在执行"三维阵列"命令（3DARRAY）的过程中，系统会提示如下信息选择阵列类型。

输入阵列类型 [矩形(R)/环形(P)] <矩形>:

1. 矩形阵列

采用矩形阵列的方式复制对象，需要定义阵列的行数、列数、阵列的层数、行间距、列间距以及层间距。矩形阵列的行、列和层是分别沿着当前 UCS 的 X 轴、Y 轴和 Z 轴的方向，输入的间距可以是正值也可以是负值。当输入的间距为正值时，则表示将沿相应坐标轴的正方向进行阵列。

下面以一个简单例子说明矩形阵列的创建方法和过程，并复习多对象的差集运算操作。

例如，图 10-67 是一个带圆角的长方体和一个小圆柱体，原始文件为"矩形阵列.dwg"。打开此原始文件，进行如下操作。

（1）矩形阵列。

1）切换到"草图与注释"工作空间，从菜单栏中选择"修改"→"三维操作"→"三维阵列"命令。

2）根据当前命令行的提示，执行如下操作。

命令：_3darray

选择对象：找到 1 个　　　　　　　　　//选择要阵列的小圆柱体

选择对象：✓　　　　　　　　　　　　//按〈Enter〉键

输入阵列类型 [矩形(R)/环形(P)] <矩形>:R✓　　//选择"矩形（R）"选项

输入行数 (---) <1>: 2✓　　　　　　　//输入行数为 2，按〈Enter〉键

输入列数 (|||) <1>: 2✓　　　　　　　//输入列数为 2，按〈Enter〉键

输入层数 (...) <1>:✓　　　　　　　　//按〈Enter〉键

指定行间距 (---): 20✓　　　　　　　//输入行间距为 20，按〈Enter〉键

指定列间距 (|||): 40✓　　　　　　　//输入列间距为 40，按〈Enter〉键

完成的效果如图 10-68 所示。

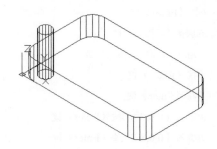

图 10-67　源文件

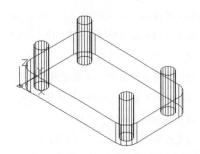

图 10-68　执行矩形阵列操作后的效果

（2）差集运算。

1）单击"差集"工具按钮，或者在菜单栏中选择"修改"→"实体编辑"→"差集"命令。

2）根据当前命令行的提示，执行如下操作。

命令：_subtract

选择要从中减去的实体、曲面和面域...

选择对象：找到 1 个　　　　　　　　　//选择长方体

选择对象：✓　　　　　　　　　　　　//按〈Enter〉键

选择要减去的实体、曲面和面域...

选择对象：找到 1 个　　　　　　　　　//选择第一个圆柱体

选择对象：找到 1 个，总计 2 个　　　　//选择第二个圆柱体

选择对象：找到 1 个，总计 3 个　　　　//选择第三个圆柱体

选择对象：找到 1 个，总计 4 个　　　　//选择第四个圆柱体

选择对象：✓　　　　　　　　　　　　//按〈Enter〉键

差集操作后的实体效果如图 10-69a 所示，消隐后的效果如图 10-69b 所示。

2．环形阵列

采用环形阵列的方式复制对象，需要定义阵列的项目个数、环形阵列的填充角度、阵列的中心等。图 10-70 是执行环形阵列的示例图，源文件为"环形阵列.dwg"。

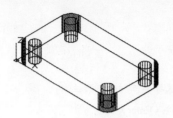
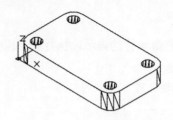

a)　　　　　　　　　　　　　　b)

图 10-69　求差集的结果（消隐前后）

a) 消隐前　b) 消隐后

在该示例中，从菜单栏中选择"修改"→"三维操作"→"三维阵列"命令，根据命令行提示进行如下操作。

命令: _3darray

选择对象: 找到 1 个　　　　　　　　　　　　//选择要阵列的小圆柱

选择对象: ✓　　　　　　　　　　　　　　　//按〈Enter〉键

输入阵列类型 [矩形(R)/环形(P)] <矩形>:P　　//选择"环形（P）"选项

输入阵列中的项目数目:6✓　　　　　　　　　//输入 6，按〈Enter〉键

指定要填充的角度 (+=逆时针, -=顺时针) <360>: ✓　//按〈Enter〉键

旋转阵列对象? [是(Y)/否(N)] <Y>: ✓　　　　//按〈Enter〉键

指定阵列的中心点: 0,0,0✓　　　　　　　　　//输入（0,0,0），按〈Enter〉键

指定旋转轴上的第二点: 0,0,8✓　　　　　　　//输入（0,0,8），按〈Enter〉键

进行并集运算并消隐图形后，得到的实体模型如图 10-71 所示。

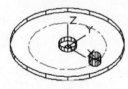
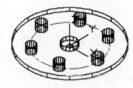

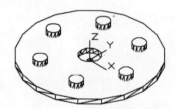

阵列前　　　　　　　　　　　阵列后

图 10-70　环形阵列　　　　　　　　　　　图 10-71　最后的实体模型

10.8.2　三维镜像

在三维空间中，可以将选定的对象相对于某一个平面来创建其镜像实体。图 10-72 是执行"三维镜像"操作的示例图，源文件为"三维镜像.dwg"。

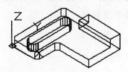
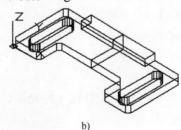

a)　　　　　　　　　　　　　　b)

图 10-72　三维镜像

a) 三维镜像前　b) 三维镜像后

在该示例中，从"三维建模"工作空间功能区"常用"选项卡的"修改"面板中单击"三维镜像"工具按钮，或者从菜单栏中选择"修改"→"三维操作"→"三维镜像"命令，根据命令行提示执行如下操作步骤。

命令: _mirror3d

选择对象: 找到 1 个   //选择要镜像的三维模型

选择对象: ✓   //按〈Enter〉键

指定镜像平面 (三点) 的第一个点或

  [对象(O)/最近的(L)/Z 轴(Z)/视图(V)/XY 平面(XY)/YZ 平面(YZ)/ZX 平面(ZX)/三点(3)] <三点>:

                           //选择点 A，如图 10-73 所示

在镜像平面上指定第二点: //选择点 B，如图 10-73 所示

在镜像平面上指定第三点: //选择点 C，如图 10-73 所示

是否删除源对象? [是(Y)/否(N)] <否>:✓ //按〈Enter〉键

10.8.3 三维旋转

使用"修改"→"三维操作"→"三维旋转"命令，可以对选定的三维对象进行旋转操作，旋转的方式有多种，可以围绕任意轴（X 轴、Y 轴或 Z 轴）、视图、对象和两点进行旋转。

打开源文件"三维旋转.dwg"，该源文件中存在着的三维模型如图 10-74 所示。具体操作步骤如下。

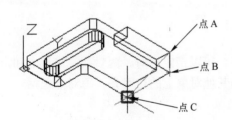

图 10-73　定义镜像平面

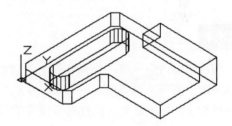

图 10-74　原始模型

（1）从"三维建模"工作空间功能区"常用"选项卡的"修改"面板中单击"三维旋转"工具按钮，或者选择"修改"→"三维操作"→"三维旋转"命令。

（2）根据命令行提示，进行如下操作。

命令: _3drotate

UCS 当前的正角方向: ANGDIR=逆时针　ANGBASE=0

选择对象: 找到 1 个   //选择原始模型

选择对象:✓   //按〈Enter〉键

指定基点: 0,0,0✓   //输入基点坐标

拾取旋转轴: //单击如图 10-75 所示的圆手柄以指定旋转轴

指定角的起点或键入角度: 45✓ //设置旋转角度

正在重生成模型。

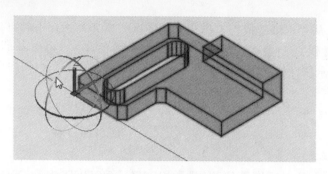

图 10-75　指定旋转轴

执行旋转操作后的效果如图 10-76 所示（为了观察旋转后的模型效果，特意给出消隐前后的完成模型效果，其中图右为再消隐后的效果）。

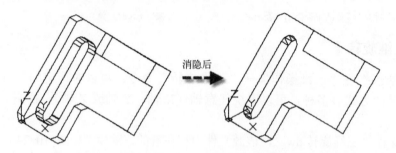

消隐后

图 10-76　消隐前后的已旋转实体（两者均为执行旋转操作后的模型）

10.8.4　对齐

使用"修改"→"三维操作"→"对齐"命令，可以指定一对、两对或三对源点和定义点以移动、旋转或倾斜选定的对象，从而将它们与其他对象上的点对齐。每对点包括一个源点和目标点。以下是某次执行对齐操作的典型步骤。

命令:_align

选择对象: 找到 1 个

选择对象: 找到 1 个，总计 2 个

选择对象:

指定第一个源点:

指定第一个目标点:

指定第二个源点:

指定第二个目标点:

指定第三个源点或 <继续>:

指定第三个目标点:

10.8.5　三维移动

使用"修改"→"三维操作"→"三维移动"命令，可以在三维视图中显示移动夹点工具，并沿着指定方向将对象移动指定的距离。

下面介绍进行三维移动操作的一个实例。

（1）打开源文件"三维移动.dwg"，该源文件中存在着的三维模型如图 10-77 所示。

（2）使用"三维建模"工作空间，从"常用"选项卡的"修改"面板中单击"三维移动"按钮，或者选择菜单"修改"→"三维操作"→"三维移动"命令。

（3）根据命令行提示，进行如下操作：

命令: _3dmove

选择对象: 找到 1 个   //选择三维模型

选择对象: ✓   //按〈Enter〉键

指定基点或 [位移(D)] <位移>: 0,0,0✓   //输入基点坐标

指定第二个点或 <使用第一个点作为位移>: 100,50,60✓ //输入第 2 点坐标

进行三维移动操作后的模型位置如图 10-78 所示。

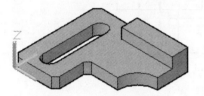

图 10-77 存在的三维模型   图 10-78 三维移动的结果

10.9 本章小结

随着科技的飞速发展，三维图形在机械设计领域中的应用越来越广泛，也越来越重要。使用 AutoCAD 2016 可以进行机械零件或产品造型的三维设计。只要应用熟练，使用 AutoCAD 2016 进行三维设计同样可以做得很出色。

本章主要介绍使用 AutoCAD 2016 进行三维设计的基础知识。内容包括：三维制图的概念，三维制图的基本设置，如何绘制三维线条、三维网格和三维曲面，如何创建基本的三维实体，如何由二维图形创建三维实体以及三维实体的布尔运算和三维操作等。读者应该熟练掌握本章的三维设计知识，为设计复杂的三维模型打下坚实的基础。

10.10 思考与练习

1．AutoCAD 2016 提供了哪 3 种处理三维建模的方式？这 3 种方式分别具有什么样的特点？

2．在 AutoCAD 2016 中，如何绘制三维线条？

3．说一说曲面模型与三维实体模型的异同。

4．三维实体的布尔运算主要包括哪些？

5．在 AutoCAD 2016 中，能够根据标高和厚度绘制三维图形吗？如何操作？

6．绘制一个长为 99 mm，宽为 63 mm，高为 37 mm 的长方体，并启用着色模式来观察效果。

7. 绘制一个底面直径为 50 mm，高度为 100 mm 的圆柱实体，并将 ISOLINES 设置不同的数值来观察再生的圆柱实体模型效果。

8. 绘制如图 10-79 所示的轮廓图（不必标注尺寸），接着将该图形转化为一个大的面域和一个小的面域，并从大的面域中减去小的面域，然后将所得的图形对象进行拉伸操作，拉伸高度为 100 mm，从而获得一个拉伸实体模型。

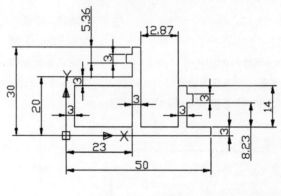

图 10-79　轮廓图

9. 使用旋转的方式，创建如图 10-80 所示的轴坯件的实体模型，并设置不同的视点观察该实体模型。

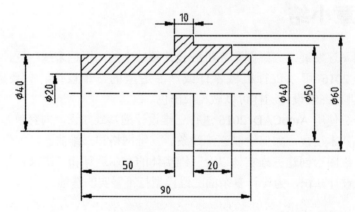

图 10-80　绘制的轴坯件

第 11 章　机械零件的三维建模实例

本章以一个机械零件为实例，介绍其三维建模的过程以及如何渲染零件，从而使读者对使用 AutoCAD 2016 进行三维设计有一个清晰而深刻的认识。

11.1　目的和要求

本章以范例形式介绍三维建模的目的如下。

（1）掌握三维实体模型的构建方法和技巧。

（2）掌握三维实体模型的编辑方法及观测方法。

（3）了解三维实体模型的渲染方法和过程。

本章采用的机械零件是传动连接件，其参考的二维工程图如图 11-1 所示。

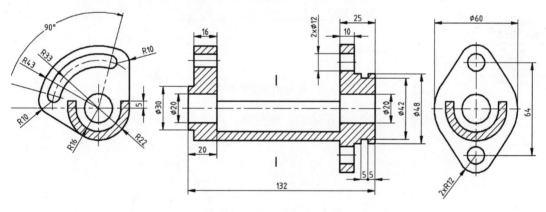

图 11-1　机械零件的工程图

11.2　三维建模过程

任何复杂的三维实体造型都是由一些基本实体通过适当的组合来形成的，也就是说，机械零件的建模其实就是将分别构建的基本实体组合起来。

在使用 AutoCAD 2016 进行三维建模的过程中，必须熟练掌握三维空间的坐标系统，从而能够根据制图的目的和要求随时选择合适的坐标系。在观察三维模型时，可以将默认视图切换到三维视图（如轴测图等）模式。

下面介绍如何建立本章中机械零件的三维模型。

首先，新建一个图形文件，该文件可采用"ZJBC-图形样板.dwt"（位于随书光盘"博创制图样板"文件夹中）作为模板，当然也可以使用其他模板来建立图形文件。新建图形文件后，建议通过"快速访问"工具栏来设置在当前界面中显示菜单栏（这对一些 AutoCAD 老用户会感觉到比较习惯）。需要时，可以选择菜单栏中的"工具"→"绘图设置"命令，打开"草图设置"对话框，进入"对象捕捉"选项卡，从中启用对象捕捉功能，并设置需要的对象捕捉模式，以方便接下来的三维建模操作。

接着，开始绘制机械零件中的基本形体，本例使用"三维建模"工作空间。

11.2.1 构建右侧的基本形体

构建右侧基本形体的操作步骤如下。

1. 在左视视点模式下绘制二维图形

（1）从菜单栏中选择"视图"→"三维视图"→"左视"命令。可以设置在原点位置显示 UCS 图标，设置的方法是在图形窗口中右击坐标图标，接着从弹出的快捷菜单中选择"UCS 图标设置"，并确保选中"在原点显示 UCS 图标"选项。

（2）绘制用来定位的如图 11-2 所示的中心线，其中短中心线 1 与短中心线 2 之间的距离为 64。

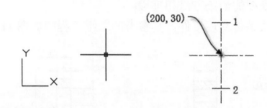

图 11-2　绘制用来定位的中心线

（3）使用粗实线绘制如图 11-3 所示的二维图形，具体的尺寸可参看图 11-1。

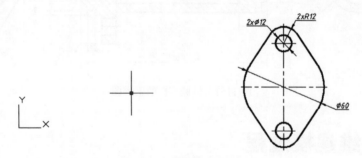

图 11-3　绘制二维图形

2. 建立面域

（1）在功能区的"常用"选项卡的"绘图"面板中单击"面域"工具按钮 ▣。

（2）根据当前命令行的提示，执行如下操作。

命令:_region

选择对象: 指定对角点: 找到 14 个　　　　　　　　//框选绘制的所有二维图形

选择对象: ↙　　　　　　　　　　　　　　　　　　//按〈Enter〉键确认

已提取 3 个环。

已创建 3 个面域。

3．将大面域中的圆减掉

（1）在功能区"常用"选项卡的"实体编辑"面板中单击"差集"按钮，或者从菜单栏中选择"修改"→"实体编辑"→"差集"命令。

（2）根据当前命令行的提示，执行如下操作。

命令：_subtract

选择要从中减去的实体、曲面和面域...

选择对象：找到 1 个   //选择大的面域

选择对象：✓   //按〈Enter〉键确认

选择要减去的实体、曲面和面域...

选择对象：找到 1 个   //选择其中一个小圆面域

选择对象：找到 1 个，总计 2 个   //选择相邻一个小圆面域

选择对象：✓   //按〈Enter〉键确认

4．拉伸面域

（1）在功能区"实体"选项卡的"实体"面板中单击"拉伸"工具按钮，或者在菜单栏中选择"绘图"→"建模"→"拉伸"命令。

（2）根据当前命令行的提示，执行如下操作。

命令：_extrude

当前线框密度：ISOLINES=4，闭合轮廓创建模式 = 实体

选择要拉伸的对象或 [模式(MO)]：_MO 闭合轮廓创建模式 [实体(SO)/曲面(SU)]＜实体＞：_SO

选择要拉伸的对象或 [模式(MO)]：找到 1 个   //选择面域

选择要拉伸的对象或 [模式(MO)]：✓   //按〈Enter〉键

指定拉伸的高度或 [方向(D)/路径(P)/倾斜角(T)/表达式(E)]：10✓   //设定拉伸高度

5．在三维视图中查看拉伸效果

在功能区"常用"选项卡的"视图"面板的"三维导航"下拉列表框中选择"西南等轴测"，或者在菜单栏中选择"视图"→"三维视图"→"西南等轴测"命令，完成拉伸操作后的实体效果如图 11-4 所示。

图 11-4 完成的基本形体

11.2.2 构建 U 形体

构建 U 形体的操作步骤如下。

1．指定一个点移动 UCS 用户定义坐标系

命令: UCS✓

当前 UCS 名称: *左视*

指定 UCS 的原点或 [面(F)/命名(NA)/对象(OB)/上一个(P)/视图(V)/世界(W)/X/Y/Z/Z 轴(ZA)] <世界>:

//选择如图 11-5 所示的圆心

指定 X 轴上的点或 <接受>: //选择如图 11-5 所示的中点或象限点

指定 XY 平面上的点或 <接受>:✓

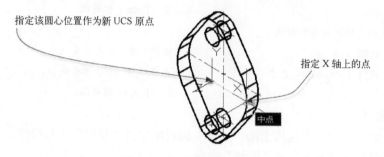

指定该圆心位置作为新 UCS 原点

指定 X 轴上的点

中点

图 11-5　指定一点移动 UCS

2．在平面视图模式下绘制二维图形

（1）从菜单栏中选择"视图"→"三维视图"→"平面视图"→"当前 UCS"命令。

（2）使用粗实线绘制如图 11-6 所示的二维图形，图中给出了参考尺寸，并注意绘制技巧。

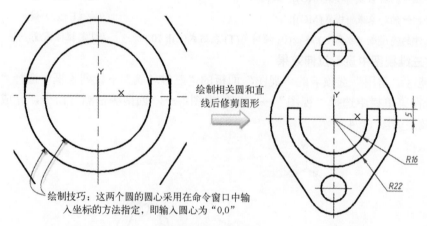

绘制相关圆和直线后修剪图形

绘制技巧：这两个圆的圆心采用在命令窗口中输入坐标的方法指定，即输入圆心为"0,0"

图 11-6　绘制 U 形图形

3．建立面域

（1）在"绘图"面板中单击"面域"工具按钮 ⬚。

（2）根据当前命令行的提示，依次选择 U 形二维图形的 8 段图元。执行面域操作的具体步骤如下。

命令:_region

选择对象: 找到 1 个

选择对象: 找到 1 个，总计 2 个

选择对象: 找到 1 个, 总计 3 个

选择对象: 找到 1 个, 总计 4 个

选择对象: 找到 1 个, 总计 5 个

选择对象: 找到 1 个, 总计 6 个

选择对象: 找到 1 个, 总计 7 个

选择对象: 找到 1 个, 总计 8 个

选择对象: ✓

已提取 1 个环。

已创建 1 个面域。

4．拉伸 U 形面域

（1）在功能区"实体"选项卡的"实体"面板中单击"拉伸"工具按钮▣，或者在菜单栏中选择"绘图"→"建模"→"拉伸"命令。

（2）根据当前命令行的提示，执行如下操作。

命令: _extrude

当前线框密度:　ISOLINES=4, 闭合轮廓创建模式 = 实体

选择要拉伸的对象或 [模式(MO)]: _MO 闭合轮廓创建模式 [实体(SO)/曲面(SU)] <实体>: _SO

选择要拉伸的对象或 [模式(MO)]: 找到 1 个　　　　　　　　//选择 U 形面域

选择要拉伸的对象或 [模式(MO)]: ✓　　　　　　　　　　//按〈Enter〉键确定

指定拉伸的高度或 [方向(D)/路径(P)/倾斜角(T)/表达式(E)] <10.0000>: 87✓ //设置拉伸高度

5．在三维视图中查看拉伸效果

在功能区"常用"选项卡的"视图"面板的"三维导航"下拉列表框中选择"西南等轴测"，或者在菜单栏中选择"视图"→"三维视图"→"西南等轴测"命令，完成拉伸操作后的实体效果如图 11-7 所示。

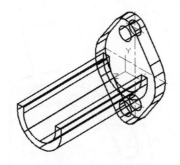

图 11-7　创建 U 形体

11.2.3　构建左侧的扇形实体

构建左侧扇形实体的操作步骤如下。

1．调整 UCS

命令: UCS✓

当前 UCS 名称: *没有名称*

指定 UCS 的原点或 [面(F)/命名(NA)/对象(OB)/上一个(P)/视图(V)/世界(W)/X/Y/Z/Z 轴(ZA)] <世界>: F✔ //选择"面（F）"选项

选择实体面、曲面或网格: //选择如图 11-8 所示的实体面

输入选项 [下一个(N)/X 轴反向(X)/Y 轴反向(Y)] <接受>:✔   //按〈Enter〉键接受

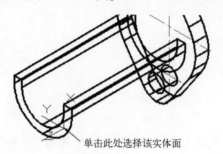

单击此处选择该实体面

图 11-8 设定 UCS

2．在当前 UCS 的平面视图模式下绘制二维图形

（1）从菜单栏中选择"视图"→ "三维视图"→"右视"命令。

（2）绘制如图 11-9 所示的扇形二维图形，相关的尺寸如图 11-10 所示。

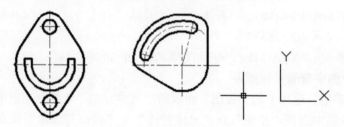

图 11-9 绘制扇形二维轮廓

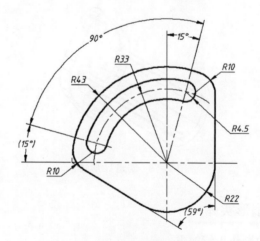

图 11-10 扇形的相关尺寸

说明： 用户也可以选择菜单"视图"→ "三维视图"→"平面视图"→"当前 UCS"命令，在其平面视图（确保是当前 UCS 的 XY 平面）中绘制扇形二维图形。

3.建立扇形面域

（1）在"绘图"面板中单击"面域"工具按钮 。

（2）根据当前命令行的提示，执行如下操作。

命令: _region

选择对象: 指定对角点: 找到 15 个　　　　　　　　//框选扇形二维轮廓图形

选择对象: ✓　　　　　　　　　　　　　　//按〈Enter〉键

已提取 2 个环。

已创建 2 个面域。

4.将大扇形面域中的小面域减掉

（1）从菜单栏中选择"修改"→"实体编辑"→"差集"命令。

（2）根据当前命令行的提示，执行如下操作。

命令: _subtract

选择要从中减去的实体、曲面和面域...

选择对象: 找到 1 个　　　　　　　　　　//选择扇形大面域

选择对象: ✓　　　　　　　　　　　　　//按〈Enter〉键

选择要减去的实体、曲面和面域...

选择对象: 找到 1 个　　　　　　　　　　//选择小面域

选择对象: ✓　　　　　　　　　　　　　//按〈Enter〉键

5.拉伸面域

（1）在"实体"面板中单击"拉伸"工具按钮 ，或者在菜单栏中选择"绘图"→
"建模"→"拉伸"命令。

（2）根据当前命令行的提示，执行如下操作。

命令: _extrude

当前线框密度: ISOLINES=4，闭合轮廓创建模式 = 实体

选择要拉伸的对象或 [模式(MO)]: _MO 闭合轮廓创建模式 [实体(SO)/曲面(SU)] <实体>: _SO

选择要拉伸的对象或 [模式(MO)]: 找到 1 个　　　　　　　　//选择扇形面域

选择要拉伸的对象或 [模式(MO)]: ✓　　　　　　　　　//按〈Enter〉键

指定拉伸的高度或 [方向(D)/路径(P)/倾斜角(T)/表达式(E)] <87.0000>: -16✓ //设置拉伸高度

（3）从菜单栏中选择"视图"→"三维视图"→"西南等轴测"命令，此时，模型
如图 11-11 所示。

6.对齐对象

（1）选择菜单"修改"→"三维操作"→"对齐"命令。

（2）根据当前命令行的提示，执行如下操作。

命令: _align

选择对象: 找到 1 个　　　　　　　//选择扇形实体

选择对象: ✓　　　　　　　　　　//按〈Enter〉键

指定第一个源点:　　　　　　　　//选择如图 11-12 所示的中心线交点作为第一个源点

指定第一个目标点: <正交 关>　　　//选择如图 11-12 所示的圆心作为第一个目标点

指定第二个源点: ✓　　　　　　　//按〈Enter〉键完成

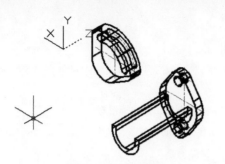

图 11-11　拉伸效果

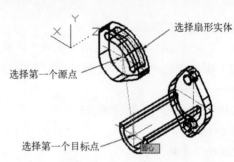

图 11-12　对齐定义

对齐后的效果如图 11-13 所示（图中删除了不再需要的中心线）。

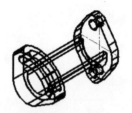

图 11-13　调整扇形实体的位置

11.2.4　构建左侧圆柱

构建左侧圆柱的操作步骤如下。

1. 调整坐标系

命令: UCS✓

当前 UCS 名称: *右视*

指定 UCS 的原点或 [面(F)/命名(NA)/对象(OB)/上一个(P)/视图(V)/世界(W)/X/Y/Z/Z 轴(ZA)] <世界>:

_cen 于　　　　　//捕捉到如图 11-14 所示的圆心（可启用对象捕捉功能和三维对象捕捉功能）

指定 X 轴上的点或 <接受>: ✓　　　　　//按〈Enter〉键接受

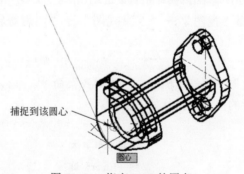

图 11-14　指定 UCS 的原点

2. 绘制二维图形——圆

使用捕捉功能（捕捉到外端面上的一个圆心），在扇形实体的端面绘制一个Φ30 的圆，如图 11-15 所示。

3. 拉伸

（1）在"实体"面板中单击"拉伸"工具按钮，或者在菜单栏中选择"绘图"→"建模"→"拉伸"命令。

（2）根据当前命令行的提示，执行如下操作。

命令：_extrude

当前线框密度：ISOLINES=4，闭合轮廓创建模式 = 实体

选择要拉伸的对象或 [模式(MO)]：_MO 闭合轮廓创建模式 [实体(SO)/曲面(SU)] <实体>：_SO

选择要拉伸的对象或 [模式(MO)]：找到 1 个　　　　　　//选择刚绘制的圆

选择要拉伸的对象或 [模式(MO)]：✓　　　　　　　　//按〈Enter〉键确定

指定拉伸的高度或 [方向(D)/路径(P)/倾斜角(T)/表达式(E)] <-16.0000>：-4

　　　　　　　　　　　　　　　　　　//设置拉伸高度，向实体外拉伸

此时创建的左侧圆柱如图 11-16 所示。

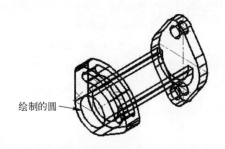

图 11-15　绘制圆

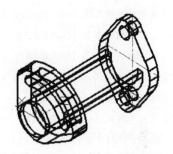

图 11-16　构建左侧圆柱

11.2.5 旋转出右侧三个圆柱叠加实体

本节具体操作步骤如下。

1. 在主视视点模式下绘制二维图形

（1）选择菜单"视图"→"三维视图"→"前视"命令（主视）。

（2）使用粗实线绘制如图 11-17a 所示的二维图形，相关的尺寸如图 11-17b 所示。

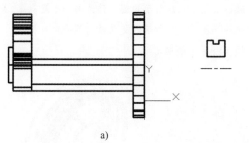

a)　　　　　　　　　　　　　　　　　　b)

图 11-17　绘制二维图形

a) 绘制图线　b) 相关尺寸

2. 建立面域

（1）在"绘图"面板中单击"面域"工具按钮。

（2）根据当前命令行的提示，通过指定两个角点框选刚绘制的二维图形的凹型图元。如下是执行面域操作的具体过程。

命令: _region

选择对象: 指定对角点: 找到 8 个　　　　　　　//指定两个角点框选刚绘制的封闭的二维图形

选择对象:↙　　　　　　　　　　　　　　　　//按〈Enter〉键完成对象的选择

已提取 1 个环。

已创建 1 个面域。

3. 旋转面域

（1）在菜单栏中选择"绘图"→"建模"→"旋转"命令，或者在"实体"面板中单击"旋转"工具按钮 。

（2）依据命令提示行的信息，进行如下操作。

命令: _revolve

当前线框密度: ISOLINES=4，闭合轮廓创建模式 = 实体

选择要旋转的对象或 [模式(MO)]: _MO 闭合轮廓创建模式 [实体(SO)/曲面(SU)] <实体>: _SO

选择要旋转的对象或 [模式(MO)]: 找到 1 个　　　　　　//选择凹形面域

选择要旋转的对象或 [模式(MO)]: ↙　　　　　　　　//按〈Enter〉键确定

指定轴起点或根据以下选项之一定义轴 [对象(O)/X/Y/Z] <对象>:　//选择用于旋转轴的线起点

指定轴端点:　　　　　　　　　　　　　　　　//选择另一个端点

指定旋转角度或 [起点角度(ST)/反转(R)/表达式(EX)] <360>:↙

4. 切换到西南等轴测视点进行观察

选择菜单"视图"→"三维视图"→"西南等轴测"命令，观察已经创建好的实体模型，效果如图 11-18 所示。

5. 对齐

（1）选择菜单"修改"→"三维操作"→"对齐"命令。

（2）根据当前命令行的提示，执行如下操作:

命令: _align

选择对象: 找到 1 个　　　　　　//选择如图 11-19 所示的对象

选择对象:↙　　　　　　　　　　//按〈Enter〉键完成对象的选择

指定第一个源点:　　　　　　　　//选择如图 11-20 所示的圆心作为第一个源点

指定第一个目标点:　　　　　　　//选择如图 11-20 所示的交点作为第一个目标点

指定第二个源点:↙　　　　　　　//按〈Enter〉键确定

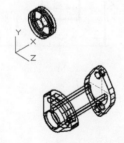

图 11-18　创建的实体模型

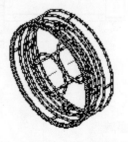

图 11-19　选择对象

对齐后的三维实体如图 11-21 所示。

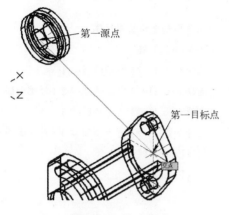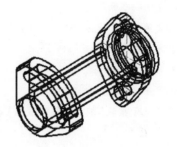

图 11-20   定义对齐　　　　　　　　图 11-21　对齐后的三维实体模型

11.2.6　创建长圆柱体

创建长圆柱体的操作步骤如下。

1．创建圆柱体

在功能区"实体"选项卡的"图元"面板中单击"圆柱体"工具按钮 ，执行如下操作。

命令: _cylinder

指定底面的中心点或 [三点(3P)/两点(2P)/切点、切点、半径(T)/椭圆(E)]: 0,0,0↙

指定底面半径或 [直径(D)] <10.0000>: 10↙

指定高度或 [两点(2P)/轴端点(A)] <-4.0000>: 132↙

创建的圆柱体如图 11-22 所示。

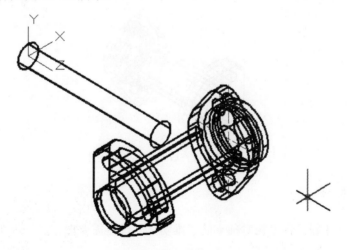

图 11-22　创建圆柱体

2．对齐位置

（1）选择菜单"修改"→"三维操作"→"对齐"命令。

（2）根据当前命令行的提示，执行如下操作。

命令: _align

选择对象: 找到 1 个　　　　　　　　　　　//选择刚创建的长圆柱体

选择对象:✓　　　　　　　　　　　　　　　//按〈Enter〉键

指定第一个源点:　　　　　　　　　　　　//选择如图 11-23 所示的圆心 1

指定第一个目标点:　　　　　　　　　　　//选择如图 11-23 所示的圆心 2（外端面圆心）

指定第二个源点:　　　　　　　　　　　　//选择如图 11-23 所示的圆心 3

指定第二个目标点:　　　　　　　　　　　//选择如图 11-23 所示的圆心 4（外端面圆心）

指定第三个源点或 <继续>:✓　　　　　　//按〈Enter〉键

是否基于对齐点缩放对象？[是(Y)/否(N)] <否>:✓　　//按〈Enter〉键

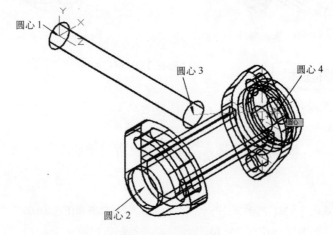

图 11-23　定义对齐

对齐后的三维实体模型如图 11-24 所示。

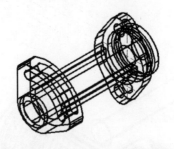

图 11-24　对齐后的三维实体模型

11.2.7　组合

至此，已经创建好了各个相对独立的三维实体，现在需要把这些三维实体通过布尔运算等方式组合起来。

1．并集运算

（1）选择菜单"修改"→"实体编辑"→"并集"命令。

（2）根据当前命令行的提示，执行如下操作。

命令: _union

选择对象: 找到 1 个	//选择 11.2.1 节创建的右侧基本形体
选择对象: 找到 1 个, 总计 2 个	//选择 11.2.2 节创建的 U 形体
选择对象: 找到 1 个, 总计 3 个	//选择 11.2.3 节创建的扇形实体
选择对象: 找到 1 个, 总计 4 个	//选择 11.2.4 节创建的左侧圆柱
选择对象: 找到 1 个, 总计 5 个	//选择 11.2.5 节创建的右侧叠加圆柱实体
选择对象: ✓	//按〈Enter〉键确认

2．差集运算

（1）选择菜单"修改"→"实体编辑"→"差集"命令。

（2）根据当前命令行的提示，执行如下操作。

命令: _subtract

选择要从中减去的实体、曲面和面域...

选择对象: 找到 1 个	//选择并集运算后所创建的实体
选择对象: ✓	//按〈Enter〉键确认

选择要减去的实体、曲面和面域...

选择对象: 找到 1 个	//选择 11.2.6 节创建的长圆柱体
选择对象: ✓	//按〈Enter〉键确认

3．消隐图形

将辅助中心线删除，然后选择菜单"视图"→"消隐"命令，此时完成的机械零件的三维实体模型如图 11-25 所示。

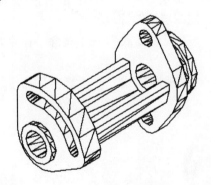

图 11-25 完成的机械零件

11.3 剖截面

在机械零件的三维设计中，有时需要创建或查看剖截面。

在命令行窗口的当前命令行中输入"SECTION"命令，然后根据命令行的提示，进行下面操作。

命令: SECTION✓

选择对象: 找到 1 个	//选择机械零件
选择对象: ✓	//按〈Enter〉键

指定截面上的第一个点,依照 [对象(O)/Z 轴(Z)/视图(V)/XY(XY)/YZ(YZ)/ZX(ZX)/三点(3)] <三点>:
　　　　　　　　　　　　　　　　//选择圆心 A,如图 11-26 所示
指定平面上的第二个点:　　　　　　//选择圆心 B,如图 11-26 所示
指定平面上的第三个点:　　　　　　//选择圆心 C,如图 11-26 所示

创建的剖截面如图 11-27 所示。如果需要,可以将剖截面从实体中移出。

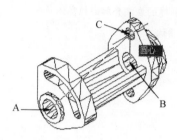 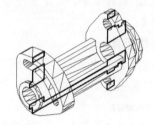

　　　　图 11-26　定义平面　　　　　　　　　　　图 11-27　创建剖截面

11.4　指定视觉样式

　　为了使机械零件的三维模型更具有立体感和真实感,可以使用指定的视觉样式。在默认视觉模式下,系统采用固定的环境光。

　　在本实例中,可以进行如下操作。

　　(1)选择菜单"格式"→"图层"命令,打开图层特性管理器,将当前图层的颜色修改为青色,执行应用操作后,关闭图层特性管理器。

　　(2)选择菜单"视图"→"视图样式"→"概念"命令,则三维模型的着色效果如图 11-28 所示。

　　(3)选择菜单"视图"→"视图样式"→"真实"命令,则三维模型的着色效果如图 11-29 所示。

　　　图 11-28　概念着色效果　　　　　　　　　　图 11-29　真实着色效果

11.5　渲染零件

　　与视觉样式中的着色效果相比,渲染操作所获得的图形效果更具有真实感和材质感。在AutoCAD 2016 中,通过对材质、灯光和场景等的设置,也可以获得照片级真实感的图像。

　　在菜单栏中选择"视图"→"渲染"命令,打开如图 11-30 所示的"渲染"级联菜单。

在该级联菜单中，可以分别选择子命令来定制所需的光源、材质、贴图，设置渲染环境和高级渲染参数等。

如果在"渲染"级联菜单中，选择"高级渲染设置"命令，将打开如图 11-31 所示的"渲染预设管理器"选项板。

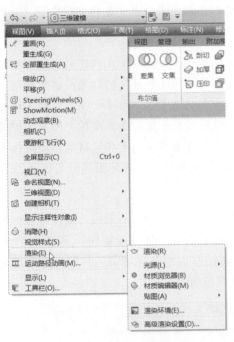

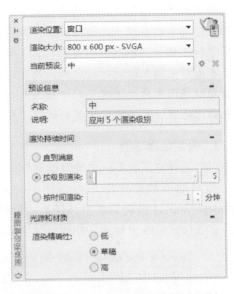

图 11-30　渲染的菜单命令　　　　　图 11-31　"渲染预设管理器"选项板

在本实例中，如果采用默认的渲染设置，直接在菜单栏中选择"视图"→"渲染"→"渲染"命令，则系统打开一个单独的窗口输出渲染结果，如图 11-32 所示。

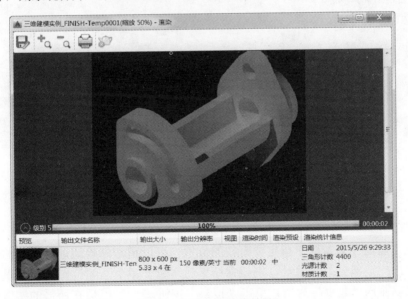

图 11-32　默认的渲染效果

11.5.1 设置光线

渲染的一个重要方面是光线的应用，光线由强度和颜色两个主要因素决定。AutoCAD中的光线（或光源）分自然光（环境光）、点光源、平行光源和聚光灯光源等。

在本实例中，将设定地理位置，指定阳光特性，并创建多个点光源和平行光源，具体的操作步骤如下。

知识点拨： 图形文件中的地理文字信息是围绕称为地理标记的图元构建的，地理标记指向模型空间中的参照点，该点对应地球表面上具有已知的纬度和经度的位置。通常地理位置由其坐标（例如，纬度、经度和标高）和用于定义坐标的坐标系（例如，WGS 84）进行定位。在图形中插入地理标记之后，用户可以在执行阳光与天光模拟（光度控制研究）时使程序自动确定阳光角度，在视口中插入来自联机地图服务的地图，执行环境研究，使用位置标记来标记地理位置并记录相关的说明，在支持位置识别的系统上，在地图实时定位自己等。

1. 设定地理环境

（1）选择"工具"→"地理位置"命令，系统弹出如图 11-33 所示的"地理位置"对话框（实时地图数据使用户可以使用联机服务在 AutoCAD 中显示地图，需要用户登录Autodesk 360 才能访问联机地图）。"地理位置"对话框为绘图区域中的参照点拾取地理位置，它还指定 GIS 坐标系，相对于该坐标系定义地理位置。

图 11-33 "地理位置"对话框

（2）在"地址"文本框中指定要查找的位置。可以指定邮政地址或位置的纬度和经度值，如果用户指定部分邮政地址，则搜索结果通常包含多个匹配位置。在这里，以在"地址"文本框中输入"北京"为例，单击"搜索"按钮 🔍 ，然后在所需的搜索结果处单击

"在此处位置标记"按钮，如图 11-34 所示。用户也可以使用导航栏对联机地图进行缩放和平移，并在某个位置上单击鼠标右键以对其进行标记。

图 11-34　对位置进行标记

（3）在"地理位置"对话框中单击"下一步"按钮，　为地理位置设置坐标系，如图 11-35 所示，然后单击"下一步"按钮。

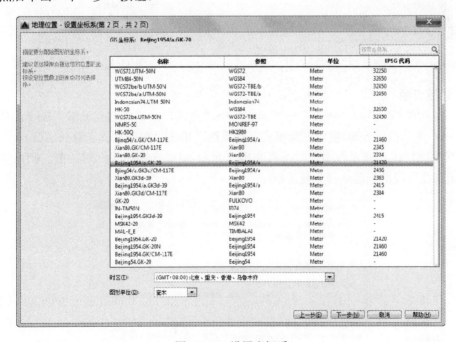

图 11-35　设置坐标系

（4）直接在命令窗口中根据提示进行以下参数定义，从而完成在图形中插入地理标记。

选择位置所在的点 <0, 0, 0>:

指定北向角度或 [第一个点(F)] <90>:

2．指定阳光特性

（1）在菜单栏中选择"视图"→"渲染"→"光源"→"阳光特性"命令，打开如图 11-36 所示的"阳光特性"选项板。

（2）在"阳光特性"选项板的"常规（基本）"选项区域中，将"强度因子"设置为 1.2，并根据实际环境条件设置其他参数，如图 11-37 所示。

图 11-36 "阳光特性"选项板   图 11-37 设置强度因子等

3．设置光源

（1）在菜单栏中选择"视图"→"渲染"→"光源"→"新建点光源"命令，系统弹出如图 11-38 所示的"光源-视口光源模式"对话框，单击"关闭默认光源（建议）"选项。如果希望下次进行该新建光源操作时不再弹出"光源-视口光源模式"对话框，则可以在其中选中"始终执行我的当前选择"复选框。

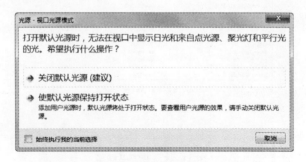

图 11-38 "光源-视口光源模式"对话框

此时，命令行窗口中的命令提示信息如图 11-39 所示。

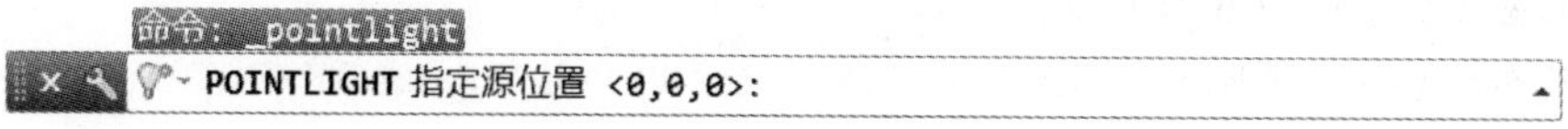

命令：_pointlight
× ⚙ 💡 POINTLIGHT 指定源位置 <0,0,0>:

图 11-39 命令行提示

（2）在当前命令行中输入点光源的坐标为"100,200,-100"，按〈Enter〉键确定，此时的命令行提示如图 11-40 所示。

命令：_pointlight
指定源位置 <0,0,0>: 100,200,-100
💡 POINTLIGHT 输入要更改的选项 [名称(N) 强度因子(I) 状态(S) 光度(P) 阴影(W)
× ⚙ 衰减(A) 过滤颜色(C) 退出(X)] <退出>:

图 11-40 命令行提示

（3）分别设置强度因子、阴影选项、过渡颜色、光源名称等。

具体的命令行操作如下。

命令：_pointlight

指定源位置 <0,0,0>: 100,200,-100↙

输入要更改的选项 [名称(N)/强度因子(I)/状态(S)/光度(P)/阴影(W)/衰减(A)/过滤颜色(C)/退出(X)] <退出>: I↙

输入强度 (0.00 - 最大浮点数) <1>: 2↙

输入要更改的选项 [名称(N)/强度因子(I)/状态(S)/光度(P)/阴影(W)/衰减(A)/过滤颜色(C)/退出(X)] <退出>: W↙

输入 [关(O)/锐化(S)/已映射柔和(F)/已采样柔和(A)] <锐化>: A↙

输入要更改的选项 [形(S)/样例(A)/可见(V)/退出(X)] <退出>:V↙

输入形可见性 [是(Y)/否(N)] <否>:↙

输入要更改的选项 [形(S)/样例(A)/可见(V)/退出(X)] <退出>:↙

输入要更改的选项 [名称(N)/强度因子(I)/状态(S)/光度(P)/阴影(W)/衰减(A)/过滤颜色(C)/退出(X)] <退出>: C↙

输入真彩色 (R,G,B) 或输入选项 [索引颜色(I)/HSL(H)/配色系统(B)] <255,255,255>: 209,100,50↙

输入要更改的选项 [名称(N)/强度因子(I)/状态(S)/光度(P)/阴影(W)/衰减(A)/过滤颜色(C)/退出(X)] <退出>: N↙

输入光源名称 <点光源 2>: 特殊点光源↙

输入要更改的选项 [名称(N)/强度因子(I)/状态(S)/光度(P)/阴影(W)/衰减(A)/过滤颜色(C)/退出(X)] <退出>:↙

（4）选择菜单"视图"→"渲染"→"光源"→"新建平行光"命令，系统可能会弹出"光源-光度控制平行光"对话框，从中单击"允许平行光"，如图 11-41 所示。接着根据命令行提示，执行下列操作。

命令: _distantlight

指定光源来向 <0,0,0> 或 [矢量(V)]: -300,-350,500↙

指定光源去向 <1,1,1>: 200,30,0↙

输入要更改的选项 [名称(N)/强度因子(I)/状态(S)/光度(P)/阴影(W)/过滤颜色(C)/退出(X)] <退出>: N✓

输入光源名称 <平行光 3>: BC-平行光 1✓

输入要更改的选项 [名称(N)/强度因子(I)/状态(S)/光度(P)/阴影(W)/过滤颜色(C)/退出(X)] <退出>: I✓

输入强度 (0.00 – 最大浮点数) <1>: 2✓

输入要更改的选项 [名称(N)/强度因子(I)/状态(S)/光度(P)/阴影(W)/过滤颜色(C)/退出(X)] <退出>: ✓

（5）选择菜单"视图"→"渲染"→"光源"→"光源列表"命令，可以在选项板中看到已经定义的两个光源，如图 11-42 所示。

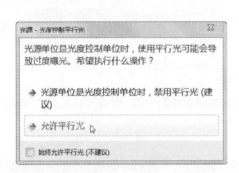

图 11-41 "光源-光度控制平行光"对话框　　　　图 10-42 光源列表

（6）可以继续新建合适的点光源和平行光源等。

（7）在菜单栏中选择"视图"→"渲染"→"渲染"命令，观察设置光源后的渲染效果。

11.5.2 设置渲染材质

在渲染对象时，可以使用材质来增强实体模型的真实感。

在 AutoCAD 2016 中，系统本身提供了许多种预定义材质，这些材质位于系统的材质库中。当然用户也可以创建新的材质和编辑已有材质。

在菜单栏中选择"视图"→"渲染"→"材质浏览器"命令，系统打开如图 11-43 所示的"材质浏览器"选项板，从中可以浏览材质和管理材质，并将所选材质应用到图形中的对象。如果要将所选材质应用于对象或面（曲面对象的三角形或四边形部分），则可以先选择对象，接着从"材质浏览器"选项板中选择材质，右击并从快捷菜单中选择"指定给当前选择"命令，即可将材质添加到所选图形中。例如，在本例中，在"材质浏览器"选项板的"Autodesk 库"列表中找到"金属"节点，接着从金属材质列表中选择"机械加工-03"材质球，所选材质球将会出现在"文档材质"列表中，然后在绘图区域中选择实体模型，再在"文档材质"列表或金属材质列表中右击"机械加工-03"材质球，并选择"指定给当前选择"命令，从而将此材质应用到选定实体模型中，如图 11-44 所示。

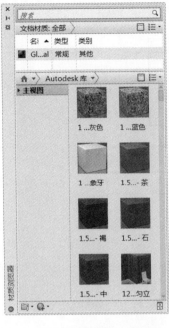
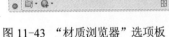
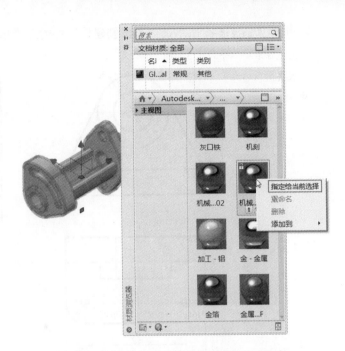

| 图 11-43 "材质浏览器"选项板 | 图 11-44 选择所需材质应用到选定对象中 |

将金属材质赋予模型后，在菜单栏中选择"视图"→"渲染"→"渲染"命令，观察其渲染效果。

另外，如果在菜单栏中选择"视图"→"渲染"→"材质编辑器"命令，则打开"材质编辑器"选项板，利用该选项板可以很方便地创建材质和编辑材质参数，并查看材质的相关信息。

11.6 本章小结

本章以一个机械零件为实例，介绍其三维建模的操作过程，从而使读者对使用 AutoCAD 2016 进行三维设计产生清晰而深刻的认识。

复杂的三维实体模型其实是由多个基本形体组成的，因此可以先设计各个基本形体，然后通过一定的方式来组合或编辑这些形体，也就是将构建好的基本形体按要求的相对位置定位后，进行布尔运算（并集、差集或交集等）即可得到复杂的组合体。

11.7 思考与练习

1. 请根据本章实例，总结 AutoCAD 2016 三维造型的要领。

2. 在 AutoCAD 2016 中，如何渲染图形并设置灯光、材质和贴图等？

3. 在 AutoCAD 2016 中，如何由三维模型生成二维投影视图？

提示： 在模型空间构建的三维实体模型，可通过在"布局"中创建多个视口显示其二维投影视图，然后进行必要的编辑修改即可。希望读者在以后的实践中加以练习和注意。

4. 根据如图 11-45 所示的图形，创建该零件的三维模型。

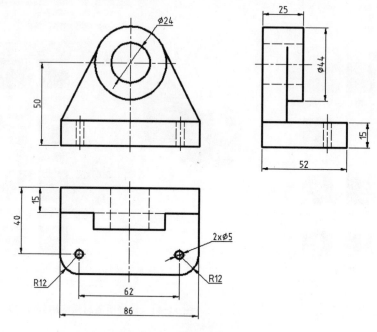

图 11-45　机械零件三视图

5. 根据如图 11-46 所示的图形尺寸（图中未注倒角均为 C2），创建该泵套零件的三维模型，并进行渲染操作。

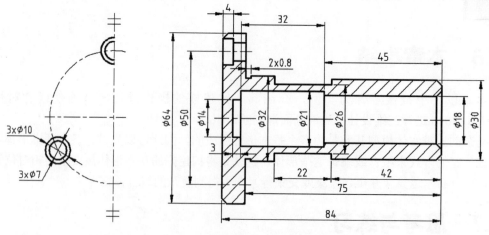

图 11-46　卧式柱塞泵的泵套零件